의학의 진실

의 사 들 은 얼 마 나 많 은 해 악 을 끼 쳤 는 가 ?

데이비드 우튼 지음 | 윤미경 옮김

의학의 진실

BAD MEDICINE
DOCTORS DOING HARM
SINCE HIPPOCRATES?

마티

의학의 진실 의사들은 얼마나 많은 해악을 끼쳤는가?

데이비드 우튼 지음 | 윤미경 옮김

초판 1쇄 인쇄 2007년 5월 13일

초판 1쇄 발행 2007년 5월 18일

발행처 · 도서출판 마티 | 발행인 · 정희경

출판등록 · 2005년 4월 13일 | 등록번호 · 제 2005-22호 | 주소 · 서울시 마포구 서교동 380-14번지

고성빌딩 5층 (121–839) 전화 · 02. 3333. 110 | 팩스 · 02. 3333. 169

이메일 · matibook@gmail.com 블로그 · http://blog.naver.com/matibook

값 16,000원 ISBN 978-89-92053-10-5 03310

인류에게 값을 매길 수 없을 만큼 중요한 발견들이
실제로 사용되기 위한 결정적인 발걸음을 내딛기 전까지,
아무도 알아차리지 못한 채 방치되어 있는 것을 보는 일은 애처롭고도 흥미롭다.
_존 틴달, 1881년.

의학의 암흑기에 란셋은 마법사의 지팡이 같았다.
_올리버 웬델 홈스, 1882년.

골수 휘그식 역사 해석은 성인과 죄인, 영웅과 악한 사이의 대결로
과거를 양극화시킨다.
_로이 포터, 1989년.

17세기에 발견된 이론과 관찰만으로도
근대적인 질병의 세균설을 확립할 수 있었다.
_찰스-에드워드 에이모리 윈슬로, 1943년.

제임스 엔소르, 「나쁜 의사들」, 1895년, 에칭. 세 명의 의사가 조악한 도구인 목수의 톱, 코르크 마개뽑이로 무력한 환자에게 복부 수술을 하고 있다. 그들은 심지어 환자의 척추까지 제거했다.

나쁜 의학 vs. 더 나은 의학

우리 모두 몸이 있고, 우리의 몸은 완벽하게 똑같은 방식으로 기능한다. 우리는 모두 수정란에서 생겨났고 모두 숨을 쉬고 심장 박동을 유지하며 먹고 소화하고 배설한다. 스스로 이런 기능들을 수행하지 못하면, 우리의 생명은 이를 대신해주는 의료기기에 의존한다. 이런 측면에서 우리는 모두다 똑같으며, 우리보다 앞서 살았던 모든 세대의 인류는 물론이고 모든 포유동물, 조류, 파충류와도 비슷하다. 이렇듯 몸은 인간이 세상에 존재한 이래 늘 똑같았기 때문에 역사가 없다고 말할 수 있을지도 모르겠다.

하지만 우리의 몸에는 분명 역사가 있다. 나는 180센티미터가 넘는 장신이다. 키가 180센티미터인 사람은 20세기 이전까지는 드물었으며 대부분 지난 세기(아마 지난 30년 사이일 듯)에 태어났다. 18세기 중반 프로이센의 프리드리히 대왕은 180센티미터가 넘는 장신의 남성들로만 연대를 편성하고자 유럽 전역에서 모병을 했다. 장신의 거인이 드물다는 사실에 착안한 전략이었다. 사후에 내 몸을 관찰하는 사람은 팔 위쪽에서 천연두 예방접종(제너가 백신 접종을 창시한 1796년 이후부터 공식적으로 천연두 근절이 선포된 1980년까지 실시)의 흔적을 발견하게 될 것이다. 또한 충수염(흔히 맹장염이라고 함) 수술 흉터와 정강이뼈 복합골절을 앓고 살아남았다는 증거도 발견할 것이다. 앞으로 살펴보겠지만, 여기에는 내가 1865년 이후에 치료를 받았다는 의미가 숨어 있다. 그 이전까지 충수염은 거의 치명적이었으며 복합골절(뼈가 피부 밖으로 드러남)을 앓는 이들의 유일한 희망은 '절단' 뿐이었다. 치아 치료에 사용하는 아말감과, 안경이 없으면 눈뜬 봉사나 다름없는 내가 쓰는 다초점 렌즈는 20세기 말에 처음 사용되었다. 나의 기대 수명은 100년 혹은 1000년 전에 태어난 사람과는 사뭇 다르다. 11세기의 시신과 21세기의 어느 선진국 사회에서 살았던 시신 두 구를 시체안치소의 석판에 올려놓고 보면 굳이 전문가가 아니라도 쉽게 둘을 가려낼 수 있으리라.

몸이 있다는 것은 이따금씩 고통을 경험한다는 뜻이다. 유아기에는 호흡과 생치(生齒)의 고통을 겪게 마련이고 모든 어린이는 질병과 맞닥뜨린다. 죽음이 우리 모두를 기다린다는 사실을 깨닫는 일은 성장 과정의 일부다. 어느 사회나 고통을 완화하고 질병을 예방하고 수명을 연장할 방법을 모색하며 만일 사회가 이런 일들을 해결하는 데 게을리한다면 사람들은 고통을 겪을 수밖에 없을 것이다. 서양의 문화 아래 살고 있는 우리들이 몸에 이상이 생기면 가장 먼저 도움을 청하는 의사는 2500년 전쯤부터 현재까지 면면히 이어지는 의학 교육의 전통을 수립한 고대 그리스의 히포크라테스까지 거슬러 올라가는 전문직업인이다. 하지만 히포크라테스 의학 전통에서 놀라운 것은 그들이 사용한 처방들이 지난 100년을 제외한 전 시기에 걸쳐 이로움보다는 해를 더 많이 끼쳤다는 사실(정신이 아닌 신체에 미친 영향이라는 점에서)이다. 기원전 1세기에서 19세기 중반에 이르는 2000여 년간 의사들의 주요 처방이었던, 사혈(瀉血, 보통 란셋이라는 특수 칼로 팔의 정맥을 자르는 정맥 절개였으나 간혹 흡각[吸角]이나 거머리로 피를 빼기도 했다)은 오히려 환자들을 허약하게 만들고 심지어 죽음으로 몰고 가기도 했다.

게다가 의료의 위험성은 시간이 지나면서 줄어들기는커녕 오히려 더 커졌다. 19세기의 병원에서는 의사들(과학자라는 정체성을 갖도록 교육받은)이 균이 묻은 손으로 이 산모 저 산모를 진료하면서 자신도 모르게 균을 전파시켜 산모들을 죽음에 이르게 했다. 산모와 신생아는 공식적인 훈련을 받은 산파들이 분만을 했던 그 이전이 훨씬 더 안전했다. 2400년 동안 환자들은 의사들이 자신들을 이롭게 한다고 믿었지만, 적어도 2300년 동안은 틀린 생각이었던 것이다.

의학사가들이 지금까지 이런 사실을 쉽게 받아들이지 못했다고 말해도 별 무리가 없으리라. 의학사가들이 다 같은 견해를 가진 것은 아니지만 일반적으로는 더 이상 진보에 대해 쓰지 않으며, 따라서 좋은 의학과 나쁜 의학을 구분하려는 모색을 더 이상 하지 않는다고 할 수 있다. 그들은 시대착오적인 평가는 생각 자체를 피하려 한다. 예컨대 1989년 로이 포터(Roy Porter, 1946년~2002년, 당대 최고의 의학사가)는 "성자와 죄인, 영웅과 악한 간의 대립이라는 관점으로 과거를 양극화하는 것은 골수 휘그당의 역사*뿐"이라고 썼다. 그렇지만 본 책은 한편으로 의학의 진보를 가능하게 한 것과 지연시킨 것은 무엇인지 등 의학의 진보에 직접적인 관심을 표명하려 한다. 진보를 말하는 것은 새로운 발견과 신기술에 대해 그리고 걸림돌과 저항에 대해 말하는 것이다. 성자와 죄인에 관한 얘기는 아닐지라도 영웅과 악한을 나누는 것은 불가피하다는 얘기다. 따라서 이 책은 당대의 다른 역사 저술들의 견해와 충돌한다.

지금 의학의 진보에 관한 글을 쓰는 특별한 이유가 있다. 최근 의학계는 이른바 '증거에 기초한 의학', 즉 효과를 입증할 수 있는 의학을 찾아냈다.

---

* 의회파인 휘그당의 관점에서 영국사 일반 혹은 17세기 영국혁명사를 발전적 시각으로 파악하고 설명하려는 패러다임. 27쪽의 각주도 함께 참고하시오.

이로써 대부분의 의학이, 심지어 현재에 이르기까지도, 증거에 기초하지 않았으며 실제로 효과가 없었다는 사실을 의학 역사상 처음으로 제대로 인정한 셈이다. 내가 이 책에서 성공이 아닌 실패의 사례를 밝히는 일이 많다면 그것은 우리가 이제 성공을 새로 정의하기 시작했기 때문이며, 이는 우리가 지금 의학 역사를 재고하는 입장에 있음을 의미한다.

의학의 진보가 얼마나 더디고 제한적이었나를 인식한다면 현재 이루어낸 의학의 성취가 한층 더 대단하게 느껴진다. 따라서 이 책은 마침내 생명과 건강을 지키는 방법을 알게 해준 의학의 진보에 관한 것이기도 하다. 이 책에서 나는 넓은 의미에서 다음과 같은 관점에 초점을 맞추려 했다. 지금까지 알려진 바로 충수염 수술에서 처음 성공을 거둔 때는 1737년이며, 영국에서 최초로 제왕절개 수술에 성공하여 산모와 아기가 모두 생존한 사례는 18세기 말에 있었다. 복합골절 수술은 1865년 글래스고의 한 병원에서 일하던 조지프 리스터(Joseph Lister)가 정강이뼈 복합골절을 앓는 소년에게 방부 외과수술을 시연하기 전까지는 거의 언제나 치명적이었다. 세균설*의 승리로 가능해진 의학의 새로운 시대는 리스터로부터 시작되었던 것이다. 이 책의 3부에서는 1865년부터 시작된 의학의 놀라운 혁명적 변화들을 살펴본다.

'1865년까지' 혹은 '새로운 시대' 등으로 구문한 것은 일종의 약칭이다. 리스터의 혁신적인 방법은 강한 저항에 부딪혔고 받아들여지기까지 오랜 시간이 걸렸다. 방부 외과수술이 질병의 세균설을 공고히 하는 데 도움이 되었다는 사실에도 불구하고 주요 전염병에 대한 치료법이 발견되기까지는 30년이 더 지나야 했다. 새로운 시대와 기존의 시대를 구분하는 것은 리스터의 최초 방부 외과수술이라는 단일 사건이 아니라 방부외과술에서 페니실린이 나오기까지, 즉 1865년에서 1941년까지에 이르는 긴 이행기인 것

---

* Germ Theory: 전염병이 세균이나 미생물에 의해 매개된다는 이론.

이다.

더욱이 리스터의 혁신적인 방법들은 새로운 유형의 나쁜 의료들을 가능하게 했다. 처음으로 복부수술이 가능해졌고 어떤 의사들은 심지어 장기 여기 저기(이쪽의 충수, 저쪽의 결장)를, 전염이 되어서가 아니라 언젠가 전염될 여지가 있다는 이유로 기꺼이 도려내기 시작했다. 역사가 앤 달리 (Ann Dally)는 이를 '환상 수술'이라 불렀다. 물론 이런 수술들이 결코 규범이 되지는 않았지만 말이다. 편도적출 수술이 환상 수술의 예이며, 득보다는 해가 되었음을 이제 우리는 안다. 심지어 누구의 편도를 제거해야 할지를 정하는 과정조차 합리적인 구석이라곤 눈곱만치도 없었다. 1934년 뉴욕에서 11세 아동 1,000명 가운데 61퍼센트가 편도적출 수술을 받았다.

한 무리의 내과의들이 나머지 39퍼센트 아동을 검사해서 편도적출 수술을 받을 45퍼센트를 가려냈고 그 나머지는 수술 대상에서 제외되었다. 수술이 거부된 아동들은 또 다른 그룹의 내과의들에게 검사를 받았고 그 가운데 46퍼센트가 수술을 권장 받았다. 다시 거부된 아동들이 세 번째 검사를 받았을 때에도 비슷한 퍼센트의 아동들이 선택되어 수술 대상에 속하지 않은 아이들은 최종적으로 65명이 남았다. 검사를 할 의사가 바닥 난 탓에 남은 아이들은 더 이상 검사를 받지 않았다.

완전히 독단적인 판단으로 수술 대상을 결정한 게 역력하다. 1930년대에 흔히 볼 수 있는 나쁜 의료 행위였다.

1865년에 모든 것이 변했다고 말하고 싶지는 않다. 하지만 1865년은 의료 역사상 처음으로 진정한 진보가 시작된 순간이며 그때 이후로, 아무리 불완전하고 더딜지라도 진보는 지속되고 있다. 1865년은 변화가 이루어진 시기가 아니라 전환점이었다. 의학이 생명을 연장하는 진정한 능력을 갖는 때는 1950년 무렵이다. 현대 의학이 효력을 발휘한다는 이런 주장은 그리 논란이 되지 않는다고 생각한다. 아마 한때는 논란거리였을 것이다. 이반 일리히(Ivan Illich)가 『의학의 한계』를 발표하고 토머스 맥케온(Thomas McKewon)이 『근대의 인구 증가』를 출간했던 1976년과 벙커(J.P. Bunker)가 「그럼에도 의학은 중요하다」는 글을 발표한 1995년 사이의 시기에, 제법 많은 수의 지식인들이 의학은 인간의 수명에 실질적인 영향을 미치지 못하며 근대 의학이 거둔 성과는 고대 의학의 성과만큼이나 착각일 뿐이라는 견해를 피력했다. 하지만 논쟁의 저울추는 다른 쪽으로 움직였다. 의학이 얼마나 중요한가를 과장해 말하는 건 쉽지만, 의학이 아무런 성과도 거두지 못했다고 주장하면 이제는 낯설게 들릴 것이다. 1865년은 의사들이 생명을 구할 수 있게 된 순간을 표시하는 유용한 연도가 되었다.

리스터는 1854년에 면허를 가진 의사가 되었다. 아마도 우리가 상상하기에, 그가 의사라는 직업에 첫 발을 내딛는 순간은 히포크라테스 선서를 하는 행위로 표현되었을 것이다. 히포크라테스 선서는 히포크라테스가 자신의 직계 가족 이외의 사람들에게 의학 교육을 제공하기 시작한 기원전 425년 무렵에 쓴 것이다. 적어도 갈레노스(Galenos)가 들려주는 얘기는 그렇다. 그로부터 600년 후에 갈레노스는 로마에서 개업의로 활동했으며, 그의 저술은 1400년 동안 이슬람과 기독교 국가들에서 의학 문제들에 관한 한 가장 권위 있는 것으로 여겨졌다. 나는 몇 년 전 딸이 글래스고에서 히포크라테스 선서를 하는 모습을 뿌듯한 마음으로 지켜보았다. 이교도신앙은 일신교에, 피타고라스 수학은 아인슈타인 수학에, 아르키메데스의 기술은 베르너 폰 브라운의 기술에, 그리스 도시국가는 현대의 국민국가에 자리를 물려주었는데, 하나의 의식이 2500년간 지속되어왔다는 사실에 아찔한 뭔가가 느껴졌다.

사실, 히포크라테스 선서를 둘러싼 진실은 좀더 복잡하다. 히포크라테스가 선서를 썼다는 것은 거의 확실하다. 스크리보니우스 라르구스(대략 AD 1~50년)가 당대에 히포크라테스 선서를 시행했다고 적고 있다. 그러나 우리에게 남겨진 사본은 275년경의 이집트 파피루스 본이다. 증거들이 이토록 단편적인 것은 고대 그리스·로마 시대에 히포크라테스 선서를 정규적으로 채택하지 않았음을 암시하며 중세 시대에는 확실히 그렇지 않았다. 우리가 아는 바로 히포크라테스 선서를 의과대학에서 처음 시행한 것은 1508년에 독일 비텐베르크의 한 의과대학에서였으며 1804년에 프랑스 몽펠리에에서 처음으로 졸업식의 일부가 되었다. 19세기 동안 유럽과 미국의 일부 의과대학에서 선서를 시행하긴 했지만 많은 학교들이 선서를 하지 않았다. 그러므로 리스터가 선서를 했는지 하지 않았는지는 명확치 않다. 1928년에도 선서를 시행한 미국 의과대학들은 불과 19퍼센트에 지나지 않으며 (다양한 현대적인 방법들에 따라) 선서를 거의 보편적으로 시행하기 시작한 것은 제2차 세계대전 이후나 되어서이다. 그럼에도 히포크라테스 선서는 히포크라테스부터 19세기, 나아가 의학계의 보수주의 덕에 그 이후 시기까지 면면히 이어지는 지적 전통을 효과적으로 상징한다. 위에서 말한 히포크라테스 선서의 경우에서 보듯 연속성이 실제가 아닌 환영일 때조차도 의사들은 연속성이란 느낌을 갖고 싶어했다. 아니 적어도 최근까지는 그랬다. 학생들이 강의에 직접 참석하지 않는 문제중심학습*이라는 의과교육의 새로운 움직임은 미래에는 의학 지식이 더 이상 시간의 경과에 따라 축적되는 한 덩어리의 연속체적 지식으로 인식되지는 않을 것임을 시사한다. 의대생들이 히포크라테스가 누구인지 알지 못한 채 히포크라테스 선서를 하게 될 날이 머지않은 것이다.

---

* Problem-based learning: 현실적인 문제를 던져주고 자발적 학습, 협동 학습, 비판적 지식 등을 통해 문제들을 체계적으로 해결하게 하는 교육 방식.

고대 그리스와 로마에서, 9세기에서 20세기에 이르기까지의 이슬람 세계 전역에서(1970년대까지도 이라크에서 고대 그리스 치료법을 사용하는 '이오니아' 의사들이 있었고 지금까지도 있을 것이다) 그리고 1100년부터 19세기 중반까지, 서유럽에서 의사가 된다는 것은 단순히 히포크라테스로부터 이어지는 전통 속에 자리를 잡는다는 것뿐만 아니라 그가 권장한 치료법들을 사용한다는 의미였다(오히려 후 세대들이 히포크라테스보다 더 사혈을 강조했다). 히포크라테스 전집의 표준판과 갈레노스 전집의 표준판이 나온 것은 이런 전통이 끝나는 순간으로 거슬러 올라간다. 1839년에서 1861년 사이로 히포크라테스의 경우는 1849년에 중요한 영문본이 출판되었고, 갈레노스의 경우는 1821년에서 1833년 사이로 1854~56년에 중요한 프랑스어본이 출간되었다. 리스터가 대학을 다녔던 1850년대에도 히포크라테스와 갈레노스는 모든 의사들이 받는 교육의 한 부분이었다.

앞으로 살펴보겠지만 히포크라테스 표준판이 완성된 1861년은 파스퇴르가 세균설을 널리 발표한 해이며, 전통적인 설명에 따르면 현대 의학의 기초를 다지는 극히 중요한 순간이었다. 1846년에는 미국인 콕스(J. R. Coxe)가 히포크라테스와 갈레노스에 대해 다음과 같이 쓸 수 있었다. "이 위대한 두 사람의 이름은 마치 우리가 의학 연구를 하며 매일 만나는 동료인 듯 우리 귀에 친숙하다." 매일 만나는 이런 동료관계는 몇 년 사이에 끝을 맞았지만 그 관계가 워낙 오래 지속되고 친밀했던 탓에 아무도 종말을 예견하지 못했고 누구도 그 죽음을 기념하지 않았다. 히포크라테스 의학의 끝에는 장례식도 기념비도 부고도 없었다. 그러한 것들을 대신한 것은 마치 히포크라테스 의학이 자연스럽게 발전한 결과가 근대 의학이며, 마치 히포크라테스를 일상에서 만나는 의사들의 동료처럼 여기겠다는 억지스럽기까지 한 의지가 있을 뿐이었다.

1860년대까지 히포크라테스 의학의 전통이 지속되었고 수십 세기 동안 환자들은 치료를 받기 위해 의사를 찾았다. 2250년 동안 의사들은 의학이 생명을 구하는 과학이었다고 주장했다. 하지만 비판가들은 처음부터 있었다. 기원전 약 375년에 저술된 『의학』이라는 고대의 저서는 비판가들에 맞서 히포크라테스 의학을 옹호한 최초의 변론서다. 한 예로, 철학자 헤라클레이토스(Herakleitos)가 의사들은 환자에게 가혹행위를 하며 그들이 치료할 수 있다고 주장하는 질병들만큼이나 해롭다고 비판했다. 히포크라테스 의학이 약속한 내용을 충족시키지 못했으므로 더 옳은 논쟁을 편 쪽은 『의학』의 저자가 아니라 헤라클레이토스였다. 이는 명백한 사실임에도 현대의 비평가들은 이러한 단순한 사실조차 인정하지 못한다. 그들은 『의학』이 실제로 정당한 회의론에 맞서 엉터리 치료를 옹호한 것이 아니라, 엉터리 치료와 미신을 상대로 과학을 옹호하기라도 한 것 같은 태도를 고집한다. 그들은 마치 영문은 모르되 현대 의학의 명성은 이렇듯 고대 의학을 옹호하는 데에 달렸고 과학에 대한 우리의 생각이 고대 그리스인들의 생각과 같다고 느끼는 듯하다.

히포크라테스학파 의사들은 우리가 보기에 대단히 과학적이고 기술적이라고 할 방법들을 잘 알고 있었다. 히포크라테스가 썼다는 수많은 의서들이 지금까지 전해지지만 사실 그의 제자들이 저술한 글이 상당수이며, 히포크라테스가 직접 썼다는 저작들 가운데 가장 유력한 작품은 기원전 5세기에 의사를 위한 교육용으로 쓴 『골절에 관하여』이다. 이 책의 저자는 금속 봉을 사용하여 접질리거나 부러진 뼈를 복원하는 방법을 설명한다.

잡아당기면서 봉들을 지렛대 삼아 마치 돌이나 목재를 힘껏 들어 올려야 한다. 적합한 정도의 강철을 지렛대로 적질히 사용하면 아주 유용하다. 인간이 고안한 모든 기구들 가운데서 수레와 굴대, 지레, 쐐기 이 세 가지가 가장 강력하기 때문이다. 실제로 이들 가운데 어떤 하나 또는 전부가 없다면 인간은 큰 힘이 필요한 일을 전혀 해내지 못한다. 그러니 지레 활용법을 얕잡아봐서는 안 될 일이다. 이 방법을 쓰면 뼈를 복원할 수 있는데 이외에는 전혀 다른 방책이 없다. 어쩌다 위의 뼈가 아래 뼈에 겹쳐져 지레를 고정시킬 수 없을 때는 꼬챙이로 찔러 살짝 움직이게 해서 뼈에 작은 틈을 낸 뒤 지레를 안전하게 고정시켜야 한다.

이런 방법은 이론에 토대를 둔 아주 효과적인 기술(technology)이다. 하지만 히포크라테스를 따르는 의사들은 피를 뽑거나 아픈 부분을 태우는 것이 돌이나 목재를 들어 올릴 때 사용하는 지레만큼이나 믿을 만하다는 주장을 고집했다.

내가 의도적으로 '기술'이라는 용어를 쓴 것은 적어도 히포크라테스 이후의 의학은 기술, 즉 물질세계에 작용하는 일련의 '기법'이었기 때문이며 이 경우 환자의 몸이라는 물리적 조건이 그 대상이었다. 기술에 관한 한 진보를 말하는 것은 온전히 정당하며 조금도 시대착오적이지 않다. 같은 맥락에서 증기기관은 열을 추진력으로 전환하는 기술이다. 증기기관의 설계가 진보했다는 것은 추진력이 더 강해졌다거나 혹은 동일한 힘을 더욱 효율적으로 얻을 수 있음을 뜻한다. 진보의 정의는 기술 자체에 내재되어 있다. 의학의 경우 진보는 고통을 완화하고 질병의 기간을 단축하고 그리고 (혹은) 죽음을 늦추는 것을 의미한다. 히포크라테스도 이를 진보로 인정했을 것이고 리스터 역시 그러하며, 담배가 폐암의 원인임을 발견한 리처드 돌(Richard Doll) 역시 마찬가지였을 터다. 의학에 진보가 있느냐고 묻는 것은 예를 들어 철학이나 시에 진보가 있는가 묻는 것과는 달리 전적으로 타당하다.

히포크라테스는 자신이 고통을 완화하고 질병기간을 단축하고 삶을 연장할 수 있다고 생각했다. 그의 기술이 정신이 아닌 육체에 미친 작용이라

귀도 귀디, 『오페라 바리아』(1599년)에서 재인용한 목판화로 1544년에 처음 발표되었다. 이 목판화는 원래 4세기 비잔틴의 의학 작가인 오르바시우스의 저술에 나오며, 히포크라테스의 『골절』에도 등장한다.

고 전제하는 한, 그의 바람은 이루어지지 않았다는 것을 우리는 알고 있다. 히포크라테스 치료법이 끝내 공격을 받던 19세기의 연구들에 따르면 표준적인 히포크라테스 요법을 이용해 기관지폐(氣管枝肺) 전염병을 치료했을 때 치사율이 3분의 2가량 증가했다. 히포크라테스 의학은 환자를 치료한다고 주장하고서 실제로는 환자를 죽게 했다는 점에서 나쁜 의학이다.

물론 히포크라테스는 이 사실을 알지 못했고 우리가 당시에는 아는 전염병에 해당되는 개념 자체가 없었다. 그가 생각할 때 똑같은 질병이란 없었고 질병은 신체의 불균형 상태를 가리켰으므로 어느 정도 개인 특유의 상태에 따른 것이었다. 그런데 치료법의 성공 여부를 측정할 수 있으려면 우선 질병의 특정 발생 상황을 하나로 묶는 게 필요하다. 방법은 여러 가지다. 하나는 질병이 한 사람에게서 다른 사람에게로 전파될 수 있다는 것, 즉 내가 오늘 앓는 질병이 어제 다른 사람이 앓았던 바로 그 질병이라는 인식을 통해서이다. 치료법의 효과를 측정할 수 있다고 한 최초의 주장들 대부분이 전염병 치료를 대상으로 하며, 선행 조건으로 전염이라는 개념이 나와야 했다.

하지만 다른 방법들을 통해서도 동일한 결과에 다다를 수 있다. 영국인 의사이며 존 로크의 친구였던 토머스 시드넘(Thomas Sydenham, 1624~89년)은 히포크라테스가 연중 특정 시기에 특정 지역에서 많은 사람들이 아주 유사한 질병을 앓는다는 사실을 인식한 것은 대단한 통찰력이라고 보았다. 시드넘이 전염을 믿은 건 아니었지만, 자신이 '정확한 병력'이라고 부른 것을 '작성할 수 있다'고 믿었다. 아주 오래 전부터 사람들이 질병을 '조화로운 상태가 파괴되어 스스로를 방어하는 힘이 무력해져버리는 혼란스럽고 무질서한 자연의 상태'로 생각해왔지만, 질병은 나름의 고유한 패턴과 질서가 있었다. 시드넘은 전염 이론가들과 마찬가지로 질병이, 비유하자면 마치 식물처럼 어떤 고유의 종에 속한다고 생각했다. 후세대 영국 의사들은 그를 '영국의 히포크라테스'라 부르며 존경했는데, 그가 의학을 환자 및 환자의 불균형이 아니라 질병 및 질병의 불규칙성에 대한 연구로 재정립했기 때문이다.

이런 견지에서 보면 여러 치료법들을 비교한 뒤 어떤 치료법이 고통 완화, 질병기간 단축, 생명 연장에 더 나은지를 결정하기는 원칙적으로 수월하다. 시드넘은 자신이 천연두가 전염병이라는 것을 인식하지 못했음에도 천연두 치료를 크게 향상시켰다고 주장했다. 다른 의사들은 천연두 환자들이 고열에 시달리는데도 그들의 피를 뽑고 모포로 덮어준 뒤 따뜻한 물을 주었다. 시드넘은 이런 식으로 치료를 하면 환자는 피가 끓고 뇌에 열이 올라 사망에 이를 것이라고 판단했다. 그는 환자들의 몸을 차갑게 하고 차가운 물을 준 뒤 으레 그렇듯이, 비록 많은 양은 아니지만 피를 뽑았다. 그의 환자들이 더 편안했을 것이고 더 빨리 회복되었을 것은 분명하다. 그러나 다른 경우의 치료에서는 완전히 히포크라테스식이었다. 가령 그는 모든 감기를 사혈(흔히 반복적으로)과 사하(瀉下, 설사 유도)로 치료했다.

시드넘이 살던 시기에, 런던의 사망자 전체를 대상으로 사망 원인을 조사한 런던의 '사망자 통계표'에 근거해 최초로 수명에 대한 체계적인 연구가 시작되었다. 앞으로 살펴보겠지만 새로운 지적 도구들이 하나로 규합되었고, 이를 통해 마침내 치료법과 의학의 진보 측정이 가능해지기 시작했다. 이런 연구가 진행될수록 기존의 치료법들에 결함이 있다는 사실이 명백해졌다. 푸코(Foucault)는 전통적인 치료법을 완전히 폐기시킨 19세기 초의 한 의사의 예를 보여준다. 이 의사는 2,000가지 질병을 알고 있었고 각각의 질병을 모두 키니네*로 치료했다. 17세기 신약이었던 키니네는 지금은 말라리아에 큰 효과가 있는 성분으로 알려져 있다. 다른 1,999가지 질병

---

* 인도네시아 자바 섬 등에서 재배되는 키나 나무의 껍질에 함유된 성분. '퀴닌'이라 부르기도 한다.

의 경우 키니네 처방의 장점은 전통적인 히포크라테스 치료법과는 달리 거의 해가 없었다는 점이다.

히포크라테스가 알 길은 없었겠지만 그의 기술에는 결함이 있었다. 히포크라테스 의학은 과학이 아니라 '과학에 대한 환상'이었고, 그런 점에서 그의 의학은 천체를 운행하는 행성의 움직임을 예측하는 방법으로는 꽤 효과가 있었던 프톨레마이오스 천문학(지구를 우주 중심에 두고 태양과 행성들이 지구 주위를 돈다는 고대의 설명)보다는 점성술에 한층 더 가깝다. 현대의 천문학이 우주에서 점성술사들을 내쫓으며 점성술 거부에 토대를 두었던 반면, 현대 의학은 히포크라테스 전통과 히포크라테스식 전문직을 통합시켰다. 천문학의 역사에서는 오랫동안 천문학을 마치 점성술과는 전혀 연관이 없는 듯이 기술해온 탓에 천문학과 점성술이 같은 뿌리에서 나왔다는 사실을 현대의 역사가들이 재발견해야만 했던 반면에, 의학의 역사에서는 의학이 전적으로 히포크라테스와만 관련이 있는 것처럼 기술한 탓에 히포크라테스 의학 자체가 과학이 아니라 과학에 대한 환상이라는 사실을 현대의 역사가들이 이제서 찾아내야 하는 실정이다. 1865년 이전의 의학은 온통 환상 세계에 빠져 있었다.

의학이 이렇듯 연속된 하나의 덩어리로 보이는 것, 즉 의학의 역사가 파스퇴르나 리스터가 아닌 히포크라테스에서 시작한다는 이런 이상한 주장이 등장한 것은, 의학계의 점성술사가 천문학자로 바뀌고 히포크라테스 의사들이 과학적 의사들로 바뀌었기 때문이다. 하지만 새로운 의사들이 별점을 치는 것과 동일한 행동을 계속하는 데는 또 다른 이유가 있다. 1941년에 페니실린이 발명되기 전까지 의사들 대부분은 전염병에 속수무책이었고, 새로운 과학조차도 질병에 사실상 무기력했다. 의학의 대부분이 의식과 공연과 행사에 지나지 않았을 때도 그들은 뭔가 해줄 수 있다는 오래된 위선을 그대로 유지하는 것 외에 달리 방도가 없었다. 의사들은 환자를 치료했다기보다 불안을 억누를 수 있도록 도움을 주었다(물론 그 자체로 중요한 일이다). 하지만 그 이상을 할 수 있다는 오랜 위선은 의학의 역사를 쓰는 방식에도 여전히 영향을 미치며 의학의 진보에 관한 올바른 생각을 가로막는다.

19세기 후반부에 일어난 의학 혁명은 이제 교과서에서 히포크라테스와 갈레노스의 가르침과 이별할 것을 뜻했다. 하지만 이런 변화에도 불구하고 의학이 오래된 직업이며 고대의 전통을 잇는다는 개념은 그대로 보존되었다. 의료직이 놀라우리만치 별 변화 없이 이어졌듯, 우리의 언어 역시 이전 시대의 믿음과 관행을 그대로 반영한다. 내가 피가 끓는다고 말하거나 신경질적이라고 인정하거나 빨간 머리를 가진 사람은 성급하다고 단정 짓거나, 누군가 냉혈하거나 성질이 못됐다*고 투덜대거나 누군가 무감하다**고 말하거나 '우울한 내 연인'***이란 노래를 들을 때, 나는 어떤 일관되고 미묘한 신념 체계의 일부로서 통용되던 바로 그 용어들로 생각하는 것이다. 우리의 언어에는 고대 의학의 붕괴라는 광대한 역사적 재앙의 허접 쓰레기들이 흩뿌려져 있으며, 그 결과 우리는 제대로 알지 못하면서도 은유적 습관이란 엄청난 지구력을 지닌 까닭에 자기도 모른 채 내뱉곤 하는 언어 습관들을 물려받았다. 또한 그리스인들에게서 물려받았다는 것을 좀처럼 눈치 채지 못하게 할 만큼 현대적으로 보이는 어휘들도 그대로 남겨졌다. 졸중(卒中), 관절염, 천식, 암, 혼수, 콜레라, 폐기종(肺氣腫), 치질, 간염, 허피스(herpes), 포진(疱疹), 황달, 나병, 신염(腎炎), 신장염, 안염, 대마

---

   *   ill-humored: 고대 의학에서는 체액이 사람의 체질, 기질을 정하는 것으로 생각 했다.
  **   phlegmatc: 점액(phlem)은 고대 체액병리학에서 네 가지 체액 가운데 하나로 점액 이 과잉되면 무겁고 둔하고 무기력한 증상을 보인다고 했다.
 ***   My Melanchely Baby: melancholy는 그리스어로 '검은 담즙'이란 뜻이다.

비(對麻痺), 늑막염, 폐렴, 경련, 파상풍, 발진티푸스…. 신체 부위 가운데는 동맥, 근육, 신경, 정맥 등이 그에 해당한다. 고대 의학의 역사는 아주 작은 부분이긴 하나 아직도 우리 역사의 일부인 것이다.

의학의 역사라는 기획 전체가 1865년까지의 의학이 얼마나 불가능하고 잘못되었는지를 심각하게 받아들이지 못한 탓에 그 가치가 손상되었다. 현재의 의학사(대략 1973년 이후의 의학사)가 시작되기 전의 의학사는 웅장한 진보의 서사시로 소개되었는데, 의학을 질병을 다루는 기술이 아닌 지식의 총합 혹은 과학이라고 생각하는 한에서만 이러한 서사에서 어떤 논리를 발견할 수 있다. 장엄한 진보의 서사와 결별을 한 최초의 역사가(그는 '역사가'라는 말조차 거부하며 어느 때는 '고고학자'를 또 어떤 경우에는 '계보학자'라는 말을 선호했다)는 『임상의학의 탄생』의 저자 미셸 푸코(Michell Foucault)이다. 이 책은 1963년에 프랑스어로 1973년에는 영어로 출판되었다. 하지만 푸코는 근대 의학이 1816년에 프랑수아 브루세(François Broussais)의 병리해부학과 더불어 시작되었고, 내가 주장하는 세균설이 아니라 환자의 신체를 살펴보는 특정한 방식과 근대 의학을 동일시할 수 있다고 생각했다. 따라서 그의 책은 적어도 '기술'이라는 측면에서는 전혀 의학의 진보에 관한 것이 아니다. 브루세는 질병을 치유하는 데 있어 히포크라테스보다 별반 나을 게 없었고, 갈레노스처럼 란셋을 사용하여 정맥에서 피를 뽑는 대신 거머리를 몸(종종 항문)에 대고 피를 뽑는 방법을 선호했다. 앞으로 살펴보겠지만 실제로 푸코가 『임상의학의 탄생』에서 들려주는 이야기는 근대 의학의 탄생에 관한 이야기가 아니라 고대 의학의 결정적 마지막 위기에 관한 이야기로 이해하는 게 최선이다.

본 책의 핵심 주장은 의학의 가장 흥미로운 면 하나가 '의학이 효과가 있다'는 것이며 따라서 의학의 진보를 연구할 필요가 있다는 것이다. 하지만 의학의 실패라는 오랜 전통에서 출발해야만 의학의 진보에 대해 생각할 수 있다. 더 좋은 의료를 이해하기 위해서는 나쁜 의료에서 출발해야 하는 것이다. 우리는 포터가 과거의 분극화현상(polarization)이라고 표현한 것을 의식적으로 그리고 계획적으로 시작해야 한다. 우리는 진보를 가로막는 장애물에 대해, 즉 영웅뿐만 아니라 악당들에 대해서도 생각할 필요가 있다.

딸아이가 여덟 살이던 20여 년 전, 아이에게 펼치면 그림이 튀어나오는 『몸』이라는 제목의 팝업북을 사주었다. 책에는 뼈, 근육, 신경 그리고 심장과 자궁과 같은 장기 그림이 들어 있었다. 컴퓨터 시뮬레이션이 등장하기 전인 당시에는 접힌 종이가 만들어내는 단순한 3차원의 시각 효과가 뭔가 사람을 매료시켰다. 우리 부녀는 그 책이 정말 근사하다고 생각했다. '제법 괜찮은 아버지야'라는 생각에 으쓱해진 나는 성기들의 다양한 모습이 그림책에 나온 김에 가장 쉬운 말로 생식에 대해 설명해주자고 마음먹었다. 딸은 어리둥절한 표정이었다. 다음날 학교에서 돌아온 아이가 친구들과 그 문제에 대해 얘기를 나눴다고 했다. 내 이론은 아주 잘못되었으며, 엄마와 아빠가 신체적인 접촉이 없이도 아기를 낳을 수 있다는 것이었다. 딸아이는 그 분야 최고 권위자인 자신의 또래 친구에게 조언을 구했고 그게 끝이었다.

당시 딸에게 초보적인 생리학을 가르치려던 내 시도가 여지없이 실패했다고 생각했으나 그 애가 자라서 의사가 되었으니 어쩌면 나는 생각했던 것보다 더 많은 걸 얻었는지도 모른다. 어찌되었든, 나는 그때 일로 많은 걸 배웠으며 이 책이 나오게 된 발단도 그 대화이다. 나는 존 로크와 존 스튜어트 밀(John Stuart Mill)을 토대로 한 교육을 받았으므로 공개적인 논쟁을 벌이면 옳은 생각들이 언제나 틀린 생각들을 물리치는 게 당연하며 그래서 진보가 가능하다고 여겼다. 근대 의학을 설명해주기만 하면 딸애가 그걸 믿을 거라고 생각했다. 나는 사람들이 익숙지 않고 달갑지 않은 관념들을 왜 거부하는지 전혀 이해하지 못했던 것이다.

하지만 현실은 로크와 밀의 세계가 아니다. 지식이 한 사람에게서 다른 사람에게로 전달되는 방식에 대한 내 생각은 뭔가 근본적으로 잘못되었다. 종종 잘못된 생각들이 옳은 생각들을 물리친다. 앞으로 살펴볼 괴혈병의 역사가 그 두드러진 예이다. 또래 집단의 압력은 종종 진보를 가로막는다. 과학사가(의학사가를 포함한)와 철학자들이 빛나는 업적을 남기긴 했지만, 어느 누구도 이 사실을 감안한 역사를 어떻게 써야 할지에 대해 진지한 노력을 기울이지 않았다. 우리는 발견과 진보의 역사를 쓸 줄은 알지만 정체, 지연, 퇴보의 역사는 쓸 줄 모른다. 발견의 기쁨에 대해 쓸 줄은 알지만 오래된 것에 대한 집착과 새로운 것에 대한 저항에 관해서는 쓸 줄 모른다. 의약 특허와 신산업의 성장에 대해서는 쓸 줄 알지만 경제적 이해들이 어떻게 변화의 걸림돌이 되는지에 대해서는 쓸 줄 모른다. 성공적인 치료법과 힘겹게 구해낸 생명들에 대해서는 쓸 줄 알지만 가치 없는 치료법과 잃어버린 생명에 대해서는 쓸 줄 모른다. 우리는 케케묵은 진보의 역사를 쓸 줄 알지만 대부분 그렇게 하지 않는 편을 선택한다. 할 수 있는 이야기가 반쪽뿐이어서 이야기가 불만족스러우리라는 것을 뻔히 알기 때문에 우리 역사가들은 대체로 말하지 않는 쪽을 택한다.

오래 전 1932년, 유명한 역사가 허버트 버터필드(Herbert Butterfield)가 이른바 『휘그식 역사 해석』*이라는 진보의 서술 방식을 공격하는 글을 썼다. 버터필드의 직접적인 공격 대상은 18세기 휘그당이 고안해낸 견해로 영국 역사를 자유주의의 진보로 바라보는 영국 역사관이었다. 그 결과 '휘그식 역사'는 진보에 대한 시대착오적 역사 해석에 붙이는 꼬리표가 되었고, 스스로 '골수 휘그식 역사가'라고 공언한 사람들은(이 책의 표제어로 쓰인 로이 포터의 말을 다시 한 번 인용하면) 멸종 위기에 처한 종이 되었다. 버터필드는 역사가들이 휘그식 서술에 빠져들 수밖에 없음을 인식했던 것 같고 『근대 과학의 기원』 등을 포함한 큰 주제들에 관한 여러 권의 책들에서 자신도 기꺼이 그런 서술에 빠져들었다. 그는 엄청나게 복잡한 과정들의 결과로써 사건을 제시하고, 불확실하고 예측할 수 없는 것으로써 결과를 묘사하는 일종의 기술적인 역사 서술이 휘그식 서술의 대안이라고 생각했다. 버터필드는 실제 역사 해석에는 과거를 현재의 견지에서 관망하는 본질적으로 편협하고 시대착오적인 조감도식 견해와, 작은 것들이 커 보이고 전체적인 방향을 알 수 없는 앙시도적 견해【아래에서 위로 올려다보는 방식】, 이렇게 두 가지가 있다고 생각했다. 어떤 문제들은 한 발짝 뒤로 물러서서 큰 그림을 봐야 초점이 맞춰진다는 사실에도 불구하고 최선의 역사는 앙시도적 견해에서 쓴 서술이라는 것이 버터필드 이래 역사가들의 일반적 견해이다.

서점에 가보면 의학사의 종류가 한 가지만은 아니라는 걸 알 수 있다. 하지만 주류는 역시 의사들이 의사를 위해 쓴 의학사이다. 그런 의학사는 역사가의 관점이 아니라 의사의 관점에서 과거를 다룬다. 많은 책들이 의학사의 주요 발명품들을 살펴보고 있는데, 그 가운데 여러 책들이 1861년 르네 라에네크(René Laennec)의 청진기 발명에 한 장(章)을 할애한다. 의사들은 지금도 여전히 청진기를 사용하며, 실제로 의대생이 처음 하는 일 가운데 하나가 청진기를 사는 것이다. 따라서 최초의 청진기 발명은 근대 의학

---

* 휘그: 17세기에 반대측 정치가들을 비난하는 용어로 사용된 '휘그'라는 단어는 현재 역사가들이 상대를 경멸할 때 편리하게 붙이는 꼬리표가 되었다. 버터필드는 『휘그식 역사 해석』에서 현재의 시각에서 과거를 미리 설정하고 역사를 쓰는 역사가들을 비판했다. 그는 휘그식 역사가들이 영국의 자유의회 민주주의 체제를 칭송하고 과거 역사가 단선적으로 이를 위한 진보의 길이었다는 무모한 가정을 했다고 보았다. 그 결과 역사가들은 과거와 현재 사이의 유사성을 찾고 이를 강조하려 하며 따라서 시대착오에 빠지기 쉬운 경향과, 진보를 선호하는 측(승리자)과 그렇지 않은 측(패배자)으로 이분하는 경향을 보였다는 것이다. 그는 승리자와 패배자를 구분하는 것은 과거의 인물들에 도덕적 판단을 내리는 손쉬운 길이라고 비판했다.

으로 가는 중요한 걸음처럼 보인다. 청진기의 최초 용도 가운데 하나는 폐로(肺癆, phthisis)를 앓는 여성들을 좀더 잘 진단하기 위한 것이었다. 여성 환자에게 남성 환자에게 하듯 가슴에 귀를 댈 수 없는 상황이었기에 라에네크는 여성의 가슴에 청진기를 대고 폐질환과 관련된 특징적인 소리들을 들을 수 있었다. 지금은 폐로라는 질병이 존재하지 않으며 현재 우리는 그 병을 특정한 미생물이 일으키는 전염병이라고 생각하기 때문에 결핵이라고 부른다. 한때 폐로라는 진단을 내리게 했을 청진기의 소리는 지금은 결핵을 확인하는 검사에 쓰인다. 하지만 우리의 결핵 진단과 라에네크의 폐로 진단 사이에는 중요한 차이가 있다. 우리는 결핵을 치료할 수 있지만(대부분), 그의 환자들은 폐로로 사망했고 그 역시 폐로로 사망했다. 리스터가 방부 외과수술을 도입한 해인 1865년까지는 사실상 모든 의학적 진보가 이런 식이었다. 의사들은 청진기를 사용하여 병의 예후와 누가 죽을 것인지를 예측하는 능력을 발전시켰지만 치료는 크게 성공하지 못했다. 과학의 진보이긴 했지만 기술의 진보는 아니었던 것이다.

지식이 진보하면 의료도 진보하리라고 미루어 짐작하는 경향이 있다. 지난 100년 동안은 두 가지가 함께 진행되었다. 그러나 1865년 이전에는 지식의 진보가 의료의 향상으로 이어지는 경우가 드물었다. 그래서 우리에게는 (청진기의 경우에서 보듯) 진보가 오랫동안 서로 관련이 없을 수 있음을 인식하는 의학사가 필요하다. 19세기 의사들은 청진기를 통해 흉부의 숨소리와 심장의 잡음을 들을 수 있었지만 1942년이 돼서야 비로소 결핵 치료법이 나타났고, 1948년이 돼서야 비로소 효과적인 심장 수술이 이루어졌다. 효과적인 치료가 이어지지 않으면 진단은 무의미하다. 청진기가 강력한 도구로 등장한 때는 결핵 치료법이 나타나면서였다. 이는 더욱 광범위한 어떤 유형의 한 예에 불과하다. 실제로 처음에는 쓸모없던 많은 지식이 새로운 치료법들이 생겨나기 시작하면서 유용해졌다. 의사들이 오랜 시간 동안 축적한 인체생리학 지식과 진단기법들이 이런 지식과 기법들을 활용해 효과적인 치료가 가능해지면서 새롭게 중요성을 띠기 시작했다. 그런 의미에서 근대의 의사들이 수 세기 동안 축적된 지식의 저장소를 활용할 수 있었던 것은 근대의 천문학자들이 점성술사들이 축적한 지식을 활용할 수 있었던 것과 같다.

지식의 진보와 치료의 진보는 전혀 별개라는 개념이 누구나 쉽게 알 수 있는 사실처럼 보일지 모르지만 나는 이를 이해하는 데 오랜 시간이 걸렸다. 본 책을 시작할 때의 원래 의도는 인간의 신체를 바라보는 여러 상이한 방식들에 관한 역사—4체액의 관점(고대와 중세의 의학), 심장이 풀무의 기능을 하는 기계적 체제의 관점(과학혁명의 의학), 유전자 복제 체제로 보는 관점(19세기 의학), 화학적 상호작용의 체계라는 관점(20세기 의학) 등—를 쓰는 것이었다. 각각의 관점은 그 자체로 이전 관점으로부터의 진전이었다.

그러던 중 신체와 의료에 대한 개념 사이에 근본적인 차이가 있다는 것이 눈에 들어왔다. 16세기와 19세기 사이에 신체에 대한 개념이 근본적으로 바뀌었지만 치료법들은 거의 바뀌지 않았다. 사혈이 1500년, 1800년, 1850년의 주요 치료법이었다. 혈액순환(1628년), 산소(1775년), 헤모글로빈의 역할(1862년) 같은 새로운 발견도 별다른 변화로 이어지지 않았다. 즉 발견한 지식들을 치료에 적용한 것이지 치료의 변화가 이러한 발견으로 이어진 것은 아니었다는 뜻이다. 하지만 일반 의학사서들은 지속성이 아니라 변화를 강조하는 까닭에 이런 사실을 이해하기 어렵게 만든다. 역사서들은 사혈이 19세기 초에 점차 사라져갔다고 추정하거나 혹은 주장하지만 사실상 그 이후에도 오랫동안 지속되었다. 일반 의학사들은 이렇게 해서 이론이 아닌 치료 측면에서 고대의 의학이 19세기 중반과 그 이후까지 어느 정도 그대로 지속되었다는 기본적인 사실을 무시하려 한다.

이상하게도, 신체에 대한 사람들의 인식이 급격히 변화된 이후에도 사혈, 사하제, 구토제 사용 등의 전통적인 의료 관행은 지속되었고 새로운 이론들은 옛 관행들을 정당화하는 데 사용되기 시작했다. 예를 들어, 하비(Harvey)가 상호 순환을 증명한 뒤에도 정맥혈과 동맥혈은, 심지어 둘의 차이가 산소의 유무뿐임이 명백해진 뒤에조차도 근본적으로 서로 다른 것이라고 여겼다. 이런 가상의 차이를 유지해야 했던 것은 정맥혈 방출이 질병을 치료하는 반면 동맥혈 방출은 항상 피해야 한다는 주장을 정당화하기 위해서였다. 내가 '히포크라테스 의학'과 '전통 의학'이라는 용어를 체액이론이 강세를 보이던 시기뿐만 아니라 질병의 세균설이 나오기까지 이어지는 전체 시기를 아우르는 개념으로 사용한 것은 질병의 치료법과 이론들이 갖는 이러한 근본적인 연속성(19세기에도 히포크라테스 시대와 마찬가지로 나쁜 공기를 전염병의 원인으로 여겼다) 때문이다.

지식이 진일보한 이후에도 이런 치료법들이 여전히 유지된 사실을 인식한 뒤 나는 몹시 불편한 사실에 직면해야 했다. 많은 새로운 지식들이 생체해부에 기초했기 때문이다. 고백하건데 모든 의료지식이 유용한 지식이라고 생각했던 동안에는 나는 이런 사실에 크게 염려하지 않았다. 하지만 환자를 치료하는 데 있어 하비나 17세기의 의사들이나 별반 다르지 않았다는 것을 알고 난 후 하비의 실험동물들이 받은 고통을 어떻게 정당화할 수 있겠는가? 나는 이 책을 준비하면서 일반 의학서들이 의학사의 절대적인 핵심으로 드러난 생체해부를 무시하는 것에 점점 더 당혹스러워졌다. 나는 생체해부, 나아가 사체 해부조차 버겁고 껄끄러운 주제임을 깨달았고 근대의학이 일련의 충격적이고 불편한 활동들 속에서 소생했다는 사실을 직면할 필요가 있었다. 의학의 역사를 지식의 지속적 진보라는 관점에서 생각하는 한, 해부와 생체해부는 그럴 만한 가치가 있는 것이라고 생각했지만, 1865년까지 치료에 아무런 진전이 없었다는 것을 인식한 뒤에는 죽은 동물을 난도질하고 살아 있는 생명들에 가혹한 행위를 하는 것을 어떻게 정당화할 수 있는지 자문하지 않을 수 없었다.

그러다가 나는 천천히 세 번째 문제를 인식하게 되었다. 진보의 역사는 발견의 논리가 존재한다는 가정을 토대로 한다. 일단 알파(세균 등)를 발견하고 나면 베타(항생제 등)를 발견하기가 쉽다. 세균설이 없는 상태에서는 결코 항생제를 발견하지 못할 것이다. 뉴턴의 중력이론이 좋은 예이다. 태양, 달, 행성, 별들이 지구 주위를 돈다고 믿는 한은 지구와 천체에 분명 다른 운동 법칙들이 존재한다고 생각했을 것이다. 여기서는 자연스런 움직임이 직선이고, 뉴턴의 전제가 된 경우는 원이었다. 코페르니쿠스 이론에 따라 지구가 천체 속에서 움직이는 행성이 되었을 때 지구와 천체의 운동이 동일한 법칙의 지배를 받는가에 의문을 가질 수 있었던 것이다. 그러므로 코페르니쿠스는 뉴턴의 전제이고 중력을 발견하기 위해서는, 지구가 정지해 있다고 말해주는 우리들의 고유한 감각이 제시하는 증거를 거부하는 것에서부터 시작해서 수많은 주요 존재론적 장애물을 우선 극복해야 한다.

일단 발견 앞에 놓인 존재론적 장애물들을 극복하고 나면 발견 자체는 신속하고 사뭇 용이하게 이루어진다. 그래서 발견을 다룬 고전적인 이야기들에는 세르베투스(에스파냐의 신학자겸 의학자, 1511년 출생)가 하비에 앞서 혈액의 순환을 발견하였는지와 같은 이전의 논쟁들이 들어 있다. 혹은 개별적이긴 하지만 거의 동시에 이루어진 발견들에 관한 내용도 있다. 예를 들어, 프리스틀리(영국의 신학자, 철학자, 화학자, 1733~1804년)와 셸레(스웨덴의 화학자, 1742~86년)가 모두 산소를 발견했고, 뉴턴과 라이프니츠 둘 다 미적분법을 발견했다. 카냐르-라투르(프랑스의 물리학자, 발명가, 1777~1859년)와 슈반(1810~82년)이 모두 효모가 살아 있다는 걸 발견했다. 과학적 발견의 논리는 워낙 강력해 보여서 개인을 꼭 연관시키거나 반대로 전혀 무관하게 만든다. 파스퇴르는 자신의 작업이 융통성 없는 논리에 의해 형성된다고 말했는데, 아마도 그의 동료 연구자들의 작업에도 같은 논

아브라함 보스, 「사혈」, 1635년경, 에칭. 17세기 프랑스의 한 의사가 사혈에 앞서 귀족 환자의 팔을 끈으로 묶고 있다.

리가 적용되었을 것이다. 파스퇴르가 1863년에 부패에 관한 글을 발표했는데, 2년 후에 리스터는 방부 외과수술을 개발하면서 자신의 발견이 파스퇴르의 연구와 깊은 연관이 있음을 강조했다. 파스퇴르가 1881년에 탄저병 백신을 발견하자 그 이후 다른 백신을 찾으려는 노력이 계속되었다. 1941년 페니실린이 발견된 후 새로운 항생제를 찾으려는 노력이 이어졌다.

하지만 발견의 논리는 내가 찾으려하면 할수록 멀어지는 듯 보일 때가 더 많았다. 하비가 1628년에 심장이 펌프 작용을 하여 동맥을 통해 피를 순환시킨다고 발표했다. 하지만 하비 이론을 아주 초보적인 수준에서 적용한 사례로 생각될 만한 절단 수술시에 지혈대를 사용하는 일을 처음 시도한 사람은 대략 1세기 후의 장 루이 프티(1674~1750년)였다. 레벤후크가 1677년에 자신의 현미경을 통해 현재 우리가 대략 세균으로 부르거나 정확히 박테리아라고 부르는 것을 보았다. 하지만 1820년에도 현미경은 의학 연구에 사용되지 않았고, 겨우 1881년에 들어서야 세균 이론가들과 반대자들 간의 갈등이 마지막 단계로 접어들었다. 페니실린이 처음 발견된 해는 1941년이 아니라 1872년이었다. 모두 이런 식이었다.

이런 경우에 우리가 알아야 할 것은 진보가 아닌 '지연의 역사'이고 사건이 아닌 비사건의 역사이며, 확고한 논리가 아닌 적당히 얼버무린 논리의 역사이고 결단의 과도함이 아닌 부족함의 역사이다. 의학에서 이런 경우들은 예외가 아니라 일상적인 것으로(적어도 아주 최근까지) 드러났다. 최근의 예를 하나 들면 (스트레스가 아니라) 박테리아가 위궤양의 원인이라는 발견은 큰 저항에 부딪혔고 이런 주장이 일반적으로 받아들여진 것—2005년에 의학 부문 노벨상을 수상했다—은 오랜 시간이 지난 뒤였다. 현재 이런 경우가 예외인지 아닌지를 말하기는 너무 성급하다. 지금까지 지연이 일반적이었고 어쩌면 지금도 여전히 그럴지 모르지만 그 이유는 천차만별이다.

간단하게 예를 하나 들어보자. 우리의 신체는 늘 느낌과 감정, 희망과 두려움, 기쁨과 역겨움과 연관된다. 의학은 일반적으로는 사람들에게 하지 않을 행동들, 신체를 만지고 상처를 내고 절개하는 등의 일을 할 때가 많다. 1842년 마취제를 발명하기 전 외과수술이 어떠했을지 잠시 생각해보자. 비명을 지르고 몸부림치는 환자의 사지를 절단하는 광경을 상상해보라. 환자의 고통에 무감하고 그들의 비명에 귀머거리가 되도록 훈련하는 자신의 모습을 상상해보라. 환자의 요동치는 몸을 눌러 고정시킬 수 있는 힘을 키우는 모습을 생각해보라. 절단수술을 할 때 혈관을 묶는 방법의 선구자인 16세기의 위대한 외과 의사 앙브루아즈 파레처럼, 말하자면 '단호하고 냉혹해질 수 있는 길'을 배우는 모습을 상상해보라. 무엇보다 자신이 칼을 휘두르는 속도에 그리고 잠시 멈추어 생각이나 호흡을 할 필요도 없다는 것에 자부심을 느끼는 모습을 상상해보라. 수술의 충격 자체가 환자의 죽음을 초래하는 주요 요인이 될 수도 있으므로 속도는 가장 기본이다.

이제 이런 생각을 해보자. 1795년에 한 의사가 질산을 흡입하면 고통이 사라진다는 것을 발견한 뒤 이 사실은 널리 알려지고 논의되었다. 질산은 행사장의 오락거리로 사용되었고 질산의 속성은 낱낱이 밝혀졌다. 그럼에도 최초의 방부제인 질산에 대해서도, 1824년부터 동물에게 일반 마취제로 사용해오던 이산화탄소에 대해서도 실험을 해본 외과의사는 없었다. 방부제 사용의 선구자는 외과의들이 아니었으며 런던이나 파리 혹은 베를린과 같은 의학 연구의 중심지가 아닌, 로체스터와 뉴욕 그리고 다음에는 보스턴과 같은 도시의 치과의사들이었다. 처음으로 고통 없는 치과 시술을 한 치과의들 가운데 한 명인 호레이스 웰스(Horace Wells)는 의학계의 적의를 이기지 못한 채 결국 자살로 생을 마감했다. 1846년 런던에서 마취법을 처음 사용했을 때 사람들은 '양키의 속임수'라고 했다. 마취를 이용한 수술이 속임수처럼 느껴졌던 모양이다. 무감함, 힘, 자긍심, 놀라운 속도 등 외과의사들이 발전시킨 스스로의 특성 대부분이 돌연 무의미해지고 말았던 것이다.

마취 방법을 고안해내는 데 50년이나 걸린 이유는 무엇일까? 어떤 답이
든, 외과의들이 일련의 특정한 기술을 지닌 특정 유형의 사람이 되기까지
쏟은 감정상의 투자와 자아 이미지를 포기하기까지의 어려움을 인식해야
한다. 양키의 속임수를 처음 채택한 유럽인은 속임수라는 비난에 대한 두
려움이 가장 적은 외과의, 외과의의 전통적 기술을 가장 잘 구현했고 누구
보다 시술을 신속하게 했던 로버트 리스턴(Robert Liston)이었다.

의학의 역사는 지식의 역사를 넘어서는 어떤 것이어야 하며, 정서의 역
사이기도 해야 한다. 하지만 우리의 정서가 관련된 탓에 쉽지 않다. 역사가
들은 마취가 도입되기 전 외과수술이 어떠했을지 생각해보는 것을 달가워
하지 않는다. 그들은 환자들의 절규에 귀를 막았던 게 사실이다. 그 결과 우
리는 정말 귀기울여 들어야 할 얘기를 결코 듣지 못한다. 우리가 지금까지
그런 비명 소리를 귀담아 듣지 않았기 때문에 1850년대 수술대에 감돌았던
기괴한 침묵의 소리를 듣지 못하는 것이다.

다른 발견으로 눈을 돌려봐도, 발견된 사실이 실제로 적용되기까지 쓸데
없이 지연되었던 마취의 예에서 확인한 바와 같은, 까닭 모를 특징들이 있
다. 따라서 진보를 살펴보기 시작하면 발견뿐만 아니라 진보가 지연된 이
야기도 해야 하고, 지연을 이해하기 위해서는 발견이라는 확고한 논리에서
눈을 돌려 다른 요소들을 살펴봐야 한다는 것을 깨닫게 된다. 세 가지만 예
로 들면 정서의 역할, 상상력의 한계, 제도의 보수성을 들 수 있다. 진보가
실제 무엇을 의미하는지 생각해보고 싶다면, 환자의 비명소리가 아주 당연
하고 아무렇지도 않을 정도로 익숙해지고 질산에 관한 글을 관심 있게 읽
고 행사장에 가서 놀이삼아 질산을 사용해보면서도 실제로 응용해볼 생각
은 아예 떠올리지 못할 정도로 익숙해진다는 게 어떤 건지를 상상해볼 필
요가 있다. 진보를 이해하려면 먼저 진보를 방해하는 요소들, 이 경우에는
외과의들이 갖는 자신의 일에 대한 자부심, 전문적 훈련, 전문기술, 자신의

정체감 등을 이해해야 한다.

마취제는 외과수술을 더 간편하게 만들었고 외과의의 수입에 조금도 위협이 되지 않았다. 외과의들은 마취제로 인해 잃을 것이 전혀 없고 오로지 이득만을 얻을 수 있음을 첫 눈에 알아챘다. 사실 1846년부터 마취가 사뭇 빠른 속도로 자리를 잡아갔다. 그렇지만 설명할 길 없는 지연, 마취제를 발견한 사람들에게 쏟아내는 기이할 정도의 적의, '양키 속임수'라는 말을 사용한 것을 보면 분명 중요한 뭔가가 걸려 있었고 극복해야 할 걸림돌이 있었다는 걸 알 수 있다. 걸림돌은 바로 외과의들의 자아 이미지였다.

본 책에서는 진정한 의료가 세균설로부터 시작된다고 주장하므로 정말 까닭을 알 수 없는 무사건들(non-event), 즉 세균을 발견하고 세균설이 승리를 거두기까지의 사이 그 중심에 있다. 발생한 사건들의 이름, 이를 테면, 과학혁명, 세계대전 등을 찾기는 아주 쉽다. 그보다는 사건이 일어나지 않은 경우를 들기가 한층 더 어렵지만 무사건은 어느 모로 보아도 일어난 사건만큼 중요하다. 과거를 이해하기 위해서는 마치 다음에 무슨 일이 일어날지 모르는 듯 접근해야 한다고 역사가들은 늘 주장한다. 그럼에도 그들은 사건이 다르게 전개될 수도 있었을 것이라는 가정을 진지하게 받아들이길 몹시 꺼린다. 중요한 일들이 일어나지 않았다면 그것은 도저히 일어날 수 없었기 때문이라고 보는 게 일반적인 견해인 것이다. 이런 논리에 따라 위대한 생물학자인 프랑수아 자코브(François Jacob)가 『생물의 논리』에서 18세기의 생물학자들은 유성생식이 제기하는 지적 문제들을 해결할 수 없었다고 주장한다. 그래서 그들 대부분이 전성설(前成說), 즉 인간의 모든 미래가 이미 이브의 자궁에 존재한다는 주장을 받아들였다는 것이다.

하지만 자코브는 18세기 과학자들을 고민하게 만든 또 다른 문제는 사뭇 다르다는 것을, 즉 대부분의 과학자들이 미생물의 자연발생을 믿었지만 미생물이 육안으로 볼 수 있는 유기체와 다르다는 생각을 할 논리적 이유는 없었다는 것을 인식한다. 자연발생이 제기한 문제들은 유성생식이 제기한 문제들만큼 개념적으로 복잡하고 개연적이지 않았지만, 이런 문제들이 해결되기 전까지는 만족할 만한 질병 세균설이 나올 수 없었고 따라서 의학의 실질적 진보가 이루어질 수 없었다.

자연발생에 대한 믿음이 지속된 건 극복하기 어려운 지적 장애물 때문이 아니었다. 우리는 그런 믿음이 지속된 이유를 다른 데서 찾아야 한다. 자연발생이 틀리다는 것을 입증하기 위한 실험과 관련된 기술적 문제들은 물론이고, 현미경을 통한 관찰이 우리 자신들의 삶과 어떤 관련이 있다는 사실을 받아들이지 않으려는 뿌리 깊은 마음 같은 것 말이다. 가령 우리가 앞서 보았듯 근대적 개념의 질병 의식을 지닌 최초의 사람들에 속하는 시드넘은 신체에 일어나는 주요한 과정들이 작은 규모에서도 일어나야 한다는 사실을 인정했다. 그렇다면 그가 그런 과정들을 살펴보기 위해 당장 현미경을 집어 들었을 거라는 생각이 들 수 있다. 하지만 아니었다. 육안으로 보이지 않는 최초의 생물체가 발견된 지 얼마 안 된 1668년, 그는 자신의 글에서 현미경은 별 관련이 없다고 일축했다. 어떻게 그렇게 작은 생물체를 해부해서 내부의 장기를 확인할 수 있기를 바라는가? 그는 그렇게 작은 것을 볼 수 있는 현미경은 없을 거라고 말했다. 그 결과 현미경은 우리 몸속에서 진행되는 중요한 과정을 볼 수 있게 해주지 못했다. 연구는 시작도 되기 전에 의미 없는 것으로 방기되었다. 나는 이것을 이성적 반응이라고 볼 수 없으며 따라서 우리는, 시드넘 자신이 현미경을 거부한 이유가 뭔지 잘 인식하지 못했을 거라고 추정할 수밖에 없다.

현미경을 사용해서 알아낼 수 있는 중요한 사실이 없다고 생각하는 한 미생물의 자연발생에 대한 논쟁은 지적으로 침체된 문제였다. 1830년에 현미경이 연구용 도구로 인정되었고 1837년 무렵에는 자연발생이 틀리다는 것을 증명하는 주요한 실험이 진행되었다. 시드넘을 위시한 사람들이 기꺼이 현미경을 집어 들었다면 문제는 적어도 100년은 더 일찍 해결될 수 있었을 것이다.

　나의 이런 말 속에는 시드넘이 현미경의 잠재력을 이해하지 못했다는 판단이 들어 있다. 과학적 발견으로 촉발된 논란을 두고 공평한 설명 같은 건 있을 수 없으므로 이런 판단은 불가피하다. 올리버 웬델 홈스(Oliver Wendell Holmes)가 1882년 하버드대를 은퇴하면서 학생과 동료 교수들에게 한 연설에서 사혈이 모든 질병의 치료책이었던 '어두운 중세 시대'(인용부분은 이 책의 표제어 중 하나이다)에 대해 언급했다. 그가 그렇게 강한 표현을 할 수 있었던 것은 자신이 청년기 때 배운 의학을 언급해서 한 얘기였기 때문이며 또한 그가 의사로서의 길을 가는 동안 어둠 속에 빛을 밝히려는 일련의 투쟁을 했기 때문이다. 하지만 홈스의 재직 시절 동안 일어난 의학의 변화에 대해 쓰는 역사가라면 누구든 사혈 지지 혹은 반대 입장을 정해야 한다. 홈스와 관련된 논쟁에서 양측은 관련 정보가 무엇인지와 그에 대한 해석을 두고 의견이 나뉘었다. 우리는 토머스 쿤의 『과학혁명의 구조』(1962년) 이래 이런 일을 예상하고 있었다. 그들의 관점이 날카롭게 대치되기 때문에 둘 중 하나를 선택해야 한다. 어느 한 편에 가담해야 하는 것이다.

　내가 이 점을 처음 이해하기 시작한 것은 존 틴달(John Tyndall)의 『공중에 떠다니는 문제』(1882년)라는 훌륭한 책을—나는 여기서 또 다른 표제어를 따왔다—읽었을 때였다. 틴달은 세균설의 승리와 관련한 지적 혁명의 중심부에 있었다. 1875년 그는 세균설의 진실을 증명하고 그 대안인 자연발생이 틀리다는 것을 증명하기 위한 일련의 정교한 실험들을 진행했다. 실험은 완벽했고 그는 결과를 자랑스럽게 발표했다. 1년 후 그는 같은 실험을 반복해보려 했지만 아무리 반복해도 자연발생을 입증하는 증거가 나올 뿐이었다. 불과 1년 전에 얻은 결과를 얻을 수 없었던 것이다. 새로운 증거로 볼 때 틴달이 마음을 바꿔야 했다고 생각할 수도 있을 것이다. 하지만 그는 새로운 증거를 극복해야 할 장애물로 취급했다. 그는 포기를 거부했고 굴복하지 않았으며, 패배하지 않겠다는 단호한 의지를 다졌다. 그런데 그게, 지금은 모든 과학자들이 입을 모아 말하겠지만, 옳은 선택이었다. 틴달이 실험의 결과를 받아들이길 거부한 것에 대해, 새로운 증거에 직면했을 때 그가 보인 고집스러움에 대해 공정하게 말할 수는 없다. 어떻게 말하느냐는 자신이 세균설 지지자인지 아니면 자연발생설 지지자인지에 전적으로 달려 있다.

그러므로 이 책의 내용을 오해하지 말길 바란다. 의학계를 공격하는 의미도 아니고 근대 의학을 비난하는 말도 아니다. 나는 어려서 두 번이나 의사들 덕분에 살아났다. 아직도 내겐 그걸 증명하는 흉터가 남아 있다. 최근에는 성형의가 두 손가락을 사용하지 못하게 된 내 오른손을 수술해주었다. 나는 좋은 의학을 아주 좋아한다. 그런데 좋은 의학이란 주제는 나쁜 의학이란 주제와 불가분의 관계이다. 하나를 생각하면 다른 하나도 생각할 수 있어야 하고, 둘을 놓고 볼 때 나쁜 의료에 대한 연구가 덜 이루어진데다 지금까지는 나쁜 의료가 더 많다. 1865년 전까지 모든 의학은 나쁜 의학, 즉 이로움보다는 해악이 훨씬 더 많은 의학이었다. 하지만 1865년부터 곧바로 좋은 의학의 신기원이 펼쳐진 것은 아니다. 무력한 진보, 비도덕적 진보, 진보의 지연이라는 진보의 세 가지 역설들은 지금도 여전히 효력을 발휘한다. 진보의 역설들이 1865년 이전만큼 그렇게 강력하지 않을지는 모르지만 우리가 인정하려는 것보다는 더 강력하다. 진보는 이루어졌지만 우리들 대부분이 믿는 것만큼은 아니다.

본 책의 마지막 장에서는 지금까지 이루어진 진보를 정량화하려는 노력을 기울일 것이다. 대부분의 독자들이 현대 의학의 성과가 얼마나 제한적인가를 알고 놀랄 것이라는 생각이 든다. 앞으로 살펴보겠지만 진보의 역설이 우리가 현대 의학에서 마주치는 광범위한 문제들의 전부는 아니다.

가령 의학적 간섭으로 인해 치료의 조건이 발생하는 의원성병【醫原性病, 의사에 의한 병】처럼, 선을 행하려다가 해를 입히는 특별한 경우가 일어난다. 하지만 다른 주제들은, 아무리 중요하다 해도 본 책의 반경에서 벗어나 있음을 강조하고 싶다. 본 책은 명백한 의료 과오에는 관심을 두지 않는다. 무능력하고 부주의하고 심지어 악의적인 의사들은 늘 있게 마련인데, 내가 이 책에서 관심을 둔 부분은 최선을 다하는 전문직업인으로서의 의사들이다. 이 책의 주 관심사는 정말로 좋은 의료라고 믿었지만 실상은 해를 가한 의료에 관한 것이다. 다음으로, 이 책은 정신질병이 아닌 신체질병에 관심을 둔다. 나쁜 정신의학에 관해서 말하자면 적어도 책 한 권 분량은 넘을 것이다. 그리고 셋째로, 이 책은 서유럽과 미국의 의료와 관련된다. 1865년 이후 열대성질병에 관한 이해와 치료가 급속한 진전을 보였고 장티푸스나 말라리아와 같은 질병에 관해 한 장을 할애해도 적절했을 것이다. 하지만 나는 수명의 지속적인 증가에서 우선적으로 혜택을 받는 나라들의 의료에 초점을 맞추기로 했다. 의료 진보의 영향을 가장 잘 평가할 수 있을 나라들이기 때문이다. 하지만 진보를 살펴보기에 앞서 먼저 실패를 이해하려는 노력을 기울여야 한다.

제1부 히포크라테스 전통

1
의학이 히포크라테스에서 시작되었는가

이미 살펴봤듯이 의학은 히포크라테스로부터 시작한다. 2000년이 넘도록 의사들이 그의 사상을 기려왔지만 그는 신화적 인물로 일축될 만큼 알려진 바가 거의 없다. 히포크라테스가 실존 인물이었는지 아니면 후대의 의사들이 만들어낸 인물인지조차 확실치 않은 게 사실이다. 코스(Cos, 지중해의 작은 섬)의 히포크라테스는 기원전 460년경에서 375년까지 살았다고 한다. 후대의 세대들은 그가 저술한 60권의 저작이 남아 있다고 믿었지만 현대의 학자들은 이 저술들이 200여 년 이상에 걸쳐 쓰인 것이고 따라서 실제 히포크라테스가 저술한 책은 한 권도 없을 가능성도 있다고 주장한다. 그러나 최초의 히포크라테스학파 의사들이 전혀 새로운 방식으로 의학에 접근했음을 나타내는 무수히 많은 요소들은 어렵지 않게 확인할 수 있다.

히포크라테스와 그의 직속 추종자들은 첫째, 질병은 언제나 초자연이 아닌 자연에서 비롯된다고 주장했다. 그러므로 질병을 고치기 위해 종교의식이나 기도 혹은 마법에 의존하는 건 아무런 의미가 없었다. 대신 의사들은 질병의 원인을 찾아내서 원인을 제거하려는 노력을 기울여야 했다. 그들의 출발선은 모든 것은 자연적인 원인에서 비롯된다는 가정이었다. 둘째, 히포크라테스 전집의 저자들은 환자를 면밀히 관찰했다. 한 질로 구성된 『유행병』은 개별 환자와 특정 질병을 관찰한 일련의 사례 연구이다. 예를 들어, 태아의 발달과정을 알 수 있을 것이라고 생각해서 20일간 매일같이 알 속을 들여다보는 방식으로 알 속에 있는 닭 배자의 발달 과정을 세밀히 관찰하기까지 했다. 히포크라테스와 그의 계승자들은 관찰과 교육이라는 현재까지 면면히 이어지는 의학 전통을 확립했다.

히포크라테스와 그의 동시대인들이 생각하는 의료는 기본적으로 두 갈래였다. 신체를 손으로 다루는 유형이 그 하나로 종기를 절개하고 뼈를 맞추고 탈구된 뼈를 복원하는 것 등이다. 그들은 전투나 운동 중 흔히 발생했던 부상을 치료하는 기술이 아주 뛰어났다. 기원전 2세기 델포이를 방문한 파우사니아스[Pausanias, 그리스의 여행가이자 지리학자]는 이렇게 기록했다. "아폴로 신에게 바치는 봉헌품 가운데 부패가 많이 진행된 남자 신체를 묘사한 청동상이 있었는데 살은 이미 다 떨어져 나갔고 뼈 이외에는 남은 게 아무것도 없었다." 파우사니아스가 묘사하기 힘들어 했던 이 야릇한 조각상은 현재 우리가 골격(skeleton, 단어의 유래에 대해서는 나중에 살펴볼 것이다)이라고 부를 수 있는 것과 흡사하며 손으로 다루는 의학 교육에 대한 이상적인 신체를 표현한 것이다.

다음은 신체의 내부 작용과 관련된 의료 유형이다. 건강할 때는 아니라도 적어도 병들었을 경우 골격은, 마치 어떤 액체가 가득 찬 수많은 그릇들을 지탱해주는 지지대쯤으로 여겨졌다. 히포크라테스 시대의 저술은 이렇게 전한다.

살이나 근육으로 덮인 신체의 모든 부위에는 공동(空洞)이 있다. 피부로 덮여 있든 근육에 싸여 있든 개별의 모든 장기는 텅 비어 있으며 건강할 때는 생명을 불어넣는 활기로 차 있고 아플 때는 좋지 않은 체액으로 가득하다. 가령 팔에는 허벅지, 다리와 마찬가지로 커다란 공동이 있다. 표면을 둘러싼 살이 상대적으로 적은 부위에도 이러한 공동들이 있다. 즉 몸통은 텅 빈 공간이며 그 속에 간장이 들어 있고 두개골에는 뇌가, 흉부에는 폐가 자리한다. 따라서 신체의 각 부분들은 그 안에 신체 소유자에게 해롭거나 이로운 여러 장기들을 담고 있는 서로 연결된 일종의 용기들에 비유할 수 있을 것이다.

이 공동들은 현재 우리가 볼 때는 황당하기 그지없는 방식으로 서로 연결되어 있었다. 이에 따라 히포크라테스의 제자들은 간장의 고통 완화를 위해서는 오른쪽 팔꿈치 정맥에서, 비장의 고통을 줄이기 위해서는 왼쪽 팔꿈치 정맥에서 피를 뽑았는데, 왜냐하면 그 정맥이 장기들과 바로 연결되었다고 믿었기 때문이다. 당시의 치료 모습을 이렇게밖에 묘사할 수 없는 것은 그들이 정맥과 동맥의 구별 없이 혈관을 지칭하는 일반적인 용어를 사용했고, 장기에 해당하는 단어가 없어 대신 '형태'를 의미하는 단어를 썼기 때문이다.

히포크라테스와 그의 직속 계승자들이 공유한 생각이 두 가지 더 있다. 하나는 일상생활에서 적절한 양과 종류의 음식, 음료, 운동, 수면을 통해 건강을 지켜야 하며 병에 걸리면 과도한 것을 줄이거나 결핍된 것을 늘려야 한다는 것이다. 그래서 휴식이 과한 사람에게는 운동을, 과식한 사람에게는 식이요법을 처방했다. 이런 맥락에서 중세 시대에는 히포크라테스 법칙으로 부르게 되는, 상극은 상극으로 다스린다는 기본적인 원칙이 만들어졌다.

다른 하나는 과도한 체액으로 빚어지는 증상은 토출(구토제 사용), 사하(사하제와 관장제 사용), 사혈 등으로 없앨 수 있다는 생각이었다. 사혈의 고전적인 방법은 두 가지였다. 하나는 정맥 절단이고 다른 하나는 '흡각법'(吸角法, cupping)이다. 흡각법은 피부의 표면을 긁은 뒤 그곳에 흡각(종 모양

이 18세기 캐리커처는 지오반니 프란세스코 알바니 추기경의 시의(侍醫) 로마넬리를 그린 것이다. 로마넬리가 관장 주사기를 들고 있다.

의사의 수술 모습이 그려진 475년경의 그리스 꽃병.

의 유리 그릇)을 대고 흡각 밑에 있는 구멍을 통해 바로 공기를 빨아내거나 혹은 흡각을 달군 뒤 몸에 붙여 식히는 방법으로 종속의 공기압을 이용해 피부면을 당겨 울혈을 일으키는 것이다. 이렇게 하면 절단법보다 좀더 천천히 조심스럽게 피를 뽑아낼 수 있었다. 거머리를 이용해 피를 뽑는 세 번째 방법은 한참 후에 도입된다. 히포크라테스 추종자들은 또한 몸의 부위에 뜨거운 철을 갖다대는 소작법(cautery)에도 관심이 있었다. 이러한 네 가지 치료 유형(토출, 사하, 사혈, 소작)은 거의 2000년간 변함없이 기본 치료법으로 이용되며, 이 중 세 가지는 그보다 훨씬 오랫동안 표준 치료법의 자리를 차지하게 된다. 소작법은 르네상스 시대에 대부분 폐기되었지만 청진기 발명가인 라에네크는 몸이 점점 수척하고 쇠약해지는 증상을 나타내는 폐로(결핵) 환자들에게 일반 치료가 별 효과가 없다는 걸 인식하고 소작법을 권했다. 그는 백열 구리봉으로 가슴 12~15곳에 뜸을 떴다. 이런 방법은 히포크라테스 이전부터 사용했을 가능성이 있다. 스키타이 사람들이 뜸을 이용했으며, 기원전 약 475년의 그리스의 향수병에는 피를 뽑는 의사 뒤로 소작에 사용하는 그릇이 벽에 걸려 있는 그림이 그려져 있다. 히포크라테스 의사들이 제공한 것은 이러한 치료법이 어째서 효과가 있는가에 대한 설명이었다. 결코 이 방법이 효과가 없을지도 모른다는 의심은 하지 못했다.

히포크라테스 의사들은 한결같이 인간의 몸이 통합된 전체라고 믿었다. 신체 내부의 작동을 이해하려면 몸에서 배출되는 체액(구토, 소변, 혈액, 점액 등)을 살펴야 했고 광범위한 다른 표시들도 내부의 과정을 알려주는 신호 역할을 한다고 추정했다. 다음은 후세대 의사들이 히포크라테스가 직접 저술했다고 믿었기 때문에 보존한 저술들 가운데 하나인 「유행병 I」(기원전 410년경)이라는 논문에 나오는 단락이다. 이 병에 걸린 사람들은 고열, 발작, 불면, 갈증, 메스꺼움, 정신착란, 오한, 변비에 시달리며 소변이 '칙칙하고 미세' 하다. 6일째나 7일째 혹은 20일째에 사망하는 경우가 많다.

이 병은 널리 퍼져 있다. 이 질환에 걸려서 사망한 사람들은 어린이, 청년, 인생의 절정기에 있는 남성, 피부가 부드러운 사람, 안색이 창백한 사람, 직모인 사람, 흑모인 사람, 눈동자가 검은 사람, 난폭하고 게으른 삶을 산 사람, 목소리가 가는 사람, 목소리가 거친 사람, 혀 짧은 소리를 하는 사람, 성마른 사람들이 흔하다. 여성들 또한 다수가 이 질병으로 사망했다.

뭔가 상당히 부적절한 듯 느껴지지 않는가. 열거된 항목을 읽으면 누구나 그리고 모두가 이 질병으로 사망했다는 인상을 피하기 어렵다. 하지만 히포크라테스 의사들은 혀 짧은 소리를 하는 사람들이 특별히 설사를 할 가능성이 높다고 믿었다. 「유행병 I」의 저자는 분명, 나이, 피부색과 결, 머리색과 결, 눈동자의 색, 목소리, 기질, 생활방식 등 자신이 아주 꼼꼼하게 열거한 특성 모두가 예후에 중요하리라고 생각했다. 이러한 특성들이 신체 내 구성물의 표시자이거나 혹은 그에 영향을 미치는 요소(생활양식의 경우)라고 생각했기 때문이다. 따라서 생존이나 사망은 같은 글에 열거한 다양한 징후 해석에 좌우되었다.

먼저 우리는 보편적인 인간 및 개개인의 성향과 각 질병의 특성을 고려해야 한다. 다음에는 환자, 환자에게 주는 음식, 음식을 주는 사람—누가 음식을 주느냐에 따라 받아들이기가 더 쉽거나 더 어려워질 것이므로—기후조건이나 보편적이면서도 개별적인 지방특성, 환자의 습관, 생활양식, 취미, 나이를 고려해야 한다. 그 다음으로는 환자의 말, 독특한 버릇, 침묵, 생각, 언어습관이나 불면, 꿈, 성향과 시간을 생각해야 한다. 그 뒤에 우리는 감정의 격발, 환자가 사용한 의자들, 소변, 타액, 토한 내용물을 관찰하고 질병 상태의 변화 여부, 변화의 주기와 성격, 사망 또는 위기를 초래하는 특정한 변화들을 찾아야 한다. 또한 발한, 몸서리, 오한, 기침, 재채기, 딸꾹질, 호흡, 트림, 숨소리(조용한지 큰지 여부), 출혈과 치질 역시 살펴봐야 한다. 그런 뒤에 우리는 이런 모든 징후의 중요성을 판단해야 한다.

이런 판단의 중심에는 '예후'*가 있다. 치료를 해도 가망이 없다고 미리 공표하는 신중함을 보이지 않는 한 환자들이 사망할 경우 비난을 면치 못할 것임을 의사들은 알고 있었다. 그러므로 그들은 "열이 있는 환자가 이를 간다면 어린 시절부터 계속된 습관이 아닌 한, 광기와 사망의 징후"이며 "정

---

* prognosis: 검사 후 병을 확정하는 진단(diagnosis)에 반대되는 말로, 병의 경과 및 결말을 미리 아는 것을 뜻한다.

신착란 중에 이런 현상이 일어난다면 이미 질병이 돌이킬 수 없는 상태에 접어들었다는 징후"라는 것을 알아야 했다. 예후에 대한 집착은 의사의 개입에 한계가 있다는 것을 미미하게나마 인식했음을 보여준다. 갈레노스(131~201년)는 세부적인 진단들(환자의 현재 상태를 식별하는 일)과 일종의 기억술(환자의 과거 상태를 식별하는 일)을 예후에 포함시키는 게 적절하지만, 둘다 부차적일 뿐이라고 했다. 전통적인 히포크라테스/갈레노스 의료에서 예후를 알아보는 능력은 사실상 치료술의 대안이었다. 히포크라테스 의사들은 긴박한 죽음의 징후를 확실히 식별할 줄 알았다. 하지만 죽음을 늦추는 방법에 관해서는 아무 것도 알지 못했다.

히포크라테스 의사들은 뼈를 맞추고 종기를 절개하는 일과 손으로 하는 처치에 능했다. 하지만 인체 내부의 상태를 호전시키는 치료법은 어느 것도 효과가 없었다. 면밀한 관찰과 예후를 알아보는 뛰어난 능력에도 불구하고 효과적인 치료법을 개발하지 못한 이유는 신체 내부의 작동에 관한 기본 모델 자체가 결정적인 장애물이었기 때문이다. 그럼에도 19세기 중반까지 계속해서 히포크라테스식의 기본적인 치료법들이 의술의 근간을 이룬다. 최초의 히포크라테스 이후 계속된 히포크라테스 의학이라는 이야기는 지적 발전의 측면에서는 여러 견해들 가운데 하나이지만 치료라는 측면에서는 연속적이었던 셈이다.

후세대의 의사들이 한결같이 의견을 같이한 것 그리고 하나로 뭉친 의료계가 결국 효과적으로 치료의 독점권을 행사한 것으로 미루어 의사들이 처음부터 비슷한 생각을 했다고 추정하기는 쉽다. 그러나 이렇듯 같은 생각들을 공유한 최초의 히포크라테스학파 의사들끼리도 실제로는 의견 대립이 컸으며, 이런 의견 대립은 고대 그리스·로마 시대 내내 흔히 일어났다. 1200년경이 되면 단일 의료 원칙이 이슬람과 기독교 세계에서 무적의 위치를 확립한다. 초기의 의사들은 건강과 질병이 '영'(靈, pneuma) 혹은 '정기'(氣)의 문제라고 믿기도 했다(아마도 히포크라테스까지 포함해서). 또 어떤 의사들은, 지나치게 많으면 유해하다고 믿었던 점액(특히 겨울에 문제를 일으키고 기도 윗부분의 질병과 관련된)과 담즙(특히 여름에 문제가 되고 위장 장애와 관련된) 두 가지에 특별히 관심을 갖고 다른 질병들을 이 두 체액과 관련하여 설명하고자 했다. 가령, 간질의 원인이 담즙이라고 믿었다. 히포크라테스가 태어날 무렵, 크로톤의 철학자 알크메온은 건강이 세 가지 상반되는 성질—뜨거움과 차가움, 건조함과 축축함, 달콤함과 시큼함—의 균형에 달려 있으며 이들 가운데 어느 하나가 우세하면(그가 사용한 용어는 정치적이다. '우세하다'라는 단어는 최고 지배자라는 뜻이다) 질병이 생긴다고 주장했다.

건강을 유지하기 위해서는 4체액(혈액, 점액, 황담즙 혹은 choler[성마름], 흑담즙 혹은 melancholy[침울])이 균형을 이뤄야 하고 4체액은 인생의 서로 다른 시기와 한 해의 각기 다른 계절에 각각 지배적인 경향을 띠며 각 체액은 철학자 엠페도클레스가 우주를 구성한다고 본, 쌍으로 이뤄진 기본 성질들(뜨거움과 차가움, 건조함과 축축함)을 나타낸다는 주장이 『인간의 본성』이란 글에서 처음 역설되었는데, 그 저자가 히포크라테스의 사위인 폴리부스(Polybus)인 듯하다. 이에 따라 혈액은 뜨겁고 축축하고 점액은 차갑고 축축하며, 황담즙은 뜨겁고 건조하고 흑담즙은 차갑고 건조했다. 각 체액은 서로 다른 장기로 모이는 경향을 띠었고, 혈액을 비롯한 모든 체액들은 간장에서 만들어져서 점액은 뇌로, 황담즙은 쓸개로, 흑담즙은 비장으로 갔다. 처음부터 한 체액이 지나치게 많으면 심리적 영향이 있다고 추정했다. 가령 담즙이 많으면 우울해진다고 보았다.

4체액 체제와 체액과 관련된 세 겹의 치료 관행(사혈, 구토, 사하) 사이에는 긴장이 불가피했고, 아마도 실제 치료는 혈액, 담즙, 점액을 가리키는 3체액의 견지에서 생각했던 초기 체제와 더 잘 맞았을 수도 있다. 흑담즙은 새로 발견한 체액인 듯하며 후에 갈레노스가 혈액 찌꺼기 혹은 침전물이라고 규정한, 혈액이 고여 있다가 분리될 때 맨 밑에 남는 체액이다. 흑담즙은 엠페도클레스의 우주관에 의학을 맞추기 위해 고안해낸 것일 수도 있다. 하지만 네 가지 체액 모두 다양한 비율로, 혈액 속에 존재하며 혈액이 고여 있을 때 분리된다고 믿기도 했다. 이런 논리를 따라 사혈이 구토나 사하보다 훨씬 더 중요한 최선의 처방이라 생각하기 쉬웠다. 한 예로 1세기에 켈수스(Celsus, 로마의 의학저술가로 히포크라테스 의학과 알렉산드리아 의학을 집성했다)는 고열, 마비, 발작, 호흡 또는 말하기 곤란, 고통, 내장 파열, 모든 급성질환, 외상, 혈액분출에 사혈을 권장했다.

고대에는 사혈 반대자들이 있었다. 에라시스트라투스(Erasistratus, 기원적 약 330~255년)학파 의사들은 사혈이 위험하다고 생각해서 단식을 통해 과도한 혈액을 줄이는 쪽을 선호했다. 하지만 주로 논란이 된 문제는 사혈 부위(아픈 장기 가까운 부위에서 해야 한다고도 했고, 가능한 멀리 떨어진 부위에서 해야 한다는 주장도 있었다)와 양이었다. 명성이 높은 권위자들은 환자가 기절할 정도까지 사혈을 하려 했다. 이런 문제들에 대한 논란은 고대 의학의 전통이 남아 있는 한 계속되었다. 1799년 벤저민 러시(Benjamin Rush, 독립선언문 서명자)가 '영웅적인' 사혈을 옹호했는데, 사혈 치료만 고집하다가 자신의 환자인 조지 워싱턴을 사망에 이르게 했다는 비난을 받았다. 사혈에 대한 논란은 종식되지 않았지만 더 큰 논란거리는 사혈의 양과 부위였다. 1839년 한 비판가는 과도한 사혈을 비판하면서도 여전히 적정한 사혈이 최고의 처방이라 했으며, 1870년경 자연주의자인 찰스 워터톤(Charles Waterton)은 자주 피를 뽑는 게 '최대한 건강한 상태'를 유지하는 비법이라고 했다.

수 세기 동안, 많은 의사들이 예방 차원에서 정기적으로 특히 봄철에 사혈할 것을 권했다. 1830년대 필라델피아에서도, 중세 수도원에서 나 있을 법한 진풍경이 벌어져 해마다 봄이면 사람들이 대거 의사들에게 몰려가 피를 뽑았다. 과도한 체액을 자연적으로 방출하지 못하는 사람들에게 사혈이 꼭 필요하다고 생각했다. 자연적 방출이란 여성들의 경우에는 생리, 남성들의 경우는 코피, 정맥의 피(정맥노장성 정맥), 치핵을 의미했는데 마지막 세 가지는 자연치유의 예로 간주되었다. 21세기의 우리들에게는 코나 정맥 또는 항문에서 피가 나면 치료를 해야 한다는 사실이 명백해 보이지만, 그 이전의 수 세기 동안에는 반대로 몸이 자연적으로 치료되는 현상으로 환영받았다. 생리가 멈춘 여성들(가임기간의 여성이 임신을 하지 않고 생리가 멈춘 경우 지극히 위험한 것으로 간주했다)과 치핵이 없는 남성들은 의사들의 도움을 얻어 인공 대체물을 얻어야 했다.

고대 의학의 목표는 체액의 균형이었다. 초기 저작인 『물, 공기, 장소』에서는 기후에 따라 각기 다른 체액이 우세한 경향을 보이며 따라서 신체 유형과 민족성이 다르다고 주장했다. 이런 과정은 복잡하고 심지어 상충되기까지 한다고 생각했다. 갈레노스는 게르만 족과 켈트 족이 차갑고 습한 기후에서 살아 피부가 하얗고 부드러운 반면, 에티오피아인과 아랍인들은 피부가 단단하고 건조하며 검다고 생각했다. 하지만 게르만족과 켈트족은 내부의 열을 몸속에 가두고 있었다. "그들의 신체 내부에 있는 열은 그게 무엇이든 혈액을 따라 내부의 장기로 흘러들어간다. 그곳에서 혈액은 작은 공간에 갇혀 거세게 회전하며 비등한다. 그래서 이들은 원기왕성하고 무모하며 성마르다." 따라서 건강한 신체와 정신을 가지려면 기후와 계절의 영향을 줄일 필요가 있었다. 게르만의 여름이라면 피를 차갑게 해야 할 것이고 아프리카의 겨울이라면 뜨겁게 해야 한다.

일반적인 상황에서 신체를 통제하려면 갈레노스가 비자연적인 것이라고 한 조건들을 조절하고 이를 자연적인 요인(기후, 계절, 나이, 성별 등으로 통제할 수 없는 것) 및 비자연적인 요인(질병과 직접 관련되는 조건들)과 대비시켜야 한다. 비자연적인 요인으로는 음식, 음료, 환경(공기에 노출 되는 정도 등), 잠자기와 깨어 있기, 운동과 휴식, 배출(성적인 것을 포함), 열정과 감정이 있다. 갈레노스 시대의 의학과 이보다 600년 앞선 히포크라테스 시대 의학의 주요한 차이는 갈레노스의 경우 건강에 요구되는 조건들을 기본적으로 통제할 수 있다고 확신했다는 점이다. 풍향의 변화로 발병을 충분히 설명할 수 있다고 생각한 히포크라테스 전집 저자들의 견해와 비교해서 기후와 계절의 역할이 확연히 줄었다. 질병을 시대 및 장소와 연결시키려는 시드넘의 소망은 히포크라테스로의 회귀이자 갈레노스에 대한 거부였다.

체액 이론에는 특정 체액의 불균형이 특정한 마음 상태를 불러온다는 의미가 함축되어 있으며 마찬가지로 특정한 마음 상태(분노 등)가 신체적인 결과로 나타난다고 추정했다. 정신건강과 육체건강은 따라서 엄격한 구분이 불가능한 만큼이나 서로 불가분의 관계라고 여겼다. 1730년대 독일의 아이제나흐 시에서 진료를 하던 요하네스 슈토르히(Johannes Storch)의 기록을 보면 분명해진다. 그의 기록에는 분노를 폭발하거나 싸움을 한 뒤에 사혈 처방을 받은 수많은 여성들의 사례가 적혀 있다. 두 경우 다 생리혈의 정상적인 흐름을 방해하며 치명적인 결과가 나타날 수 있다고 믿었다. 스물한 살의 한 젊은 여성은 "생리 중에 자신을 향해 큰 소리로 짖는 개"에 겁을 먹었다. 생리가 멈춘 뒤 다시 회복되지 않았고 몇 달 후에 "심장이 뛰고 피곤하고 안색이 좋지 않으며 가려운 증세가 심한 괴혈병성 물집이 생기고 유달리 땀을 많이 흘렸다." 그 해에 그녀는 사망했다. 개의 짖는 소리가 물린 것만큼이나 치명적이라는 사실이 입증된 것이다.

갈레노스와 그 이후의 모든 의사들은 따라서 한결같이 적절한 식이요법을 옹호했다. 갈레노스는 모든 만성 질병에 생선, 가금, 보리, 콩, 양파, 마늘로 이뤄진, 체액을 묽게 하는 식단을 처방했다. 그들은 가벼운 운동을 권하기도 했다. 갈레노스의 경우 체육이 부상을 초래하기도 하는 등 너무 격렬하다며 몹시 싫어했지만, 그럼에도 공 잡기 놀이와 같은 '작은 공을 갖고 하는 운동'은 권장했다. 그들은 사하제의 정규적인 사용과 예방 차원의 사혈을 처방했다. 그 가운데서도 감정의 과잉 특히 '화'를 다스리라고 일러주었다. 갈레노스는 이렇게 말한다.

> 내가 어렸을 때 … 급하게 문을 여는 한 남자를 본 적이 있다. 그 사람은 문이 열리지 않자 열쇠를 물어뜯고 문에 발길질을 하며 신들을 저주하기 시작했다. 그의 눈은 미친 사람마냥 광포해졌으며 멧돼지처럼 입에 거품이 일었다. 그 광경을 본 이후 화내는 모습이 어찌나 싫든지 나는 그렇게 꼴사나운 모습은 절대 하지 않았다.

그는 집에서 부리는 노예에게 주먹을 휘두르는 사람을 특히 경멸했다.

> (아버지는) 주먹으로 하인들의 입을 때리다가 손에 멍이 든 친구들을 보고 크게 노하시곤 했다. 아버지는 그들이 경련을 일으킬 만하며 염증으로 죽어도 할 말이 없을 거라고 말씀하시곤 했다. 나는 한 남자가 분을 못 참고 연필로 하인의 눈을 쑤셔 한쪽 눈을 멀게 만드는 걸 본 적이 있다. 궁정 하인의 눈을 연필로 찔러 한쪽 눈을 잃게 한 하드리아누스 황제와 관련된 이야기다. 하드리아누스가 뒤늦게 무슨 일이 일어났는가를 깨닫고 하인을 불러 한쪽 눈을 잃은 대가로 원하는 것을 선물로 주겠다고 했지만 부상당한 하인은 말이 없었다. 하드리아누스가 바라는 게 있으면 얘기해보라고 다시 말했다. 그 말을 듣고 대담해진 하인은 눈을 다시 찾는 거 말고는 원하는 게 없다고 했다.

갈레노스는 뒤늦게 선행을 베푼다고 죄가 없어지지 않는다고 생각했던 모양이다. 건축가였던 아버지와 반대 기질을 지녔던 그의 어머니는 "이따금 하녀를 물어뜯을 정도로 심술궂었다."

　과도한 감정에 대한 갈레노스의 이 같은 집착은 어머니의 모습이 아니라 아버지의 모습을 닮고 싶어하는 그의 바람을 반영하는 순전히 개인적인 열망인 듯하다. 그의 직업 환경과 연관시켜서 생각해볼 수도 있을 것이다. 그는 다른 학파의 의사들과 끊임없이 경쟁하곤 했다. 갈레노스는 사람들 앞에서 탁월한 해부학적 지식을 보여주었고 다른 의사들에게 접근해 공개적인 논쟁을 유도했다. 이런 상황에서 다른 의사들에게 이기려면 냉정해야 했고 분노나 짜증은 나약하고 부적절한 모습으로 비춰질 뿐이었다. 인간 생리에 대한 그의 생각에서 가장 중심에 자리한 것은 역시 자제력이었다.

　여러 면에서 갈레노스는 플라톤의 추종자였다. 그는 『티마이오스』를 높이 평가했으며 인간의 신체는 조물주가 만든 게 분명하다고 생각했다. 그는 플라톤의 견해에 동조하여 인간의 몸에는 생명의 세 가지 원칙인 이성(뇌에 위치), 정신(가슴에 위치), 식욕(간장에 위치)이 있다고 보았고 모든 생명이 가슴에 모여 있다는 아리스토텔레스의 주장(뇌의 기능은 피를 냉각시키는 거라고 생각했다)을 받아들이지 않았다. 그러나 영혼은 불멸이라는 플라톤의 주장에 완전히 납득되기보다는 영혼은 '신체의 혼합물 또는 기능'임으로 유한하다고 생각했다. 후세대의 이슬람교와 기독교의 의학비평가들은 정신과 육체의 관계에 대한 갈레노스의 설명이 지극히 혼란스럽다고 보았다. 의사 셋이 있으면 둘은 무신론자라는 말이 괜히 나온 말이 아니었으며, 7세기 토머스 브라운의 『한 의사의 종교』는 역설 또는 수수께끼를 의도한 저작이었다. 갈레노스는 플라톤과 달리 신체가 그 사람을 나타낸다고 생각했다. 따라서 신체의 작동에 대한 이해가 육체의 건강뿐만 아니라 정신의 건강을 이해하는 열쇠였다.

2
고대의 해부학

히포크라테스와 당대의 의사들은 뼈의 구조에 대해서는 물론이고 인체 해부에 대한 지식이 거의 없었다. 그들은 동맥과 정맥, 신경과 힘줄을 구분하지 못했다. 근육 위축을 이해하지 못했으며 '근육'(muscle)에 해당되는 단어도 거의 사용하지 않았고 보통 '살'(felsh)이라고 불렀다. 기원전 5세기의 조각가들이 단단한 근육질의 인체를 묘사했다는 사실과 그리스 운동선수들이 근육을 키우려고 무한히 운동을 했을 것을 떠올리면 그럴리가 있을까 하는 생각이 들기도 할 것이다. 기원전 5세기의 언어들을 살펴보면 특이하게도 운동선수의 신체에 대해 (현대 언어로 풀이하면) '마디마디로 연결' 또는 '관절로 연결되었다'는 표현을 쓰고 있다. 5세기 그리스인들이 근육의 '뚜렷한 구분'을 높이 평가했다는 게 더 나은 풀이일지는 모르지만, 뚜렷한 경계가 생기려면 근육이 있어야 한다는 사실을 그들은 전혀 알지 못했다. 히포크라테스 시대의 사람들은 '근육'에 대한 개념이 없었을 뿐만 아니라 위장을 표현하는 단어도 없었다. 그들은 자궁이 여성의 몸을 이리저리 돌아다니며 가슴까지 올라가서 질식을 유발하기도 할 뿐만 아니라 심지어 머리까지 올라가거나 엄지발톱까지도 내려간다고 생각했다. 그들은 숨 쉴 때

폐가 하는 역할에 대해 알지 못해 공기가 뇌와 복부로 들어간다고 믿었다. 중요한 사실은 그들의 내장 관련 지식은 부상당한 환자를 치료하면서 보는 것과 도살된 동물을 통해 배운 것에 기초했다는 점이다. 인간의 신체는 해부하지 않았던 게 분명하다. 죽은 사람의 신체에 대한 존중은, 심지어 적의 시체라 해도 그리스 문화의 기본이었기 때문이다.

동물 해부를 처음 실시(아마 생체해부까지도 실시)한 사람은 아리스토텔 레스였다. 모든 사회마다 동물들의 배를 갈랐던 건 단순히 먹기 위해서만은 아니었다. 고대 그리스를 비롯해서 많은 사회에서 동물의 내부를 보고 미래를 점쳤다. 아리스토텔레스가 남달랐던 점은 신체의 모든 부분이 어떤 기능을 한다는 확신이었다. 그는 신체가 어떤 목적에 종사하기 위해 만들어진 장기(organ, 원래는 '도구'를 뜻하는 단어)들로 구성되었다는 개념을 고안해냈다. 아리스토텔레스는 영혼이 신체를 이용하여 목적을 달성하며, 신체는 장기를 통해 그 일을 한다고 믿었다. 따라서 그에게 해부는 기능에 관한 연구인 셈이었다. 그는 동물의 내부를 들여다보고 각 부위가 무슨 '일을 하는지'를 찾아냈다. 그래서 찾아낸 것이 정교한 기능에 대한 확신이었다. 최초로 자세히 기록한 해부학적 묘사는 심장에 관한 것으로 히포크라테스가 썼다고 잘못 알려진 저술들 중 하나에서 찾아볼 수 있다. 심장은 "정교한 기능을 하는 부위"라는 말은 인체 해부에 대한 후대의 온갖 설명들 속에서 메아리친다.

인체 해부를 감행한 최초의 인물은 아리스토텔레스의 제자로 추측되며 지금은 분실되어버린 해부학에 관한 책을 쓴 디오클레스로 보인다. "영혼이 떠난 뒤 남겨진 것은 더 이상 동물이 아니며 단순한 외형을 빼곤 어느 것도 예전의 것이 아니"라는 아리스토텔레스의 가르침이 아마도 인체 해부에 대한 근본적인 금기를 뒤집는 데 도움이 되었을 것이다. 그러나 해부학적 사고의 혁명적 사건은 알렉산드리아에서 일어났으며, 기원전 330년경에 태어난 헤로필로스와 에라시스트라투스의 연구 결과였다. 후대의 설명에 따르면 두 사람 모두 생체해부를 실시했다. 알렉산드리아는 그리스인이 야만인을 지배하는 전제 체제였으므로 죄인들을 대상으로한 생체실험을 허용했을지 모른다. 헤로필로스는 특히 뇌의 해부와 뇌와 신경계의 관계를 정립했으며, 신경이 동작을 통제한다는 것을 인지했다. 또한 생식기관들도 연구하여 난소와 나팔관을 확인하고 자궁이 몸 전체를 돌아다닌다는 2000년 후에도 여전히 우세한 견해를 거부했다. 헤로필로스의 스승인 프락사고라스는 동맥과 정맥을 체계적으로 구분했는데 다만 에라시스트라투스와 마찬가지로 동맥이 공기를 운반한다고 추정하여 기관(氣管)과 같은 이름을 붙였다. 동맥 맥박을 처음 확인한 사람도 프락사고라스였다. 아리스토텔레스는 동맥과 정맥을 구별하지 못했기 때문에 심장과 모든 혈관이 함께 뛴다고 생각했다. 이후에 헤로필로스는 맥박을 진단 목적에 사용할 수 있는지 살펴보고 맥박 속도를 측정하는 휴대용 시계를 고안했다. 부상이 없는 인체 내에서는 혈액이 정맥계에 갇혀 있고 동맥은 공기를 운반한다는 에라시스트라투스의 믿음이 지금 보면 우스꽝스럽게 보이기 쉽다. 하지만 그는 심장을, 비록 펌프 작용으로 공기를 넣고 빼는 일종의 풀무라고 여기긴 했지만 정확히 판막들이 있는 펌프로 인식했다.

알렉산드리아 해부학자들의 연구에 힘입어 신체, 신체와 정신의 관계에 대한 이해에 혁명적인 변화가 생겼다. 호메르스(Homeros)가 기원전 8세기에 저술을 할 때는 육체나 정신을 일컫는 일반적인 용어가 없었다. 게다가 그는 '마음을 먹었다'와 같은 식의 말을 할 줄 몰랐고, 대신 신이 사람들에게 무엇을 해야 할지 결정해준다는 식으로 말했다. 기원전 5세기의 아리스토텔레스 시기가 되면 영혼과 육체는 대비를 이루는 용어가 되며, 신중한 사고는 영혼의 역량이 된다. 더 나아가 영혼은 육체를 통해 행동으로 나타나며, 행동은 신중한 생각에 의한 행동과 생각 없이 일어나는 행동(호흡)이 있다고 보았다. 헤로필로스 이후에는 신체 내에 두 가지 체계가 있다고 생각한다. 한편으론 뇌, 신경, 근육(이제 근육이란 말이 대단히 중요해진다)이 자발적 움직임을 통제하고 다른 한편에서는 심장, 동맥, 정맥이 정신이 통제하지 못하는 비자발적 행동체계를 대표한다. 히포크라테스학파 의사들이 거의 같은 것으로 보았던 용어들을 구분해 썼던 것이다. 초기 히포크라테스학파의 경우에 맥박들, (심장의) 고동, 떨림, 발작 등은 한 가지나 다름없었다(그러한 떨림 현상들은 어느 부위에서나 볼 수 있었다). 헤로필로스 이후에는 맥박(이제는 복수가 아닌 단수이다)이 심장과 동맥에서 동시에 자발적으로 뛴다고 보았고 고동, 떨림, 발작은 신경계의 질병으로 의식의 통제하에 있어야 하는 비자발적 경련이었다.

초기 히포크라테스 의사들은 환자들의 맥박을 보지 않았으나 이제는 맥박이 자발적인 시스템에 반대되는 비자발적 시스템에 대한 정보를 알려주는 주요 정보원이 되었다. 갈레노스에게 자기 통제의 개념이 왜 그토록 중요했는지가 이제 조금씩 이해되기 시작한다. 인간이라면 자발적인 신체의 행동을 통제할 수 있어야 했다. 자제력을 잃고 때리고 물어뜯는 것은 감정이 주도권을 잡는 것이고 따라서 인간이 아닌 동물이 되는 것이었다. 그러나 이런 식의 사고에는 근본적인 모호함이 있었다. 자발적 시스템과 비자발적 시스템을, 갈레노스가 그랬듯이 육체의 두 측면으로 취급할 수도 있고 또는 물질적인 것과 정신적인 것, 육체와 정신, 감정과 이성의 근본적인 차이를 반영하는 것으로 볼 수도 있다. 이런 대안의 길을 따라가다보니 기능 연구로 출발했던 해부가 정신과 육체는 별개라는 소크라테스 철학의 기본적인 주장을 확인해주었다고 할 수도 있을 것이다. 따라서 한편으로는 정맥과 동맥을 그리고 다른 한편으로 신경을 구별한 것은 '살'을 '근육'으로 새롭게 개념을 정립한 것과 더불어 새로운 철학을 입증하는 생리적 증거였다. 이전에는 정맥과 동맥을 혈관이라는 한 덩어리로 보았을 뿐만 아니라 신경과 미세 동맥 혈관을 구별하지 않았었다. 이제 해부한 육체의 세부 모습을 통해 자발적 행동과 비자발적 행동이라는 대비 개념들을 추적할 수 있음을 알게 되었다. 의식적으로 통제할 수 없는 신체의 기능을 어떻게 통제할 수 있을까? 이런 의문에 답하는 것이 의학의 책임이었다.

헤로필로스와 에라시스트라투스 이후에 생체해부는 물론 해부도 중단되었던 것으로 보인다. 의사들이 더 이상 인체에 접근할 수 없게 되면서 700년 동안 해부학 지식은 정체되었다. 갈레노스의 초기 저작 가운데 하나가 마리누스(Marinus)의 『해부』판인데 마리누스는 인간 해부에 관한 지식을 얻기 위해 원숭이 해부로 눈을 돌렸던 듯하다. 현대의 학자들은 갈레노스가 손상되지 않은 인체를 해부한 적이 없었고 실로 광범위한 그의 지식은 원숭이 해부와 생체해부에서 얻은 것이라고 믿는다.

갈레노스의 『해부 과정에 관하여』라는 저작을 읽으면 해부에 관한 그의 지식이 우리의 지식과 상당히 일치하는 것에 놀라게 된다. 하지만 생리적 과정에 관한 지식은 우리의 지식과는 근본적으로 다르다는 것을 늘 염두에 두어야 한다. 그리스 의사들은 시종일관 신체 외부에 나타나는 현상과 신체에서 배출하는 물질을 내부에서 일어나는 현상의 징후로 읽었다. 머리카락을 예로 들어보자. 그리스인들은 모공에서 노폐물이 배출된다는 것을 인지했고, 갈레노스는 몸에서 수증기가 빠져나가면 모공에 침전물이 쌓일 거라고 생각했다.

그런 덩어리가 모공 전체를 막아버리면 모공 뒤에 있는 유사한 분비물이 빠져나갈 길이 막히며 그로 인해 생긴 압력이 불쑥 덩어리를 밀어낸다. 그러면 그때쯤 이미 뻣뻣해진 물질이 피부를 뚫고 나온다. … 검은 머리는 인체의 강력한 열에 의해 수증기가 뜨거워졌을 때 빠져 나오며 그래서 분비물이 아주 혼탁하고, 금발은 인체에 열이 덜 날 때 빠져나온다. 이 경우에 모공에 박힌 물질은 흑담즙이 아니라 황담즙의 침전물이다. 흰 머리는 점액의 산물이다. 금발과 흰 머리의 중간인 붉은 머리는 그 근원 역시 점액과 담즙의 중간에 해당되는 침전물이다. 곱슬머리가 빠져나오는 것은 분비물이 건조해서거나 모공 때문이다.

이렇듯 모든 생리적 과정을 체액과 열·냉·건·습의 네 가지 기본적인 특질이란 측면으로 이해했다. 갈레노스는 머리카락을 뿌리가 있는 풀잎에 비유할 수 있다고 생각했지만 개별적인 장기로서가 아니라 몸 전체의 일부로서만 관심을 두었다.

고대의 의학적 사고가 지닌 수수께끼 같은 특성을 이해하는 데 도움을 주는 대목이다. 켈수스는 『의학전서』(대략 40년)에서 "의학 기술은 세 부분으로 나뉜다. 하나는 식사조절을 통해서, 다른 하나는 약물을 통해서, 나머지는 손으로 치료된다"고 했다. 외과수술이 손으로 하는 일이라는 생각은 외과수술을 뜻하는 라틴어 chirurgia가 손과 일(chieros와 ergon)을 뜻하는 그리스 단어들에서 유래하는 것에서 보듯 명백하다. 하지만 켈수스가 식사요법을 통한 치료라고 서술한 것에는 섭생법이나 비자연적인 것뿐만 아니라 사혈과 흔들기(가벼운 운동의 형태로 간주되었다. 히포크라테스 의사들은 사고 작용조차 영혼을 덥혀주는 일종의 운동으로 생각했다) 및 사하제와 구토제 복용이 포함된다. 다시 말해 우리가 내과학이라고 생각할 수 있는 모든 요소가 식사요법을 통한 치료라는 큰 제목 밑에 온다. 당시 사혈과 사하는 건강에 해로운 섭생으로 인해 파괴된 균형을 되찾는 방법이었고 따라서 식사요법의 확장으로 여겨졌다. 켈수스의 저작에서 약물요법 부분을 보면 그는 (우리가 당연히 약이라고 생각하는) 사하제와 구토제 등에는 전혀 관심이 없고 기름, 습포제, 도포제, 바르는 물약 등 원칙적으로 몸에 붙이고 바르는 것들에만 관심을 보인다.

130년 후의 갈레노스 또한 '약'(drug)이란 보통 몸에 붙이거나 바르는 것이라고 생각했다. 이런 약물은 모공을 통해 들어가 작용한다. 재료가 미세할수록 신체에 더 잘 스며든다. 약물의 성격에 따라 몸을 덥거나 차게 하며, 건조하거나 축축하게 한다. 갈레노스의 경우는 섭취하는 약제들도 섭취하지 않는 약제들과 꼭 같은 방식으로 작용한다고 보았다. 그런데 이런 약제들은 약물이면서 동시에 음식으로 기능한다. 예를 들어 상추는 몸을 차갑게 하는 동시에 수면제이다. 몸에 갖다 붙이면 그 기능을 바로 알 수 있다. 상추는 처음에는 약으로 기능하지만 소화가 되고 나면 음식으로 기능한다. 그런데 모든 음식은 몸에 열을 내고 깨어 있게 하는 특성이 있다. 그래서 갈레노스는 상추를 처음에는 불을 끄지만 결국에는 환히 타오르게 하는 생나무에 비유했다.

의학사가들은 갈레노스가 473가지의 '단순 약제'(혼합하지 않은 약제)에 대해 기술했고, 디오스코리데스가 『약물학』(대략 60년경)에서 1,000가지를 열거했으며, 11세기 초 아랍의 학자 이븐 시나(Ibn Sina, 라틴식 이름은 아비센나)가 760가지의 약제를 다루었고, 12세기 말경 이븐 알 바야타르는 1,400가지가 넘는 약제를 열거해놓았다는 것을 기쁜 마음으로 알려준다. 하지만 이러한 정보는 약제가 (독사에 물렸을 때 쓰는 해독제이면서 동시에 일반적인 강장제로도 사용했으며 '특별한 형태'로 작용한다고 믿은 테리아카[theriac]와 같은 몇 가지 약제를 제외하고) 단순히 열을 내거나 식히고 건조하게 하거나 축축하게 하는 것으로 이해했고, 따라서 무한히 약제를 대체할 수 있었다는 점을 상기하지 않는다면 의미가 없다. 언어는 우리를 현혹해서 연속된 것이 없는데도 있다고 생각하게 만든다. 우리가 쓰는 '약'(medicine)이라는 단어는 디오스코리데스의 『약물학』에서 유래하며 조제(pharmacy)라는 단어는 라틴어와 영어에서처럼 약과 약제를 지칭하는 말이 같았던 고대 그리스에서 온 것이다. 약(drug)이라는 단어 자체는 아랍에서 기원한다. 우리의 언어가 그리스, 로마, 아랍인들이 사용하던 언어에 빚지고 있는 까닭에 우리가 사용하는 단어들이 그들이 사용하던 의미와 같다고 생각하기 쉽다. 하지만 의학(medicine)은 이제 디오스코리데스가 생각했던 그런 의미가 아니다.

히포크라테스 의사들은 질병을 치료하지 않았다. 그들의 견해에서는 질병 그 자체가 체액의 근본적인 불균형을 나타내는 증후들이었기에 치료해야 할 대상은 질병이 아니라 환자였다. 현대의 의학자들이 하듯 효과적인 약제를 찾아서 히포크라테스의 약제 목록—물론 상추는 아니겠지만—을 뒤적이는 것은, 약들이 특정 질병의 치료용인 '특효약'(specifics)인 경우가 거의 없었다는 사실(이런 약들의 사례를 최초로 주장한 것은 16세기 수은을 매독 치료제로 사용한 파라켈수스였다)과 가령 알코올 함유 용액에 상처를 담그면 박테리아를 제거하는 효과가 있다는 우리의 생각이 전염 개념이 전혀 없었던 세계에서는 이해할 수 없는 내용이었다는 사실을 간과하는 것이다. 하비가 혈액순환설에서 주장한 내용 가운데 하나가 약물이 몸 전체에 얼마나 빨리 효과가 나타나는지를 혈액순환설을 통해 알 수 있게 되었다는 것이다. 혈액순환 이론이 없을 때는 모든 약들의 효과가 국지적인 것으로 이해될 수밖에 없었다. 하비에 앞서 『약물학』에서 최초로 연고에 대해 언급하긴 했지만, 연고는 몸속으로 흡수되었다 해도 약은 아니었다. 그나마 연고에 관한 이해도 사용법을 지배하는 체액설에 의해 제한되었다. 폴리부스에서 갈레노스로 이어지는 시기에 체액설의 이론이 발전하고 다듬어졌다. 다음 1400년 혹은 1500년 동안 의사들은 이러한 지적 유산에 의문을 제기하고 이를 개선하기보다는 보존하고 전승하는 데 더 관심을 두었다.

3

의학 정전

기원후 40년, 의학에 관한 글을 쓸 때 켈수스는 주요 세 학파의 개업의들을 알고 있었다. 헤로필로스의 후계자들인 '독단론자들'(dogmatists)은 생리 과정을 설명하려면 숨겨진 원인을 찾아야 한다고 생각했고, 따라서 비록 어느 것도 실제로 해볼 기회는 없었음에도 생체해부와 해부를 신봉했다. '방법론자들'(methodists)은 질병을 분자들이 몸속에서 너무 급하게 돌거나 혹은 너무 천천히 돌아서 생기는 결과로 보고 단순한 기계론으로 설명했고, 따라서 6개월 만에 의사과정을 끝낼 수 있다고 믿었다. '경험주의자들'(empirics)은 어떤 종류의 간섭이 효과적인지에 대해 과거의 경험으로부터 배워야 한다며 모든 질병이론을 거부했다. 1세기 후 (독단주의자였던) 갈레노스도 이들 학파와 논쟁을 벌였으며, 10세기와 11세기 초기의 아랍 의학은 서로 경쟁하는 여러 전통의학들이 모두가 그리스 후예임을 주장했다.

그런데 1000년 후, 아랍과 기독교 세계를 아울러 의학적 문제에서 신뢰할 수 있는 권위자는 갈레노스가 유일했다. 논리에 대한 관심이 지대했던 그의 글들이 아리스토텔레스 삼단논법에 토대를 둔 교육 내용과 잘 맞아서 그랬을 가능성이 높다. 게다가 갈레노스가 이해하는 신체는 방법론자와 경험론자들의 생각과는 달리 아리스토텔레스의 기능에 대한 천착과 전적으로 양립 가능했다. 인체의 생리에 관한 아리스토텔레스와 갈레노스의 설명에 생식과 뇌의 기능에 관한 이해 등 중요한 차이점들이 있었을지 모르지만, 전반적으로 서로 공통되는 부분에 비하면 미미한 수준이었다.

이런 식으로 우리는 갈레노스가 살아남은 이유를 설명할 수 있을 것이다. 그러나 남아 있는 것은 그의 경쟁자들의 저작이 아닌 그의 저작들인 까닭에 갈레노스의 의학이 다른 학파들과 경쟁하는 세계를 되돌아보기란 불가능하다. 히포크라테스의 저술들이 살아남은 것도 갈레노스가 그의 추종자임을 선언하고 그의 주요 글들에 주석을 달았던 게 주요한 이유였다. 확실히, 갈레노스는 의료계를 장악하려 했고 이를 위해 엄청난 분량의 글을 저술했다. 그리스어로 된 갈레노스의 저작들이 많이 유실된 상태임에도 현대판이 무려 1만 페이지에 달하며 아랍어로 번역된 저술들만 따져도 방대한 분량이 보존되어 있다. 이러한 방대한 저술 활동과 활자에 대한 신뢰가 장래 그의 지배적인 위치를 확고히 했을 것이 틀림없다.

그리스 의학에 대한 지식이 일련의 물결 속에 퍼져갔다. 최초로 로마에 초대를 받은 그리스 의사는 기원전 291년, 아르카가투스(Archagathus)였다. 이후 다음 500년 동안 그리스 의사들이 로마제국의 수도를 찾는 일이 빈번했으며, 갈레노스도 로마를 여행했다. 서기 500년 알렉산드리아에서는 모든 의사들의 교육 내용을 이루는 히포크라테스와 갈레노스의 주요 저작들에 대해 대체로 의견이 일치했다. 9세기에는 이들의 저작이, 특히 바그다드의 후나인 이븐 이스하크(Hunayn Ibn Ishaq, 873년 사망)에 의해 아랍어로 번역되었다. 그 뒤 12세기 중반 남부 이탈리아에서 북아프리카 태생의 콘스탄티누스*와 톨레도에서 활약한 크레모나 태생의 제랄드가 그 중 많은 글을 아랍어에서 라틴어로 번역했다. 이런 번역서들이 아랍의 의학서 번역본들과 더불어 13세기 초 새로 생긴 대학들이 제공하는 의학 교육의 기초가 되었다. 정식 의학 교육은 1220년대 몽펠리에서 처음 시작되었지만, 우리가 알고 있는 최초의 의사 자격증은 1268년에 수여되었으며 그리스어 서적의 번역이 불티나게 팔린 14세기 중반까지는 볼로냐, 파리, 몽펠리에 이외에는 대학의 의학 교육은 없는 거나 다름없었다.

인쇄기의 등장과 더불어 저술을 찾는 노력이 새롭게 일기 시작했다. 1525년 갈레노스 저작의 그리스어 '전집'이 나와 갈레노스 해부학에 대한 이해를 도와주는 중요한 저술인 『해부 과정에 대하여』를 널리 구할 수 있게 되는데, 이 책의 아랍어 번역본은 1531년에 출간된다. 갈레노스의 최고 저작을 구할 수 있는 게 고작 몇 해밖에 되지 않는데 베살리우스가 갈레노스의 업적을 개선할 수 있었노라고 주장한 것은 무척 인상적이다. 1531년까지 갈레노스가 가장 탁월한 지식을 소유했으며, 그의 최고작은 아직 구할 수 없을 따름이라고 생각하는 것이 아주 일반적이었다.

해부에 대한 언급이 빈번하게 나오는 갈레노스의 저작 『신체 부위 사용에 대하여』의 축약본은 오래전부터 구할 수 있었으므로 베살리우스가 갈레노스를 모방해 사람이 아니라 원숭이를 해부했으며 1315년 볼로냐에서 몬디노 데 루치가 죄인의 시체를 공개적으로 해부하는 방식으로서 해부학을 가르치기 시작했다는 것—그는 1년 후 인간 해부에 관한 최초의 라틴어 교과서를 저술했다—은 잘못된 믿음이었다. 이미 12세기에 해부학 교육을 위해 살레르노가 돼지를 해부했다. 사망 원인을 규명하기 위해 인간의 사체를 해부하는 일은 1300년 이전부터 있었고, 죽은 십자군의 뼈를 고향으

---

* Constatine the African: 1087년 사망. 베네딕트회 수도승이 되어 남부 이탈리아 지방의 몬테 카시오 수도원으로 가서, 그곳에서 갈레노스와 히포크라테스 저서들을 포함한 아라비아어 의학 논문들을 라틴어로 번역하여 이후 서구 의학에 문헌학적 토대를 제공했다.

로 보내기 위해 사체를 물에 삶던 12세기의 관습(1299년에 교황에 의해 금지되었다)이 죽은 자를 해부할 수 있는 길을 열어주었을 것이다. 공개적인 해부라는 새로운 관습이 확산되기까지는 오랜 시간이 걸렸다. 공개 해부는 최초로 스페인에서 1391년, 독일에서는 1404년에 있었으며 16세기 중반에 베살리우스가 공개 해부를 의학 교육의 중심으로 확립한 후에야 비로소 표준적인 것이 되었다. 18세기가 되면 모든 학생에게 해부 경험이 일반화되면서 사체 부족이 심각해졌고 '사체 도굴'을 통한 사체 거래가 벌어진다.

한편, 아랍을 통해 전승된 그리스 의학은 여전히 모든 의학 교육의 기초였다. 크레모나의 제랄드가 무슬림 스페인에서 1140년대에 라틴어로 번역한 이븐 시나의『의학 정전』이 몽펠리에에서는 1650년까지, 이탈리아의 일부 대학에서는 18세기까지 교과서로 사용되었다.『의학 정전』은 1590년에 아랍어 판이 서방에서 출판될 만큼 중요한 저작이었다. 1701년, 뛰어난 내과의인 네덜란드의 부어하브*가 취임 연설에서 '히포크라테스학파를 칭송' 했고, 우리가 살펴보았듯이 시드넘은 '영국의 히포크라테스'로 존경받았다. 시드넘협회가 1849년 히포크라테스의 주요 저작들을 영어로 번역했다. 이렇게 해서 의사들은 서기 500년에서 1850년까지 일련의 주요 저작들을 공유했다.

갈레노스가 살아 있었다면 해부학에서 새로운 발견들이 빠르고 방대하게 쏟아지기 시작한 17세기 중반까지는 의과대의 교육 내용을 이해하는 데 별 어려움이 없었을 것이다. 4세기 말 알렉산드리아에서 자리를 잡아가기 시작한 소변검사를 통한 진단에 대해 자신이 한 이런 저런 언급들이 한데 모아져 '소변검사' 라는 새로운 원칙이 된 것—콘스탄티누스 아프리카누스가 번역한 저작 가운데 소변검사에 관한 아랍어 책이 있다—에 흥미를 보

---

* Boerhaave: 네덜란드의 라이든 대학에서 강의, 근대적 임상교수법을 처음으로 실시.

였을 터다. 아랍인들이 의학을 점성술과 단단히 연결시켰고 이러한 연결은 라틴 유럽에서 대학교육의 일부가 되었으며, 그 결과 의사들이 정규적으로 천궁도(天宮圖)를 들고서 치료 방법을 결정하게 되었다. 1332년 발렌시아에 서는 이발사 외과의들이 자격이 있는 의사들, 다시 말해 내과의들(대학의 아리스토텔레스 자연과학 교육을 반영하기 위해 13세기 초부터 그렇게 부르기 시작했다)의 의견을 들은 후에야 환자의 피를 뽑을 수 있다는 것을 법령으 로 정했는데, 점성술에서 길일로 정한 날에만 피를 뽑을 수 있도록 하기 위 해서였다. 갈레노스가 이를 알았다면 기겁을 했을 것이다. 그는 점성술(바 빌로니아에서 그리스 · 로마 의학으로 들어왔다)의 사용을 반대한 반면, 환자 의 꿈을 토대로 한 진단을 옹호하는 히포크라테스의 『섭생』을 나름대로 받 아들였다. 가령, 거친 바다를 본 꿈은 "창자에 질병이 생겼음을 의미한다. 따라서 효과적인 사하를 위해 가볍고 부드러운 사하제를 사용해야 한다." 갈레노스가 1650년대에 있었다면 당시의 의학이 점성술에 대한 관심을 제 외하고 200년의 의학의 연속이란 것을 단박에 알아보았을 것이다.

4

감각

열·냉·건·습은 원칙적으로 측정이 가능한 단순한 용어들인 듯 보인다. 갈레노스는 나이 어린 사람들이 나이 든 사람들보다 더 뜨겁거나 차가운지 여부에 관심이 많았다. 갈레노스는 자신이 훈련을 통해 열을 아주 정확히 기억할 수 있으므로 동일인의 열이 어느 정도인지를 몇 년에 걸쳐 비교할 수 있다고 믿었으며, 오랜 기간의 관찰 끝에 체온이 언제나 같다는 판단을 내렸다. 하지만 체온이 일정하다는 생각을 하면서도 그는 사뭇 다른 판단을 내렸다.

열의 성질에는 차이가 있다. 어린 사람들의 열이 휘발성이 더 강하고 양적으로 크며 감촉이 좋은 반면, 한창 때 사람들의 열은 날카롭고 부드러운 기가 전혀 없다. … [그것은] 작고 건조하며 부드러움이 덜하다. 따라서 이들의 열은 어떤 의미로든 어린이들의 열보다 뜨겁지 않지만 어린이들의 것은 그렇게 보인다.

갈레노스에게 열은 단순하지 않은 복잡한 성질이었다.

따라서 켈수스가 발열을 논하면서 환자의 몸이 뜨거운 것은 일을 무척 열심히 했거나 잠을 잤거나 혹은 두려움이나 불안을 느껴서 생기는 현상일 지 모르므로 열병으로 간주하지 말아야 한다고 강조했다고 해서 감탄할 필 요는 없으리라. 그는 환자의 몸이 뜨겁고 맥박이 빠를 뿐만 아니라 다음과 같은 증상이 있어야만 열병에 걸렸다고 결론지을 수 있다고 했다.

> 피부 표면이 군데군데 건조하고 이마 양쪽이 다 뜨겁고 심장 아래 깊숙 한 곳도 뜨거우며, 숨을 내쉴 때 콧구멍으로 후끈거리는 열기가 함께 나오 고, 피부색이 변하고(유난히 빨개지거나 혹은 창백해지거나), 눈이 무겁고 매우 건조하거나 혹은 다소 촉촉하며, 땀이(난다면) 드문드문 나고 맥박이 불규칙하며 …

따라서 환자의 피부를 만지는 것만으로는 충분하지 않았다. 의사는 환자가 누워 있을 때 얼굴에 나타난 모든 징후들을 볼 수 있도록 밝은 불빛에서 환 자를 봐야 한다. 온도계는 갈릴레오의 친구인 산토리우스(Sanctorius)가 17 세기에 발명했지만, 켈수스가 설령 온도계를 사용했다 해도 분명 그것만으 로는 열병의 증거가 될 수 없다고 생각했을 것이다. 히포크라테스 의학이 사멸한 뒤인 1850년경에야 비로소 온도계가 루트비히 트라우베(Ludwig Traube)의 소개로 베를린에서 뉴욕(1865년)과 리즈(1867년)로 확산되며 일 반적인 임상기구가 되었다는 것은 주목할 만하다. 1791년에도 드 그리모는 온도계로 환자의 체온을 재는 것은 아무런 도움이 되지 않는다고 주장했 다. 아무 것도 의사의 손을 대신할 수 없다는 뜻이었다. "의사들은 물리학 이 제공하는 어떤 수단으로도 파악할 수 없다. 다만 고도로 숙련된 손의 감 각을 통해서만 감지할 수 있는 발열성 열의 특질을 구별해내기 위해 전력 을 기울여야 한다." 발열성 열은 따갑고 화끈거려서 "눈에 연기가 들어온 것"과 똑같은 느낌이다.

우리 생각에는 모든 물질 가운데 가장 단순한 것에 속하는 듯 싶은 물도 히포크라테스 전통을 따르는 의사들이 볼 때는 끝없이 복잡했다. 그들은 현명하게도 지역에 따라 물의 성질이 전혀 다르다는 사실 또한 잘 알고 있었다. 『물, 공기, 장소』라는 제목은 물이 중요한 환경 변수 가운데 하나임을 알려준다. 이 책의 저자는 주장한다. "물마다 맛이 달라 달콤한 물, 짜고 떨떠름한 물, 온천 물 등이 있다." 늪지나 호수의 물은 "따뜻하고 걸쭉하며 여름에는 불쾌한 냄새가 나고 몸 안에 담즙이 생기게 한다. 겨울에는 차갑고 얼음이 얼었다가 눈과 얼음이 녹아 질퍽해지며 점액이 생기게 하고 소리를 거칠게 만든다." "단단하고 흐르기가 어려워 변비를 유발"하는 돌샘에서 나는 물, "여름에는 차갑고 겨울에는 따뜻한데 북에서 동으로 흐르면 반짝거리고 향긋하며 가벼운" 고지대에서 나오는 물, 점액이 지나친 사람에게 좋은 짜고 단단한 물, "아주 달콤하고 가벼우며 미세하고 반짝거리지만 정체되어 있으면 바로 썩어버리는" 빗물, "어는 과정에서 가장 가볍고 미세한 부분이 말라서 유실되는 탓에 항상 해로운" 눈과 얼음이 녹은 물도 있다. 개울물이 흘러 들어가는 큰 강이나 호수의 물은 모래와 찐득찐득한 점액 침전물이 나와서 신장에 돌이 생기게 하고 허리 부위에 통증과 파열을 유발할 가능성이 특히 높다.

따라서 물을 마시기 전에 수원을 정확히 알아야 한다. 호수의 물을 먹을 수밖에 없는 도시에서 산다면 끊임없는 감기와 이질의 악순환을 겪어야 하는 운명에 처할 가능성이 높은 셈이다. 로마인들은 수도교를 이용하여 큰 도시에 제법 깨끗한 물을 공급했지만, 안전한 음용수로 만들기 위해 처리 시설을 하기 시작한 것은 파스퇴르의 세균설이 나온 이후였다. 그 전에도 이따금 물을 여과시키거나 화학 처리를 하는 일은 있었지만 역한 냄새를 방지하기 위해서였지 세균을 죽이려는 목적은 아니었다. 따라서 우물이 질병의 주요 원인이라는 히포크라테스 학자들의 말에는 의심 없이 동감하겠지만 너무 짜거나 너무 달콤하거나 너무 떨떠름하거나 혹은 너무 단단하거나 부드러울 뿐만 아니라 너무 뜨겁거나 차거나 혹은 너무 가볍거나 무겁다는 설명에는 동의할 수 없다.

『물, 공기, 장소』가 나온 지 500년 후에 켈수스는 물의 무게에만 초점을 맞추는 아주 단순해 보이는 방법으로 물에 대한 분석을 요약해버렸다. 다만 그는 무거운 물이 가장 영양분이 많으면서도 소화하기 어려운 물이라고 정의한다.

> 빗물이 가장 가볍고 다음이 온천물, 그 다음이 강물, 우물 순서이며 그 뒤에는 눈과 얼음이 녹은 물이다. 호수의 물이 좀더 무겁고 늪지의 물이 가장 무거운데 … 물의 가벼움을 측정해보면 명확해지며 같은 무게의 물 가운데 가장 빨리 뜨거워지거나 차가워지고 혹은 맥박을 가장 빨리 조정해주는 물이 더 좋다.

여기서 '무거움'은 무게의 문제이기도 하고 아니기도 하다.

물보다 좀더 복잡한 음식의 경우는 훨씬 더 많은 요소들을 고려해야 했다. 11세기의 아랍어 원본 『건강연감』의 번역본을 14세기 초 보헤미아에서 사용할 목적으로 펴낸 필사본에 따르면 수탉은 건조하고 열이 많다. 따라서 보헤미아 같은 북방 지역의 겨울에는 나이가 많고 안색이 차가운 사람에게 수탉을 처방했다. 하지만 적당하게 우는 수탉이 최고라거나 혹은 수탉의 고기를 먹고 염증이 생길 수도 있지만 수탉이 피곤할 때 (아마 농장에서 수탉들을 이리저리 쫓아다니면 피곤하게 만들 수 있을 것이다) 도살하면 위의 염증을 피할 수 있다고 했다. 그러니까 북방에서 겨울을 나야 하는 나이 많고 몸이 냉한 사람이 저녁식사로 수탉을 주문해 먹는다고 다 되는 게 아니었다. 살아 있을 때와 죽을 당시의 수탉에 대해 알아야 했던 것이다. 환자에게 수탉을 먹으라고 처방한 의사가 다음날 환자가 소화불량에 걸린 걸 보고 먹은 수탉이 너무 시끄럽게 울었거나 혹은 흡족할 만큼 운동을 하지 않았다고 말하면 그만이기 때문이다.

관련 요소들이 많다는 사실은 히포크라테스 의사들이 환자가 낫지 않는 이유를 언제든 다른 탓으로 돌릴 수 있었다는 말이다. 13세기 후반에 활동한 타데오 알데로티가 병에 걸린 아렛조에 사는 백작을 치료해달라는 요청을 받고 가보니 환자의 상태가 나아지고 있어서 환자를 제자들에게 맡겼다. 다음날 타데오가 다시 갔을 때 환자는 죽기 일보직전이었다. 예후가 어떻게 그렇게까지 잘못될 수 있는가? 그는 주변을 살펴보다가 마침내 창문 하나가 열려 있었다는 사실을 알아내서는 차가운 밤공기가 그럴 듯한 원인이 될 수 있다며 만족해했다.

예측하지 못한 결과를 적당한 설명으로 넘겨버리는 다양한 기교를 지녔다는 점에서 의사들이 점성술사와 똑같다 해도(실제 일반적으로 그들은 같은 사람들이었다), 의학은 마치 환자에게 운명을 통제한다는 느낌을 갖게 했다는 점에서 점성술과 사뭇 달랐다. 건강이 체액의 균형에 달렸고 적절한 섭생(비자연적인 것들의 적절한 관리)을 통해서 균형을 얻을 수 있으므로 모든 사람들이 건강한 상태로 회복될 수 있어야 했다. 현대를 사는 우리는 긴장한 채 매순간을 살아가는 사람들이 심장병에 걸릴 수 있다고 믿긴 하지만 그렇다고 암이나 관절염에 걸린 게 그 병을 앓는 사람들 탓이라고 생각지는 않는다. 이와 달리 고대 의학은 모든 질병이 생활방식의 결점을 반영한다는 의미를 내포했다. 어떤 측면에서는 환자에게 권한이 부여되었던 셈이다. 가령, 젊은 여성과 사랑을 나누고 싶은 나이 든 남성이라면 우선 비둘기 가슴과 같은 적절한 음식을 먹어야 한다. 더 상세한 식단은 로마 작가 테렌체의 희곡 「클리치아」를 보면 된다. 마키아벨리가 르네상스 시대에 이 작품을 번역했는데 당시에도 아마 책의 내용이 아주 최신으로 느껴졌을 것이다. 앉아서 대부분의 시간을 보내는 학자라면 우울증에 걸리기 쉽다. 그에게는 운동이 필요하다. 아마도 바다 여행(마차나 배를 타고 여행을 하는 것도 몸을 가볍게 흔들어주기와 마찬가지로 일종의 운동으로 생각했다)이나 규칙적인 승마를 하면 좋을 것이다. 몽테뉴는 마차 여행이 치료의 기능이 있다는 걸 독자가 당연히 이해할 거라는 생각에서 「마차여행 길에」라는 글을 썼다. 18세기 경제학의 창시자인 애덤 스미스는 책을 너무 많이 읽어 나타나는 해로운 결과를 상쇄하기 위해 스스로에게 승마를 처방했는데 지금봐도 꽤 그럴 듯한 처방처럼 보인다.

이렇듯 책임을 환자에게 돌리는 경우가 많았다. 히포크라테스 『의학』의 저자는 자신의 건강도 책임지지 못하는 의사에게 아무도 치료를 받으려 하지 않을 것이므로 "의사들은 심신이 아주 건강한 상태에서 환자를 돌봐야 한다"고 말했다. 그렇지만 환자들은,

질병에 시달리며 영양이 부족하다. 그들은 건강을 되찾아주는 치료보다 당장 고통을 줄여주는 걸 더 좋아한다. 죽고 싶지는 않지만 그럼에도 고통을 참을 용기가 없는 것이다. (고통의 완화, 건강 회복, 죽음의 지연이라는 의학의 세 가지 관심 주제가 저절로 별 생각 없이 언급된 사실에 주목하라.) 환자들은 이런 상황에서 의사의 처방을 받는다. 그렇다면 의사의 지시를 따를 경우와 제멋대로 행동을 할 경우, 둘 중 어느 쪽을 택할 가능성이 높을까? 의사들이 잘못된 처방을 하기보다 환자들이 의사의 지시를 따르지 않을 가능성이 더 높지 않겠는가? 환자들이 의사의 처방을 따르지 못했을 것이고 그 결과 죽음을 자초했을 가능성이 높다는 데는 의심의 여지가 없다.

의학은 실패의 책임을 확고하고 가차 없이 의사에서 환자에게 떠넘김으로써 과학으로 정의되었다.

마지막 예를 보면 수량화가 아닌 질이 중요한 세계가 어떠한지 짐작해볼 수 있을 것이다. 앞서 보았듯이 프락사고라스는 맥박이 심장과 동맥의 비자발적 움직임이라는 것을 최초로 이해했으며, 그의 제자인 헤로필로스는 맥박을 크기, 강도, 속도, 리듬으로 분류하고 최초로 진단에 사용하였다. 그의 시계(timepiece)는 이런 측정 기준들 가운데 세 번째인 속도에만 유용했을 것이다. 갈레노스는 여기서 더 나아갔다. 그는 맥박에 대해 아주 길게 설명했다. 지금까지 1,000쪽에 달하는 인쇄본이 전해져올 정도다. 『초보자를 위한 맥박』에서 그는 동맥에 길이, 깊이, 넓이 세 가지 측면이 있다고 설명한다. 다시 말해 맥박을 이해하기 위해서 절개해놓은 신체의 해부 모형을 바로 떠올린 것이다. 맥박 자체는 강도, 견고성, 속도, 간격, 규칙성, 리듬의 측면에서 생각해야 한다. 따라서 맥박은 이론적으로 크고 길고 넓고 깊고 활기차고 부드럽고 빠르고 빈번하며 고르고 규칙적이거나, 또는 정반대로 작고 짧고 좁고 얕고 약하고 딱딱하고 느리고 빈약하고 들쑥날쑥하고 불규칙적이다. 화가 나면 맥박은 깊고 크고 활기차고 빠르고 빈번해지며, 흉막염에 걸리면 빠르고 빈번하고 딱딱해서 활기차다고 착각할 수도 있다(강도와 견고성은 맥박의 다른 측면이다)고 말한다. 갈레노스는 특정한 유형의 맥박을 지칭하는, 이름만 들어도 느낌이 오는 용어를 만들어냈다. '개미' 맥박은 지극히 약하고 빈번하며 작다. 그는 이러한 맥박이 빠른 듯 보이지만 사실은 그렇지 않다고 했는데, 속도와 횟수도 역시 서로 다른 측면으로 보았기 때문이다.

맛으로 갖가지 물과 서로 다른 맥박의 유형을 구분해내는 능력을 갖기 위해 훈련을 하는 것은, 우리 사회에서라면 포도주 상인이나 음식 비평가들과 같은 미식가들에게나 기대해봄직한 일이다. 갈레노스는 자신이 아는 맥박에 대한 지식을 말로 표현하기가 어렵다고 했다. 그런 지식을 갖추려면 남들보다 훨씬 뛰어난 '정교한 감각' 이라는 전문성이 필요했다. 그런데 이런 전문성이 실제일까? 갈레노스는 수 년간 정맥의 확장과 수축을 '느낄 수 있는지' 알아내려고 애썼다. 후대의 세대들에게, 맥박에서 무엇을 느끼고 느낄 수 없는지의 문제는 사혈의 양과 위치에 대한 끝없는 논란과 쌍벽을 이루는 끝이 없는 논란거리였다. 갈레노스 시대에 경험주의자들은 손가락 끝에 희미하게 잡히는 퍼덕거리는 느낌과 심장과 동맥에 대한 일반적인 이론들 사이에 엄청난 간극이 있다고 주장했다. 18세기에는 회의적 시각이 빈번히 표출되었다. 뒤슈맹 드 레탕(Duchemin de l'Etang)은 1768년, 여러 달의 연구 끝에 맥박 연구를 믿을 수 없다는 판단을 내렸다. "약간의 열정과 상상력이 이 문제를 떠받치고 있다는 의심이 들기 시작했다." 윌리엄 헤버든(William Heberden)은 왕립내과의들에게 신체의 모든 부위에서 동일하게 나타나는 유일한 속성인 "맥박의 횟수나 속도"에만 주의를 기울이라고 충고했다. 그는 "맥박의 미세한 차이들은 주로 그런 차이를 생각해낸 사람들의 상상력 속에 존재한다"고 반박했다. 맥박을 측정할 수 있는 대상으로 만들려는 헤버든의 소망에 특별한 근대적 요소를 발견할 수도 있지만, 앞서 이미 헤로필로스가 맥박의 박동을 측정한 바 있다. 그는 맥박의 박동을 재면서 이전에 어느 누가 생각했던 것보다 더 작은 시간 단위들을 측정해야만 했다. 그리고는 유아의 맥동을 더 이상 축소할 수 없는 최소의 측정 단위로 여겼다.

17세기 초 온도계를 발명한 산토리우스는 맥박 수를 재는 추를 갖고 있었고, 1707년 무렵 존 플로이어(John Floyer)는 더 그럴 듯한 시계를 고안했다. 1733년에는 동물 도살과 관련해서 최초로 정확한 혈압 측정이 이루어졌고, 1828년 절단할 사지를 측정하면서 최초로 인간의 혈압을 제대로 측정해냈다. 19세기 중반 맥박 수, 확장성 맥박과 수축성 맥박을 측정하는 기계(맥파계)가 널리 사용되었고 1896년에 근대적인 혈압 측정 방법이 나왔다. 하지만 18세기, 맥박의 가치에 쏟아진 회의적 시선들과 맥박을 측정 가능한 양적 속성으로 만들려 했던 초기의 시도들은 갈레노스 이후 인정하는 사람이 거의 없었던, 맥박의 중요성을 회복시키려는 노력들에 대한 반응이라는 측면도 있었다. 수 세기 동안 의사들은 맥박의 미세한 차이보다는 소변검사를 통해 진단하기를 선호했다. 갖가지 색으로 소변을 해석하는 방법을 알려주는 도표를 만들기는 쉬웠던 반면, 갈레노스가 손가락 끝으로 느꼈다고 주장한 미세한 감각들을 양적으로 나타내거나 도표로 그리기는 불가능했던 것이다.

감각에 의존하는 정교한 전문성은 의학에서 완전히 사라지지 않았다. 의사들은 아직도 청진기를 통해 다양한 소리들(쿵쿵, 졸졸)을 확인하는 훈련을 받는다(라에네크는 자신의 발명품에 대한 자신감에 넘쳐 손으로 맥박을 느끼는 것보다 청진기를 통해 훨씬 더 많은 걸 알 수 있다고 주장했다). 그러나 현대 사회에서 도표나 숫자로 표현하지 못하고 맛, 촉감, 소리, 냄새로 판단하는 과학적 지식은 거의 없다. 하지만 1930년대 초까지 프랑크푸르트의 카를 슈테른(Karl Stern)은 다음처럼 촉감의 전문지식에 의존하는 의술을 훈련받았다.

예전에는 한 번도 감지하지 못했던 완전한 촉감의 세계가 … 있었다. 다양한 반관맥【反關脈, 생리적으로 뛰는 위치가 달라진 맥】을 만져보는 훈련을 통해 둔탁하면서 날카롭고 가파르면서 비스듬한 각기 나름대로 독특한 최고점들과 각 최고점에 따른 최저점이 있는 열두 가지의 각기 다른 파동을 느낄 수 있다. 간장의 가장자리가 펄떡거리는 손가락 끝에 전해지는 느낌도 사뭇 다양하다. 냄새도 가지각색이다. 창백한 빛만이 아니라 노란색과 회색의 색조도 수백 가지인 듯 보였다.

히포크라테스 의사들은 배설물이 신체 내부의 상태를 알려주는 최고의 지표이며 감각을 침해하는 일도 잦다고 생각했다. 그러므로 그들이 감각을 사용할 수밖에 없었던 것은 당연해 보인다. 예컨대 『예후』에 따르면 '최고의 고름은 하얗고 부드럽고 균질하며 냄새가 가장 적게 나며 상태가 이와 반대인 고름이 가장 나쁘다." 리스터 이후나 되어야 의사들이 모든 고름이 나쁘다고 생각하게 된다. 그리스 의사들은 환자의 가슴에 귀를 갖다 대고 폐의 소리를 들었다. 현대의 의사들도 청진기를 통해 특정 폐질환의 특성이며 초기 히포크라테스들이 묘사한 "가죽과 같은" 소리를 듣는다. 또 그들은 귀지의 맛을 보았다. 달콤하면 죽음이 임박한 것이고 쓰면 회복을 예상했다. 갈레노스는 심장의 박동을 통제할 수 없다는 근거에서뿐만 아니라 심장을 요리해서 먹으면 살과 같은 맛이 전혀 나지 않는다는 근거를 들어 심장이 근육이라는 주장에 반박했다. 네 가지 체액(혈액, 점액, 황담즙, 흑담즙)은 제각각 면밀히 살펴보아야 했다. 이븐 시나에 따르면 점액은 달콤하고 짭짤하고 맛이 강하고 물기가 많고 끈적끈적하다. 12세기 살레르노의 마우루스에 따르면 혈액은 끈끈하게 착 달라붙는 성질을 지녔으며 미끈거리고 거품이 일며 뜨겁거나 차갑고 빠르거나 더디게 응고된다. 혈액의 각 층위들도 살펴보아야 했는데, 일단 혈액이 층으로 분리되면 덩어리는 닦아낸 뒤 그 질감을 만져보았다. 미끄러운 혈액은 간질의 징후였다. 켈수스는 소변을 검사하고 색깔, 걸쭉하거나 맑은지의 여부, 냄새, 결(끈적거림 여부)에 주목했다. 검고 진하고 악취가 나는 소변은 죽음의 전조였다.

특히 눈으로 진찰하는 시진(視診)이 중요했다. 앞서 보았지만 켈수스는 의사가 눈으로 환자를 잘 살펴야 한다고 강조한 바 있다. 모든 의사들이 죽음이 임박했음을 나타내는 얼굴 변화를 찾아내는 훈련을 받았다. 코가 뾰족해지고 관자놀이가 푹 꺼지며 눈이 움푹해지고 귀는 차갑고 흐물흐물해지는데다 귓불이 살짝 쳐지며 이마의 피부가 딱딱하고 빳빳하면 죽음이 다가온다고 판단했다. 손으로 만지는 촉진(觸診) 또한 필수였다. 최초의 히포크라테스 의사들은 말 그대로 연골 아랫부분인 계륵부, 즉 갈비뼈 아래 복부의 측면을 늘 손으로 만져보았다. 2세기 의사의 기념비를 보면 명백히 부풀어오른, 환자의 계륵부를 만지려고 손을 뻗는 의사의 모습을 확인할 수 있다. 히포크라테스의 저작인 『예후』에서는 환자의 계륵부를 촉진하여 무엇을 알아낼 수 있는지를 장황하게 얘기한 후 "요컨대 [계륵부가] 통증이 있고 크고 단단하며 부풀어오른 것은 급박한 죽음이 다가왔다는 뜻이며, 부드럽고 통증이 없으며 눌러서 움푹 들어가면 만성질환을 의미한다"고 결론 짓는다. 심기증 환자(hypochondriac, 자기 건강에 지나치게 신경을 쓰는 히포콘드리아 환자)는 원래 계륵부(hypochondrium)가 잘못된 사람이었다. 계륵부가 더 이상 의학계의 관심을 끌지 않게 된 19세기가 되어서야 이 용어는 자유로워져, 자신이 뭔가 잘못되었다는 그릇된 믿음을 가진 사람을 지칭하게 되었다. 프랑스에서는 이미 오래 전부터 심기증 환자를 지칭하는 용어로 '상상 질환을 앓는 환자' 라는 단어를 사용했다. 초기의 히포크라테스학파 의사가 1930년대 카를 슈테른이 손가락으로 간의 가장자리를 만지는 모습을 봤다면 계륵부를 촉진한다고 생각했을 것이다.

체액들은 열과 냉, 건과 습으로 구분했으므로 모두 촉진을 통해 직접 만져보았다. 갈레노스는 열·냉과 건·습에 대한 우리의 경험이 객관적인지 주관적인지에 관해 오래도록 골똘히 생각했다. 생각 끝에 그는 인간이 건강한 상태라면 네 가지 극단 사이의 객관적인 중간지점에 있으므로 열·냉, 건·습에 대한 우리의 경험이 객관적이라고 결론지었다. 즉 건강한 사람은 다른 사람들과 비교해서 뜨겁거나 차갑지도 않고, 건조하거나 습하지도 않지만 전체인 우주와 비교하면 그렇기도 하다. 또한 인간의 신체에서 가장 중요한 것이 피부이며, 피부 가운데서도 무엇보다 손바닥 살갗의 감각이 믿을 만하다. "모든 동물 중에 지능이 가장 뛰어난 인간에게 적합한 촉감의

2세기 아테네의 의사 야손(Jason)의 비석. 오른쪽에 실물 크기의 흡각이 있다.

기관"으로 창조된 손은 "지각 가능한 모든 대상들을 평가하는 도구로 쓰이도록 만들어졌다. 따라서 모든 극단으로부터 등거리에 있어야 했다." 피부는 "동물의 다른 부위를 검사하는 표준 또는 척도 역할을 한다." 그러나 표준자의 역할을 하기 위해서는 의사 자신의 건강 상태가 완벽해야 하고 인체 내 네 가지 체액이 제대로 균형을 이뤄야 하며, 피부는 차갑지도 끈적거리지도 않아야 하고 뜨겁거나 건조하지도 않아야 한다. 갈레노스에게 의학은 무엇보다 촉각의 학문이었다.

중세 유럽에서는 촉진에 엄청난 비난이 쏟아졌다. 외과수술은 13세기 초부터 (원래 히포크라테스 선서에서는 의사들이 칼을 사용하지 않겠다고 맹세했다) 일반적으로 의학에서 분리되었다. 하지만 이탈리아에서는 꼭 그렇지만도 않아서 이따금 대학에서 외과 학위를 수여하기도 했다. 북부 유럽 전역에서 의학과 외과수술은 곧 별개의 직업군이 되었고, 외과술 교육은 그리스어와 아랍어로 된 저술들을 토대로 하긴 했지만 일반적으로 대학 바깥에서 이루어졌다. 그 기저에는 교양인은 직접 손으로 만지는 일을 하지 말아야 한다는 신념이 깔려 있었다. 굴리엘모 다 살리엣토(Guglielmo da Saliecto)의 "손으로 인간의 살, 신경, 뼈에 수술을 하는 방법을 가르치는 학문"이라는 정의는 교육과 수작업이 모두 요구되는 외과의 비천한 신분을 드러내준다. 외과와 의학이 처음으로 별개의 직업이 되면서 손으로 만지는 행위 자체가 의사의 활동이 아니라 외과의의 활동으로 비쳤다. 비타(Vita)와 카살레(Casale)가 탈장을 앓는 어린 아들을 의사에게 데리고 가자 의사가 그들에게 외과의에게 가서 '촉진과 수술'을 받으라고 한다.

촉진에서 손을 떼게 한 것, 즉 의사들이 더 이상 환자들에게 촉진을 하지 않는 새로운 상황을 가능하게 한 것은 소변검사만으로 진단이 가능하다는 새로운 확신이었다. 이제 소변을 담은 병은 한때 흡각이나 계륵부에 대던 손이 그랬듯 의사의 상징이 되었다. 1245년 새로운 라틴 왕국, 예루살렘에서는 환자가 치료를 받다 사망하면 의사는 소변통을 들고 거리를 돌며 매를 맞다가 참수형에 처해진다고 법률로 정해놓았다. 아픈 사람들은 규칙적으로 검사용 소변(시료)을 의사에게 보냈고 이제 왕진이 불필요해졌다. 영국의 윌리엄은 「소변검사를 할 수 없다면」이라는 제목의 글을 썼다. 답은 환자 방문이 아니라 환자의 별자리 보기였다. 17세기의 영국에는 시료와 별자리표를 근거로 진단을 하는 개원 의사들이 아주 많았다. 검사용 소변은 환자 몸의 정수, 즉 몸 전체를 대신하는 진정한 대체물이 되었다. 만일 의사가 환자를 방문했을 경우는 맥박을 살피는 게 정중한 형태의 촉진이었다. 갈레노스도 환자가 옷을 벗을 필요가 없는 손목의 맥박 재기를 권했다. 그는 황제의 부름을 받아 갔을 때도 황제의 허락이 떨어지기 전에는 손목을 잡으려 하지 않았다.

의사들이 환자와의 신체적 접촉을 꺼리게 만든 요인들 가운데 하나는 분명 이성 간의 접촉에 관한 두려움이었을 것이다. 최초의 히포크라테스 저술에서 보면 의사들이 직접 여성의 질을 검사했다. 물론 얼마 안 가 그들을 대신해 여성이 여성 환자를 검사해주기를 바라게 된다. 전설에 따르면 아테네 태생의 아그노디스(Agnodice)가 헤로필로스의 제자였다고 한다. 남성에게 검사를 받느니 차라리 죽고 싶어하는 여성들의 고통에 마음이 아팠던 그녀는 여성들을 치료할 자격을 얻기 위해 남장을 하고 의학을 공부했다. 아랍어 사본에 실린 자궁경(子宮鏡) 사용을 보여주는 도해에는 여성이 자궁 검사를 하는 모습과 아랍인 여성 내과의들, 여성 안과 전문의들과 외과의로 보이는 사람들이 그려져 있다. 그럼에도 동양이나 서양 모두 부인과와 산과의 진료를 하는 개원의는 남성이었다. 1322년 프랑스에서 무자격 치료사인 한 여성이 자신이 치료를 한다면 여성의 정숙함이 위험에 처하지 않으니 자신에게 진료 허가증을 줘야 한다고 주장했지만 그녀의 탄원은 거부되었다. 근대에 의사 자격증을 받은 최초의 여성은 1849년 미국의 엘리자

소변통에 든 소변을 검사하는 의사들. 환자는 보이지 않는다. 요하네스 데 케탐의 『의학서』(베네치아, 1522년)에 실린 그림이다.

베스 블랙웰(Elizabeth Blackwell)이었다. 중세 전반에 걸쳐 남성 의사들은 이따금씩 여성 환자의 계륵부를 촉진할 수도 있었지만, 근대에 들어서면서 부터 점점 더 부적절한 것으로 간주되었다. 새로 나타난 촉진에 대한 금기 보다 더 심했던 것은 시진이었다. 1603년, 에드워드 조든(Edward Jorden) 이 어린 하녀의 등에 난 종양을 치료하는 내과의와 외과의에 대해 이렇게 묘사했다. 내과의가 "조심스럽게 손을 그녀의 옷 속으로 넣어" 등을 만져본 다. 외과의는 "그녀의 옷을 벗겨 맨 등을 보길" 원했지만 그녀는 의사의 제 안에 "몹시 불쾌해했다."

의사들이 직접적인 촉진을 포기했다는 측면에서 보면 우리가 1장에서 만났던 18세기 여성의 질환에 대해 광범위한 글을 발표했던 독일인 의사 요하네스 슈토르히(1681년 출생)의 진료 방식을 비로소 이해할 수 있게 된 다. 그는 대부분의 경우, 환자를 절대 만나지 않았고 편지나 전언 또는 중간 전달자의 보고와 요청을 토대로 진료를 했다. 바르바라 두덴(Barbara Duden)에 따르면 그는 환자가 자신을 만나러 오거나 자신이 환자를 보러 갔을 때도 촉진을 하지 않았다고 한다.

대부분의 경우 그는 검사를 하기 위해 여성 환자의 몸에 손을 대는 일이 없었다. 그는 환자가 말하는 것과 그 밖의 대화를 통해 자신이 알아낼 수 있는 것을 토대로 진료했다. 말의 중요성과 환자의 설명이 갖는 공공적인 특성은 의학적 검사의 사소함과 접촉에 대한 금기라고까지 말할 수 있는 것과 극명한 대조를 보인다.

가끔 여성들이 그에게 몸의 일부(가슴의 멍울, 탈장, 오른쪽 옆구리의 혹)를 보여줄 때가 있는데(결코 그의 요청에 의한 것은 아니었다) "무척 민망해" 했 고 "아주 조심스럽고 어쩔 줄 몰라" 했으며 "부끄러워" 했다. 특이한 예외

가 있긴 하다. "여성 환자가 당연히 죽을 거라고 생각했기 때문에 자신의
벗은 몸에 대해 시진과 촉진을 할 수 있게 했다"고 그는 기록한다. 이런 사
회에서—근대 초기에도 이와 비슷한 상황이 벌어졌을 것이다—는 촉진과
시진을 할 수 있는 경우는 죽은 사람에게뿐이었다. 19세기가 되어서야 살
아 있는 사람도 의사의 촉진을 받을 수 있게 되었지만, 여전히 아주 조심스
러운 부분이었다. 앞서 살펴봤듯이 라에네크가 청진기를 발명한 것도 여성
의 가슴에 도저히 귀를 갖다댈 수 없어서였다. 1890년대 환자의 집을 방문
하던 가족주치의들은 대개 맥박을 느껴보고 혀를 검사하는 것에 만족해야
했다.

1부 결론

거짓 진보

요약해 말하자면, 5세기에서 19세기 말에 이르기까지 의학에 품게 되는 근본적인 수수께끼는, 어떻게 의사들이 잘해봐야 효과도 없고 대개는 해를 끼치는 치료를 받는 대가로 기꺼이 비용을 지불하는 환자를 찾을 수 있었는가 하는 사실이다. 이 오랜 기간 내내 외과수술 특히 복강 수술은 대개 치명적이었고 가장 일반적인 치료법이었던 사혈, 사하, 구토는 한결같이 환자들을 허약하게 만드는 방법이었다. 혈액순환의 발견과 같은 지식의 진보가 치료의 개선으로 이어지지 않았기에, 모든 진보는 생리학의 영역에서 이루어졌지 의학에서는 아니었다고 말할 수 있을 것이다. 17세기 말, 샤를 페로(Charles Perrault)는 『고대와 근대의 짤막한 이야기』에서 고대인의 대변자가 근대의 해부학적 발견들을 치료와 관련 없다고 일축하도록 하고는 사뭇 안도감을 느낀다. 캔자스의 의사인 아서 허츨러(Arthur Hertzler)는 17세기 초를 돌아보면서 이렇게 썼다. "그 시기에 의사들이 실제로 치료를 한 질병이 하나라도 있었는지 생각나지 않는다. … 아마 말라리아와 옴 정도를 치료했을 것이다. 의사들은 고통을 완화시켜주고 뼈를 맞추고 남자 아이들의 터진 부위를 꿰매고 종기를 절개할 줄 알았다." 미국의학협회의 회장을 지냈던 조지프 매튜스(Joseph Matthews)는 1905년에도 내과의들에게 실제로 필요했던 유일한 약들은 사하제와 구토제라고 생각했다.

그러나 수명에 체계적인 영향을 미칠 만한 발전이 없었다는 사실과 의학적 간섭이 이로움보다는 해를 입혔다는 사실이 의사가 환자를 치료하지 않았다는 의미는 아니다. 위약 효과에 대한 근대의 연구 결과들을 보면 실제로 효과적인 치료법이 있고 반면에 효과가 없는데도 위약 효과에 반응하는 사람들에게는 효력을 나타내는 치료법이 있다고 이분하는 것이 잘못된 생각임을 알 수 있다. 의료가 효과를 나타내는 경우에도 부분적으로는 위약 효과가 있다는 뜻이다. 현대 의학이 실제로 이로움을 베푼 치료 가운데 3분의 1이 위약 효과에 기인한다는 평가가 있을 정도다.

환자들이 치료 효과를 믿으면 놀라우리만치 상태가 호전된다. 한편, 의사들이 치료의 효과를 믿는 경우 이들의 확신은 지속적으로 환자에게 전달된다. 실제로 이를 입증하는 다양한 연구들이 있다. 따라서 더 나은 신약이 나오면 그 이전의 약은 의사들의 신뢰를 잃었다는 이유만으로, 이전보다 성능이 떨어지는 검사 결과를 보이는 것이다. 의사들이 효과 있는 약을 처방할 때 위약이라고 생각하고 처방한 경우가 효험을 믿고 처방한 경우보다 효력이 떨어진다. 알약의 크기나 색 혹은 하루 복용 횟수를 바꾸면 효과가 변한다. 의사의 지시를 충실히 따르는 환자들은 복용하는 약물이 약리작용이 없음에도 그렇지 않은 환자들보다 더 호전된다.

히포크라테스 의학이 위약 효과를 동원해서 환자를 이롭게 했다 해도 히포크라테스 치료법이 그 자체로 위약은 아니라는 것을 강조할 필요가 있다. 위약은 비활성 물질이며 신약들은 맹검 임상실험을 통해 정기적으로 위약과의 비교 검사를 실시한다. 약물이 위약보다 효능이 뛰어나야만 치료 효과를 가진 것으로 인정받는다. 그러나 히포크라테스 치료법은 아무런 작용을 하지 않는 것과는 거리가 멀었다. 사혈, 사하, 구토제 복용은 강력한 작용을 했고 신체에 작용하는 한 환자들에게 해로웠다. 정신에 미치는 작용에 한해서는 이로웠을지 모르지만 히포크라테스 치료법을 위약 효과와 비교해보았다면 위약 효과가 더 효력이 있었으리라고 확신할 수 있다. 위약보다 더 못하다는 것이, 이를 테면, 내가 '나쁜 의학' 혹은 '해를 준다'고 부르는 것의 정의이다. 즉 의사의 치료가 위약보다 이롭지 못하다면 만일 환자가 전혀 치료를 받지 못했을 때보다 치료를 받은 결과로 회복될 가능성이 높아진다고 해도 해당 의사는 환자에게 해를 입혔다는 의미이며, 때문에 이런 정의가 적절하다고 나는 생각한다. 푸코는 히포크라테스 치료법을 버리고 자신의 모든 환자들에게 키니네를 준 의사가 환자들에게 더 나은 처방을 한 것이며, 이는 키니네가 효과적이라서가 아니라 제대로 위약을 주는 방법에 더 접근했기 때문이라고 말한다.

상식적인 근대 의사들은 1810년 『합리적 치료를 위한 안내서』를 출간한 자무엘 하네만(Samuel Hahnemann)이 창립한 동종요법*을 위약 효과를 동원한 작용으로 간주했고 동종요법 약제는 비활성 물질이라고 여겼다. 동종요법이 효과를 발휘한다는 것은 위약 효과를 보여주는 좋은 지표이며, 내가 이렇게 정의를 내린 것은 동종요법이 어떤 이로움도 해도 주지 않는다는 의미에서이다. 다만 치료를 전혀 하지 않는 것보다는 동종요법이 훨씬 더 나으므로 국민건강보험 제도에서 동종요법을 이용하는 것(사실 증가하고 있듯이)은 절대적으로 합리적이다. 우리는 동종요법이 히포크라테스 의학보다 임상에서 훨씬 더 나았을 것이라고 확신할 수 있다. 처음 100여 년간 동종요법이 기존 의료보다 더 뛰어났으며 일반 의료가 동종요법보다 더 우월하다고 강력히 주장하게 된 것은 지난 100년간 뿐이라는 얘기다. 그렇

---

* homeopathy: 하네만이 발전시켜 개발한 것으로 질병 원인과 같은 물질을 소량 사용해 그 증상을 낮게 할 수 있다는 발견에 근거한다.

다면 의학적인 치료를 하는 것이 전혀 치료를 하지 않는 것보다 더 나았던 것은 확실하지만 19세기 말까지 치료의 효과는 대개 의사와 환자들이 그 효과를 믿었다는 사실에서 기인한 것뿐이다, 라는 것이다. 믿음이 결과적으로 효과를 나타냈던 것이다.

지난 세기까지 의료가 제공할 수 있었던 혜택들은 일부 간단한 외과적 절차와 이례적인 몇몇 치료를 빼면 실제적으로는 자가 치유뿐이었다. 따라서 환자가 진통제라고 믿고 위약을 복용하면 고통이 줄어드는 경험을 하기는 어렵지 않았다. 몸에서 엔도르핀을 생성해 고통을 줄여주기 때문에 정신적으로 뿐만 아니라 실제로 효과가 나타났던 것이다. 위약은 이런 식으로 아편을 흉내낼 수 있다. 그렇다 하더라도 우리의 몸이 스스로 아스피린과 비슷한 물질을 생산하는 것은 아니므로 아스피린(1899년에 도입)이라고 믿고 위약을 복용한다고 해도 실제로 아스피린이 일으킨 것과 같은 작용을 한 건 아니며, 이때 느끼는 고통의 완화는 여전히 엔도르핀 생성 때문인 것이다. 1865년 이전에도 그 이후와 마찬가지로 의사들은 위약 효과를 총동원할 수 있었고, 헉슬러가 인정했듯이 몇몇 극히 예외적인 경우를 빼고 이것이 의학이 할 수 있는 전부(뼈 맞추기, 탈구 완화, 맹장 수술, 백내장과 그 이후에는 고통 완화에 아편, 말라리아에 키니네, 수종에 디기탈리스, 매독에 수은, 괴혈병에 오렌지 주스와 레몬 주스)라는 안전한 일반 규칙이 있었다. 인체에 관한 생리학 분야의 진보에도 불구하고 2000년 이상 의학은, 실제로 정체되어 있었고 고대 로마의 의사가 19세기 초 런던이나 파리 혹은 뉴욕에서 진료를 했다 해도 당시의 의사들만큼 환자에게 도움을 주었을 것이다.

근대 의학이 효과적이고 히포크라테스 의학이 그렇지 않다면 둘 사이에 연속성이 있다는 개념 자체가 대단히 잘못된 것이라는 결론이 나온다. 21세기에도 13세기와 마찬가지로 동일한 기관들에서 의사들을 교육시키며 (아직도 볼로냐, 파리, 몽펠리에에서 의학사 학위를 받을 수 있다), 질병을 묘사하는 많은 단어들이 그때나 지금이나 매양 같을지 모르지만 근대 의학이 고대 의학에서 발전한 형태가 아닌 것은 현대의 천문학이 중세 점성술에서 발전한 형태가 아닌 것과 같다. 둘은 근본적으로 다르다. 한편 20세기 초, 허슬러와 매튜스와 같은 의사들이 할 수 있는 치료는 여전히 본질적으로 히포크라테스식이었다. 전염성 질환으로 여겨지는 질병들에는 사혈이 당치 않은 요법임이 확실해졌으며(다만 몸에 철성분이 과도하게 축적되는 질병인 유전성 색소 침착증과 심각한 폐질환 합병증인 적혈구 증가와 같은 극히 드문 두 질병의 경우에 지금도 계속해서 사혈법을 쓴다) 체액설은 현대의 생리학에 자리를 물려주었지만, 사하제와 구토제는 여전히 의사들이 사용하는 기본적인 처방이었다. 이보다 20년 전만 해도 표준적인 처방은 히포크라테스 의사들의 처방에 훨씬 더 가까웠다. 1878년에 에밀 베르탱(Émile Bertin)은 『의학 백과사전』에 쓴 사혈에 관한 글에서 각기 다른 여러 증상에 대해 사혈을 권하며 '영국의 히포크라테스들'인 갈레노스와 토머스 시드넘에 의거해 자신의 논쟁을 설명한다. 이는 여전히 나쁜 의학이다. 베르탱의 환자들은 동종요법을 쓰는 의사에게 가는 게 더 나았을 것이다.

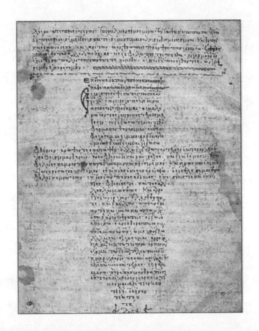

위) 중세 그리스어로 필사된 히포크라테스 선서.
의학의 신 아스클레피우스에 봉헌된 부조. 중앙에 뱀이 휘감긴 지팡이에 기대 선 신이 아스클레피우
스이다. 기원전 350년경, 그리스.

「의학 명인 열전」. 왼쪽 위부터 시계방향으로 아스클레피우스, 히포크라테스, 이븐 시나, 알 라지, 아리스토텔레스, 갈레노스, 마케르, 알베르투스 마그누스, 디오스코리데스, 메주에, 세라피온.

의술 훈련의 본질적인 부분으로서 철학 수업을 보여주는 4세기경 로마 카타콤 벽화.

상아에 새긴 그리스도의 여섯 기적. 복음서가 전하는 그리스도의 치료 행위는 기독교 의사들의 전범이 되었다. 475년, 로마.

위) 향수병에 묘사된 히포크라테스 시절의 아테네 의사가 시술하는 모습. 의자에 앉은 의사가 칼을 들고 환자의 팔에서 사혈을 하고 있다.

이븐 시나의 『의학의 정전』은 매우 널리 읽혔고, 라틴어로 번역된 뒤에는 1250년부터 1600년까지 유럽 대학 의학 교육의 토대를 형성했다.

fungus de nare sie met dinur;

외과의가 코에 난 점막 종양을 잘라내고 있다. 환자는 손에 든 단지에 피를 받을 채비다.
1200년경, 영국.

위) 다양한 종기와 피부 상태, 특히 연주창(連珠瘡)은 중세 시대에 잘 알려져 있었다. 당시 연주창을 치료하는 방법은 그림에서 보는 것과 같이 소독과 연고를 이용하는 것이었다.

1500년경 『요크지방 이발사-외과의 길드북』에 실린 네 가지 담즙 혹은 기질. 오른쪽 위에서부터 '명랑' '냉담' '성마름' '우울'이다. 이 그림은 담즙에 의해 연령과 정신 상태가 좌우된다는 것을 보여준다.

그리스와 중세 시대에 건강은 담즙의 균형을 뜻했다. 이를 확인하는 가장 좋은 방법은 소변을 검사하는 것이라 믿었다. 오른편에 약사가 자신의 처방을 들고 서 있다.

제2부 지연된 혁명

5
베살리우스와 해부

10년 전 딸이 의대에 입학했다. 강의가 시작된 첫 주, 딸 아이는 사체 앞에 섰고 절개를 하라는 소리를 들었다고 한다. 채식가인 딸은 양의 다리를 자르라고 했어도 분명 하지 못했을 것이다. 그녀와 해부용 테이블을 함께 쓴 학생들 여섯 가운데 한 명이 자퇴를 했고 딸은 현재 정신과 의사이다. 생살은 그녀에게 맞지 않았던 것이다.

19세기 이래 해부는 통과의례였고 의학 교육의 시작이었다. 사체를 절개할 용기가 없는데 살아 있는 사람의 살에 어떻게 칼을 댈 것인가? 컴퓨터가 보여주는 이미지를 통해 몸의 구석구석을 둘러볼 수 있기 전까지 수 세기 동안 사체 해부는 인체의 해부학적 구조를 배우기에 믿을 만한 유일한 방법이었으며 사체는 실수를 해도 되는 유일한 공간이었다. 이러한 의학 교육의 전통에서 위대한 영웅은 근대 의학의 창시자로 여겨지는 베살리우스(1514~64년)이다. 그렇다면 근대 의학의 시작은 베살리우스가 루뱅의 성벽 밖을 걷다가 교수대에 매달린, 뼈만 앙상한 채 "인대들에 의해 지탱되고 있는" 범죄자의 사체를 우연히 발견했던 1536년의 어느 날로 거슬러 올라갈 수 있다. 베살리우스는 팔과 다리를 들고 황망히 자리를 떴지만 그날 밤

통금을 무시하고 다시 그곳으로 와서 교수대에 올라가 사슬을 끊어내고 몸통을 들고 갔다. 그는 가져온 사체의 부위들을 끓인 뒤 마치 파리에서 가져온 척 위장하고 이 부위들로 최초의 골격을 구성했다. 그로부터 7년 후에 "뼈를 가져가야겠다는 엄청난 욕망에 들끓었던 나는 조금도 주저 않고 내가 몹시 열망하던 것을 낚아채왔다"고 썼다. 그는 자신이 열망하던 것을 뭐라 딱히 지칭하지 않았으며 나 역시 그 명칭이 생각나질 않는다. 하지만 지식애가 분명 그 일부일 것이며 갈레노스를 모방하려는 애끓는 소망 역시 그 한 부분을 차지했을 터다. 비슷한 해골을 우연히 보게 된 일화를 소개한 갈레노스의 저작 『해부 과정에 관하여』가 베살리우스의 사건이 있기 얼마 전에 재발견되었고, 1531년 그의 스승인 안데르나흐의 귄터가 그 번역본을 출간했다. 여기에 아무도 감히 도전하지 못했던 금지된 일을 했다는 기쁨 역시 한몫 했다. 한밤에 안식을 취하지 못하는 영혼이 있었으니 베살리우스가 그 중 한 명이었다.

북유럽에서 해부가 상대적으로 드문 일이었던 때에 루뱅에서는 18년 만에 처음으로 베살리우스가 최초로 해부를 감행했다. 그는 자신이 파리 대학에서 받은 교육이 얼마나 형편없었는지, 인간 사체를 해부하는 시간에 동물의 사체만으로 실습을 했을 뿐인 의과 학생인 자신이 강사를 대신해 해부 과정을 보여주어야 할 정도였다며 불만을 토로했다. 그러나 이탈리아에서는 200년 이상 동안 정기적으로 해부를 실시했다. 1315년 몬디노가 볼로냐 대학에서 1000년쯤 만에, 아마도 헤로필로스와 에라시스트라투스 이래 처음으로, 인간 사체를 대상으로 포괄적인 해부를 실시했고 다음해에는 해부 안내서를 발간하기도 했다. 몬디노는 자신이 갈레노스의 발자취를 따른다고 믿었지만 갈레노스가 실제로 인간을 해부했다는 결정적인 근거는 없다.

몬디노는 이탈리아(의학과 외과수술의 구별이 북유럽보다 덜 첨예했던)에

요하네스 데 케탐의 『의학서』에 나오는 「해부학 수업」. 이 삽화는 몬디노의 『해부학』 가운데 한 판본의 첫머리를 장식한다. 이 컬렉션의 처음 두 판들에는 그림이 약간 다르게 나온다. 처음 두 판에 나온 그림에서는 강사 앞에 책이 없으며 몬디노 자신을 강사로 나타내려 했던 것 같다. 바뀐 그림이 처음 나온 것은 1495년이며 강사가 몬디노의 글을 읽는 모습을 보여준다. 즉 베살리우스에 앞서 해부학 수업이 어떻게 이루어졌는지를 보여준다.

서 의학 교육의 새로운 전형을 확립했다. 즉 의사들은 대학 교육의 일부로 당연히 해부 과정에 참석하는 걸로 되어 있었다. 해부는 겨울철에 이루어졌고 사용한 사체는 처형된 지 얼마 안 된 죄수들이었다. 일반적으로 해부 실습은 한 해 한두 차례에 불과했고 참가자들은 20명가량으로 구성된 소그룹이었다. 그러다가 해부실습이 일상화되자 해부가 일반적인 학문의 틀 내로, 강의의 틀 속으로 들어왔다. 교수들이 대개 몬디노가 쓴 교재의 글을 강독하고 주로 개업 외과의인 보조자가 해부를 실시했다. 공부의 실제 방법은 교재였다. 사체는 교재에 묘사된 것을 보여주기 위한 보조 자료에 불과했다. 이러한 학문적 해부는 간혹 벌어지는 사망원인 규명을 위한 사체 절개와는 별개였는데, 법의학적 부검은 1315년 이전으로 거슬러 올라가며 그 이후 지속적으로 시행되었다.

베살리우스와 그의 직속 전임자들(이탈리아에서 1490년경에 활동)을 시작으로 모든 것이 변한다. 우선, 해부가 이전보다 훨씬 더 빈번해졌다. 1522년, 야코포 베렌가리오 다 카르피(1460~1530년경)가 수백 구의 사체를 해부했다고 주장했다. 그 결과 사체가 부족해졌고 해부가 엄청난 인기를 끌었다. 많은 관중들이 잘 볼 수 있도록 교회나 광장에 계단식 좌석을 지었는데 관중이 500명씩 모이기도 했다. 베살리우스의 대작 『인체의 구조에 관하여』(1543년)에는 군중들이 "절개"(당대의 영국인들은 절개[dissection, 해부]를 해부[anatomy]로 불렀다) 과정을 보기 위해 모여든 모습이 실려 있다. 관중들은 의사와 의대 학생들뿐만 아니라 철학자, 종교학자, 신사와 그들의 하인들까지 아울렀지만, 베살리우스 책의 속표지를 보면 여성은 보이지 않는다. 해부 과정 참관이 인기 있는 오락거리가 되었다. 17세기 초 무렵이되면 이탈리아와 네덜란드에서 공개적인 해부 공연을 위한 해부 전용극장이 세워진다(네덜란드 관객 가운데는 여성들도 끼어 있었다).

무엇보다, 이제 해부의 초점은 책이 아니라 인체였다. 베살리우스는 책

베살리우스의 『인체의 구조에 관하여』 초판의 속표지.

을 사용하지 않고 사체의 일부를 직접 보여주었다. 그는 『인체의 구조에 관하여』의 서문에서 교수들이 강의를 하던 연단에서 내려와서 직접 자신의 손으로 해부를 해야 한다는 것을 크게 강조했으며, 책에는 팔을 해부하는 베살리우스의 초상화가 실려 있다. 이제 해부학 강사는 베살리우스가 '자연의 책'*이라고 부른 것(이를 통해 간접적으로 책의 권위를 드러냈다)으로 강의를 하며 말 그대로 손을 더럽혀야 했다.

16세기에 해부가 그토록 대중들의 관심을 끈 이유는 무엇일까? 베살리우스는 갈레노스가 했던 바로 그 일을 한다는 데 긍지를 느꼈다. 갈레노스는 노예들에게 사체(이 경우에는 원숭이의 사체)를 맡기지 않고 직접 자신이 준비했으며 공개적으로 해부를 실시했다. 새로운 해부 과정은 고대 로마의 문화를 다시 찾는, 즉 문학, 철학, 예술을 아우르는 훨씬 더 큰 범주의 사업과 맞아떨어졌다. 하지만 베살리우스는 갈레노스가 인간이 아닌 원숭이, 개, 돼지 등 동물만을 해부했다고 확신했다(그의 확신이 맞을 가능성이 아주 높다). 그래야만 왜 갈레노스 이론에 여러 오류들이 나타나는지를 설명할 수 있었다. 그는 『인체의 구조에 관하여』에서 300가지 이상의 오류를 짚어 냈다. 그가 공개 해부 강의를 할 때 갈레노스의 잘못된 개념이 어디서 비롯된 것인지를 관중들이 직접 눈으로 확인할 수 있도록 개와 원숭이(그는 원숭이와 생김새가 아주 이상한 개를 권두 그림으로 실었다)를 인간과 비교했다. 그 동물들은 생체해부를 할 때 언제든 쓸 수 있도록 미리 준비를 해놓았을 것이다. 오랫동안 고대의 성과를 넘어서는 발전이 없다는 생각을 해 온 세계에서 해부학은, 새로운 지식이었다.

---

* 세상에는 두 개의 책이 있는데 하나는 성경에 따라 해석하면 더 깊은 의미를 드러내는 기호들로 가득한 '자연'이고, 다른 하나는 자연의 기호들이 가진 궁극적 의미를 제공하는 성경이라는 의미에서 '자연의 책'으로 부른 듯하다.

이제 해부학은 가장 중요한 영역으로 여겨졌다. 해부학은 인간의 자기자신에 관한 지식이었다. 이를 통해 해부학자들은 자신의 몸에 관해 알게 되었다. 동시에 인간은 소우주이자 더 큰 대우주의 정수로 받아들여졌기에 인류가 발견할 수 있는 모든 지식은 결국 인간에게 집약되어 있는 셈이었다. 더욱이 해부는 구경꾼들에게 죽음과 삶의 덧없음이라는 철학적이면서도 종교적인 주제로 명상할 기회를 주었다. 마지막으로 르네상스 시기의 사람들은 정신과 육체를 (데카르트 이후의) 우리들처럼 별개로 보지 않았다. 예를 들어 머리색은 체액의 균형을 나타냈고 개인의 심리 상태를 결정했다. 누군가의 몸을 살펴보는 일은 그의 정신을 살펴보는 것과 같았다. 이런 모든 요소들이 결합하여 사체를 절개하는 성가시고 심기 불편한 일에 특별한 위엄을 부여했다.

르네상스의 예술은 인체를 새로운 시각으로 보게 했고 르네상스의 위대한 예술가들은 애초부터 직접 해부를 시도했다. 도나텔로(Donatello, 1386~1466년)는 직접 해부 과정에 참여한 뒤, 말의 골격을 청동상 「구두쇠의 심장」으로 조각했다. 안토니오 폴라이우올로(1432~98년)는 "해부된 사체의 안쪽을 보기 위해 직접 피부를 벗겨냈다." 작품에 무게감, 균형, 동작, 긴장, 힘을 나타내기 위해서는 뼈의 구조와 근육의 형태를 직접 확인하고 알아야 했다. 건축가이자 인문학자였던 알베르티(Alberti)는 1434년에 인물을 그리려면 살갗 아래의 뼈들을 상상한 뒤에 그 골격 위에 근육과 외관을 덧붙여야 한다고 했는데, 바로 그대로 라파엘이 그런 과정을 진행하는 모습을 담은 스케치를 남겼다. 다 빈치는 인체 해부에 대한 책을 당시 피렌체 지방의 유명한 의사였던 마르칸토니오 델라 토레(Marcantonio della Torre)와 공저로 쓰려 했을 만큼 인체 구조에 지극한 관심을 가졌다. 그리고 한 세대 후, 예술가들은 해부하는 베살리우스 주위로 몰려들었다.

해부를 둘러싸고 예술가와 해부학자는 인체에 대한 관심 그 이상을 공유했다. 해부학자들이 교단에서 내려와 손에 직접 피를 묻히는 바로 그 시기에, 손으로 일을 한다는 이유에서 사회적으로 늘 낮은 계급으로 취급받았던 예술가들이 새로운 사회적 지위, 다시 말해 지식인, 귀족들과 어울릴 수 있는 권리를 요구하기 시작했다. 모두가 손재주의 존엄성에 투자를 했던 셈이다. 해부학자들은 자신들이 새로 발견한 지식을 보여주었지만, 사실 인체가 대중들의 관심을 끌어모은 데는 앞서 예술가들이 해부학자의 눈으로 인체를 보도록 대중들을 훈련시켜 놓은 게 한몫 했다. 해부학자와 예술가들은 손으로 하는 일에 새로운 지위를 부여함으로써 과학혁명을 가능하게 했다. 과학혁명이 사실은 장인들에게서 배운 체계적인 훈련과 자신의 손으로 직접 뭔가 해보는 것에서 출발했기 때문이다. 해부학 극장이 최초의 실험실이고 해부용 시체는 최초의 실험 도구였다. 갈릴레오, 보일, 뉴턴은 레오나르도와 베살리우스의 선례를 따랐고, 베살리우스를 보기 위해 모여든 군중은 근대적인 의미에서 최초로 과학 사업을 지원했던 셈이다.

활판인쇄, 목판, 투시도법, 이 세 가지 기술이 없었다면 베살리우스는 자신의 업적을 이뤄내지 못했을 것이다. 베살리우스는 자신이 갈레노스보다 더 많이 안다는 걸 설득하기 위해, 갈레노스 저술들 가운데 믿을 만한 판본을 청중이 직접 볼 수 있도록 했다. 그는 1536년 그로 하여금 해골을 훔쳐야겠다는 생각을 들게 한 갈레노스의 그리스어 필사본들에서 글을 발췌해 새로 번역을 했고, 1541년에서 1542년에 나온 갈레노스의 『전집』을 직접 편집하기도 했다. 14세기에 몬디노와 같은 해부학자는 갈레노스의 저술을 전체 다 읽을 수 없었거나 혹은 자신이 갖고 있는 사본들이 믿을 수 있는 것인지 확신하지 못했다(베살리우스 자신조차 라틴어 번역본들이 정확한지 비교할 그리스어 필사본을 찾을 수 없어 확인할 수 없다며 불만을 토로했다). 하지만 1542년이 되면, 웬만한 도서관을 이용할 수 있는 지식인이라면 해부학에 관한 갈레노스의 견해가 담긴 저술 전체를 다 찾아볼 수 있었고 자신들이 읽는 글들이 대체로 정확하다는 확신을 가질 수 있었다. 베살리우스는 이제 갈레노스가 어떤 생각을 했는지 확실히 알았으며, 따라서 그의 옳고 그름을 판단할 수 있다고 주장할 수 있게 되었다. 인쇄기와 그로 인해 가능해진 새로운 학술판본들은 갈레노스를 넘어서려는 베살리우스의 구상에 가장 기본이었다.

게다가 인쇄기가 나오기 전의 의학서적들은 도해가 없거나 혹은 있다 해도 아주 초보적인 것들뿐이었다. 원고를 손으로 일일이 베껴 써야 했던 탓에 가장 초보적인 도해만을 넣을 수밖에 없었다. 복잡한 도해의 경우는 복사본을 다시 베끼는 과정에서 더 조악해졌다. 인쇄기가 나오면서 도해가 새롭게 강조되었고 목판과 (그보다 더 나은) 동판을 사용하면서 복잡하고 세밀한 정보를 제공할 수 있었다. 레오나르도는 이러한 기술의 발전이 열어줄 가능성을 분명히 보았다. 그는 자신이 그린 심장 해부도 옆에 이렇게 적었다.

오 작가여, 그대는 어떤 말들로 이 도해만큼 완벽하게 유기체를 전체적으로 묘사할 수 있을 것인가? 그대는 유기체에 관해 제대로 알지 못하기에 어지러운 글을 쓰고 사물의 참 모습을 좀처럼 전달하지 못한다. …책 한 권을 다 채우지 않고서야 이런 심장을 어떻게 글로 묘사할 수 있겠는가? 그대가 심장에 대해 세밀하게 쓰려 할수록 독자의 정신은 더 혼란스러워질 것이다.

베살리우스는 독자들이 도해와 글을 번갈아 보완해볼 수 있도록 도해의 부분 부분에 함께 실린 글들에 맞춰 글자를 붙여 넣는 방법을 고안해냈다.

그는 또한 르네상스 예술의 위대한 발견인 투시도법을 이용해 삼차원적 환영을 불러일으키는 이미지를 그려낼 수 있었는데, 이런 이미지가 아니었

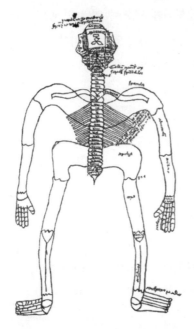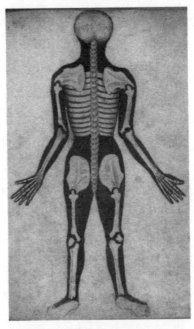

14세기와 15세기 중반에 그려진 이 두 골격 그림은 중세 의학 저술에 실린 삽화의 질이 아주 다양했음을 알려준다. 그러나 중세의 사본에 나오는 다른 그림들을 감안할 때 유례없이 정교한 오른쪽 그림도 베살리우스의 정교함에는 훨씬 미치지 못한다.

다면 인체의 여러 부위들의 상호관계를 나타내기가 불가능했을 것이다. 브뤼셀과 루뱅에서 자라고 파리에서 교육을 받은 베살리우스는 1537년 무렵 파도바 대학에서 학생들을 가르쳤고 자신의 대작인 『인체의 구조에 관하여』에 넣을 도해를 위해 가까운 베네치아에 있는 티치아노 화실의 화가들에게 눈을 돌렸다. 최초의 과학적 그림들은 당대의 가장 수준 높은 교육을 받은 예술가의 기술을 활용했다. 베살리우스는 최초로 해부학, 예술, 인쇄술을 하나로 종합했다. 원칙적으로 보면 레오나르도가 그보다 앞서 이 세 가지를 종합한 최초의 인물이 되었을 것이다. 그러나 직접 관찰한 것을 토대로 그린 최초의 해부도가 첫 선을 보인 해가 1493년이었으니 이러한 기획은 고급 도해가 실린 책들이 턱없이 비쌌을 1500년 이전에는 불가능했었고 고대 로마인들의 지식에 대한 생각이 무르익지 않았던 1531년 이전의 시기에는 기괴하다고 치부되었을 것이다. 베살리우스 이전에 해부도 분야를 개척한 가장 중요한 저술은 베렌가리오 다 카르피(Berengario da Carpi)의 1521년 작인 『주해』였고, 최초로 해부도를 실은 베살리우스의 의학 저서는 화가 판 칼카르(van Calcar)와의 공조로 1538년에 집필한 『해부학 도보』였다. 그는 파도바에 도착하자마자 바로 집필을 시작했다. 분명, 시간을 허투루 쓰지 않겠다고 다짐했을 것이다.

베살리우스는 『인체의 구조에 관하여』에서 처음으로 선보인 질적으로 우수한 도해들을 통해 자신이 눈으로 봤다고 생각한 것을 그대로 명확하게 드러낼 수 있었다. 그의 후임자들은 해부대에서 자신들이 본 것을 그의 말, 삽화들과 비교할 수 있었고 일치하지 않는 것을 발견하면 자신들이 새로운 사실을 발견했다고 자신할 수 있었다. 레오나르도는 수없이 해부를 행했고 우리는 그의 드로잉을 통해 그가 해부학을 이해한 과정을 추적해볼 수 있다. 처음에 그는 고대의 작가들에게 영향을 받은 온갖 신화적 사고들을 믿었다. 예컨대, 음경과 뇌를 잇는 관이 있으며 그래서 정자에는 고환에서 나온 물질뿐만 아니라 뇌에서 나온 영혼까지 들어 있다고 믿었다. 뛰어난 영국의 해부학자인 토머스 윌리스(Thomas Willis)는 1660년대에도 여전히 그 관을 찾으려 애썼다. 인체보다는 소를 해부한 경험이 더 많으며 그래서 레오나르도가 그린 인체 해부도에는 소의 특징들이 나타나기도 한다. 하지만 시간이 흘러가면서 인체에 대한 관찰이 보다 더 정확해졌다. 그럼에도 그는 자신의 지식을 사적인 노트들에만 적어놓았기 때문에 그의 지식은 동시대인들에게 별 영향을 미치지 못했다. 이와 대조적으로 베살리우스가 발견한 사실들은 그가 아는 정도(혹은 한계)만큼 공개되었다.

베살리우스는 『인체의 구조에 관하여』에서 인체를 논리적으로 보여주기

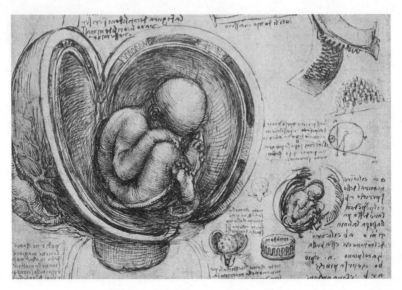

레오나르도 다 빈치가 태아를 묘사한 드로잉.

시작했는데, 다시 말하면 실제 해부의 순서를 무시했다는 뜻이다. 해부는 우선 부패가 제일 먼저 시작되는 복부에서 시작해서 다음에 피부를 벗기고 근육 층을 한 층씩 제거한 뒤 뼈들로 마무리된다. 해부 과정을 끝내면 마지막으로 해골이 남았기 때문에 16세기 영어에서는 골격을 일반적으로 '해부'(anatomy)라 불렀다. 하지만 베살리우스는 『인체의 구조에 관하여』에서 뼈들로 시작해서 제1권의 마지막에 그 뼈들을 정면, 측면, 뒷면에서 본 일련의 격조 높은 골격 세 개로 조합했다. 그런 다음 신체의 바깥에서 안으로 진행했고, 마지막에 다시 복부로 향한다. 이런 방식이 주는 교육적인 장점들은 단박에 눈에 들어온다. 하지만 이는 베살리우스가 택한 상징적 선택이기도 했다. 골격은 해부학자로서 베살리우스의 경력이 시작됨을 나타내는 상징이었던 것이다. 그는 인체 해부를 할 때면 어김없이 골격을 보여주고 나서 작업을 시작했다.

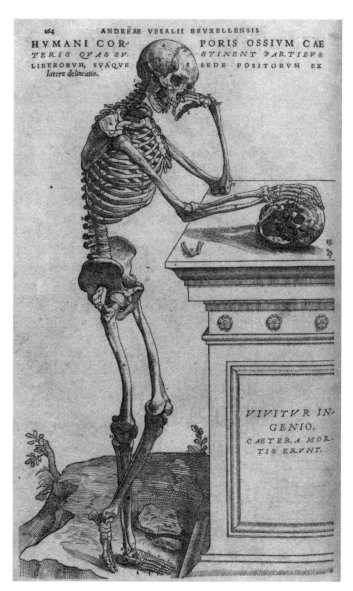

1543년도 판 『인체의 구조에 관하여』에 실린 골격의 측면.

골격은 베살리우스의 트레이드마크이자 새로운 해부학의 상징이 되었다. 히포크라테스라면 해골상을 의학의 신인 아스클레피오스의 신전에 바쳤을 것이다. 갈레노스는 살이 썩어 없어지고 모든 뼈들이 제대로 있는 사체를 찾아야 할 중요성을 강조했지만 그가 베살리우스처럼 뼈를 실과 철사로 묶어 골격으로 조합했다는 증거는 없다. 후기 로마의 무덤과 술잔에는 삶의 덧없음을 상기시켜주는 해골 그림들이, 중세 후기에는 '해방된 존재'를 의미하는 뼈가 훤히 드러나보이는 이미지나 단순한 해골 그림들이 죽음을 상징했다. 도나텔로의 청동 말 골격은 르네상스 화가들이 골격을 중점적으로 생각하는 게 얼마나 자연스러웠는가를 보여준다. 그렇다면 골격에 대한 관점에는 그다지 변화된 것이 없다. 그러나 베살리우스는 관절로 연결된 골격을 중요한 교육 도구로 바꿔놓았다. 그는 강의나 절개를 할 때 해부하는 사체 옆에 인체 골격을 걸어놓았는데 여러 세대에 걸쳐 해부학자들은 그를 모방하여 모든 해부 극장에 인체 골격을 걸어놓았다.

베살리우스가 인체 골격을 교육 도구로 사용할 수 있었던 것은 골격을 만드는 새로운 방법 덕분이었다. 본인 스스로 갈레노스의 선례를 따른다는 뜻을 은연중 비쳤지만 갈레노스에 대한 언급은 거짓이며, 아마 고의적으로 그런 인상을 유도했던 것으로 보인다. 그가 『인체의 구조에 관하여』의 시작 부분에서 들려주는 이야기에 따르면, 선대의 해부가들은 우선 관속에 시신을 넣고 생석회로 덮은 뒤 며칠 후 관의 측면에 구멍을 내서 냇가에 놓아두었다. 한참 지나고 나면 관은 흐르는 물에 떠내려가고 내용물만 드러나는데, 살은 물에 씻겨 없어지고 인대로 얽혀 있는 뼈들만 남게 된다. 그러나 뼈들이 검은 인대로 얽혀 있어서 관찰해야 할 많은 부분을 볼 수 없었다.

베살리우스의 방법은 아주 달랐다. 그는 자신의 집 부엌에서 아주 커다란 양동이에 물을 끓였다. 사체를 도려낼 때는 가능한 살을 많이 제거하고 코끝과 눈꺼풀에 있는 연골을 포함해서 풀어진 연골 조각들은 따로 잘 놓아두었다. 그런 후에 뼈와 살이 완전히 분리될 때까지 물에 넣고 끓이면서 지방을 따라내고 유실되는 게 없도록 용액을 걸러냈다. 그러고 나면 깨끗하고 보기 좋은 뼈들만 남는데, 이 뼈들을 철사로 연결하면 거의 완벽하게 '살아 있는' 골격을 재현해낼 수 있었다. 다시 붙일 수 없는 작은 연골 조각들(코끝, 눈꺼풀의 딱딱한 부분, 귀)은 강의 도구 장식용으로 쓰려고 목걸이에 매달아서 간이 탁자 위에 올려놓거나 상자에 담아서 들고 다녔다. 베살리우스가 만든 골격 하나는 지금도 바젤에 보관되어 있다.

그런데 인체의 골격을 만드는 이 과정에는 자못 심상치 않은 뭔가가 있다. 그는 소고기 육수를 내듯 뼈를 삶고 마치 먹는 음식이라도 되는 듯 자신의 부엌에서 사체를 토막토막 도려낸다. 베살리우스는, 뼈를 발라내고 골격을 만들어내는 비책들로 책을 시작함으로써, 해부에는 충격적인 뭔가가 있음을 독자들에게 불가피하게 상기시키고 있었다. 이미 언급했듯이 1299년의 교황 교서로 사체를 끓이는 행위(십자군들의 뼈를 추리기 위해 사용한 방법)를 특별히 금지한 바 있었고, 몬디노는 끓여야만 제대로 노출되는 두개골 뼈들이 있음을 시인하면서도 자신은 죄를 짓지 않기 위해서 그 부분은 내버려두곤 했다(애매한 말이다)고 말한 바 있었다. 독자들의 시선은 자연스럽게 정교하고 큼지막한 과학적 도해들에 집중되었다. 각 권과 각 장은 도해가 들어간 이니셜 문자로 시작된다. 각 권의 첫 번째 문자가 크고, 각 장의 첫 번째 문자는 작다. 서문의 첫 문자는 당연히 브이(V)이며, 한 해부학자가 야릇하게도 살아 있는 듯 포즈를 취한 사체를 해부하는 그림이 들어가 있다. 베살리우스의 초상화와 마주한 제1권의 첫 문자에는 푸토(putto, 발가벗은 아이)들이 부엌에서 골격을 만들기 위해 뼈를 삶는 그림이 나온다. 어린 아이들의 순수성이 인간을 요리하는 모습과 날카로운 대비를 이룬다. 이 역시 자신의 초상화만큼이나 베살리우스가 선택한 자기-표상이었다.

신체의 내부를 들여다보는 행동 자체가 심기를 불편하게 만든다고도 한

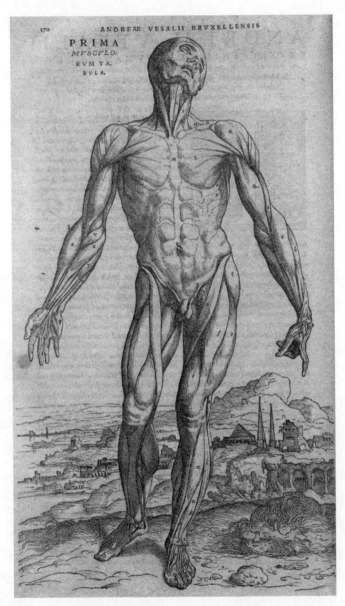

『인체의 구조에 관하여』에 실린 최초의 근육 삽화.

다. 그러나 사체가 장례식 날까지 부패되지 않도록 약품처리를 하는 게 일반화된 이탈리아에서는 분명 맞지 않는 말이다. 이탈리아의 장례식은 '관을 개방하는' 행사였다. 즉 해부된 사체는 정상적으로 매장하지 못했고 골격만 남은 변해버린 사체는 더더욱 매장할 수 없었다. 그러니까 해부를 한 뒤 끝으로 골격을 만드는 새로운 관행의 핵심에는 죽은 사람의 매장을 부정한다는 진정으로 충격적인 행동이 자리했던 것이다. 종교적으로 말하면, 영생을 얻고 부활하기 위해 꼭 땅에 묻혀야만 하는 것은 아니라는 의미였다. 부활에 관한 한 살이 다 떨어져 끓는 물속에 흩어져버린 베살리우스의 해골들과 상자에 담긴 뼈들이 바닷물에 익사한 어부들보다 더 나쁘지 않았고, 이탈리아의 공동묘지에는 새로운 시신을 매장하기 위해 묘지를 재사용할 때 오래된 시신의 뼈들을 납골당에 모아두었다. 그럼에도 죽은 자를 매장하는 것은 기본적인 존경의 표시였고, 해부된 사체의 유해는 가끔 묘지에 매장되기도 했지만 대부분은 전시용으로 사용되었다.

베살리우스는 아주 모순된 행동을 보였다. 그는 한편으로 최고로 솜씨 좋은 화가들을 고용해서 사체를 심미적 대상으로 만들었다. 그는 사체가 마치 살아 있는 듯 보이게 하려고 포즈에 세심한 주의를 기울였다. 그리고 사체들이 마치 걸어다니는 것처럼 풍경까지 그려 넣도록 했다. 내장이 밖으로 삐져나와 시체가 살아 있는 것처럼 보이기 어려운 장기들의 도해에 이르면, 마치 골동품 상(像)을 절개했더니 피와 살이 있는 장기가 발견된 것 같은 환영을 유도했다. 그런가 하면 또 한편으로는 사체가 도르래에 달린 로프에 묶여 있고, 뼈에 살덩어리가 걸려 있는 등 사체의 포즈들을 보여주는 도해들을 싣기도 했다. 뇌를 해부할 때는 '근육 인간'이라는 익명성을 통해 이상화한 뒤, 친구들이라면 알아볼 수 있을 정도로 사체의 콧수염과 얼굴 특징까지 볼 수 있게 했다. 다음으로 몸통의 도해를 실었는데, 다리를 비스듬히 벌리고 음경이 달려 있어 마치 정육점 도마 위의 고깃덩어리처럼

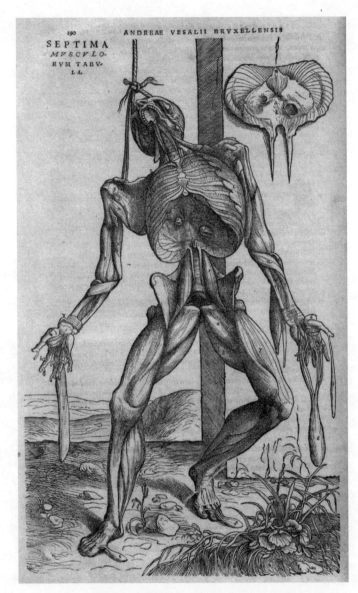

1543년 판 『인체의 구조에 관하여』에 실린 일곱 번째 근육 그림.

Q Q *His characteribus sinistræ lateris membrana notatur, quæ illi correspondet, quam nuper O, O indicarunt.*

R,S *Vteri ceruicis anterior pars, inter R & S ea adhuc obducta tunica, quam peritonæi partes illi offerūt, quæ ipsi uasa exporrigunt, deducantq́, ac illum peritonæo adnectunt. Cæterùm interuallum inter R & S consistens, uteri ceruicis amplitudinem quodammodo significat. Rugæ uerò hìc conspicuæ, illæ suut quas uteri ceruix in se collapsa, neq; alias distenta, inter secundum commonstrat.*

T *Vesica, cuius posterior facies hic potissimum spectatur, ita enim in figuræ huius delineatione oculum direximus, ac si in corpore prostrato, posteriorem uesicæ sedem quæ uterum spectat, potissimum cernere uoluissemus. Si enim præsens muliebre corpus ita uti id quod modo subsequetur, erectum arbitrareris, etiam secus atq; res se habet, uteri fundum multo elatius ipsa uesica delineatum esse tibi persuaderes.*

V *Vmbilici est portio, à peritonæo inter secundum liberata, & und cum uasis fœtui peculiaribus hic deorsum reflexa.*   X *Portio uenæ ab umbilico iecur petentis.*

Y *Meatus à uesicæ fundi elatissima sede ad umbilicum pertinens, ac fœtus urinam inter secundum & intimum ipsius inuolucrum deducens.*

Z, et & *Duæ arteriæ ab umbilico huc secundùm uesicæ lateri prorepentes, atq; hac sede magnæ arteriæ ramis pubis ossium foramina potissimum adeuntibus insertæ, seu continuæ.*

VIGESIMAQVINTA QVINTI LIBRI FIGVRA·

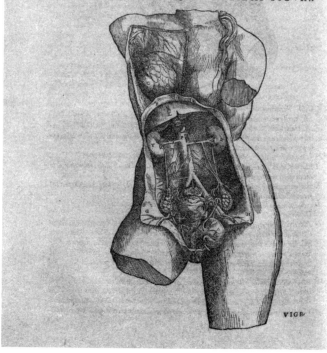

VIGB·

『인체의 구조에 관하여』에 나오는 세 번째 몸통 해부 그림. 인체를 고대의 상(像)으로 둔갑시킨 일련의 그림들 가운데 하나.

보였다. 한 순간 그는 마술사처럼 죽음을 아름답게 만들었다가 다음 순간에 술수에 불과했다는 듯 사체가 얼마나 끔찍할 수 있는가를 보여준다.

글 속에서도 동일한 모순이 발견된다. 그는 해부학이 신성한 소명이라고 쓰다가도 어느 순간 큰 통에 사체를 끓인다. 교수대에 매달린 사체를 직접 끌어내려 몇 조각으로 나눈 뒤 야음을 틈타 몰래 집으로 가져왔다면서 자신의 첫 해부 연구 대상을 얻게 된 경위를 밝힌 사람도 베살리우스 본인이었다. 제자들이 죽은 지 얼마 안 된 매장하기 전 여성의 사체를 훔쳐 와서 얼굴을 알아보지 못하게 바로 피부를 벗겨냈다는 이야기며, 자신이 해부한 사체 중 하나가 매장한 지 얼마 되지 않은 유명한 미모의 창녀였다는 이야기를 들려주기도 한다. 또한 공동묘지의 사체와 유골에 쉽게 접근할 수 있도록 제자들이 열쇠를 제작해주었다고 털어놓은 이도 베살리우스다(제7권을 시작하는 커다란 이니셜 문자 'I'에는 푸토들이 무덤을 도굴하는 그림이 그려져 있다). 요컨대, 베살리우스는 자신이 구한 사체들은 훔친 것이며 자신이 하는 행동의 많은 부분이 범죄임을 거듭 분명하게 밝힌다. 예를 들어 피부를 벗겨낸 여성의 경우 친지들이 바로 판사에게 가서 사체 절도라고 항의하기도 했다. 1497년 해부학자인 알레산드로 베네데티는 명예를 보호해줄 사람이 없는 신원이 확인되지 않는 천한 태생의 사체, 외국인, 죄수의 사체는 법적으로 해부가 가능하다고 주장했지만, 적어도 베네치아는 1550년부터 법을 엄격히 하여 해부학자들에 의한 도굴에 종지부를 찍었고, 1555년의 개정판 『인체의 구조에 관하여』에서는 베살리우스가 독자들에게 들려준 이야기 가운데 많은 부분이 자취를 감추었다.

모순을 드러내는 베살리우스의 사체에 대한 집착은 책 속의 아주 사소한 부분에서 선명하게 드러난다. 한 번 디자인한 이니셜 문자는 같은 문자가 나올 때마다 다시 사용했다. 서문의 표제에 쓰인 큼지막한 이니셜 브이(V) 문자는 제5권의 표제에도 나오지만 작은 이니셜 '엘'(L)도 있다. 표준적인

1543년 판 『인체의 구조에 관하여』에 단 한번 등장하는 머리글
자 'L'은 이후의 판들에는 나오지 않는다.

이니셜 'L'에는 교수대에서 사체를 제거하는 그림이 나오는데 반해, 항문
해부를 논하는 부분 어딘가에 있는 'L'에는 푸토가 똥을 누는 그림이 나온
다. 사뭇 직설적으로 표현된 속된 농담 같지만 사실은 베살리우스가 자신
의 책에 똥을 누는 것이다.

스스로의 행동을 비난하거나 조소했던 사람은 베살리우스뿐만이 아니었
다. 레오나르도 역시 자신의 화실 주변에 사지가 떨어져나간 인간의 사체
들이 마치 고깃간처럼 널브러져 있는 광경을 두고 농담을 했다. 르네상스
기의 유럽에서 백정들은 사형집행자들과 다를바없이 늘 사회하층민으로
도시 외곽에서 살아야 했고 상인들의 딸과 결혼하지 못했다. 실비오 코시
니라는 한 조각가는 마치 르네상스식 「양들의 침묵」이라도 되는 듯 해부한
사체의 피부로 직접 티셔츠를 만들어 입기까지 했다. 하지만 한 신부의 꾸
지람을 듣고는 '셔츠'를 제대로 잘 묻어주었다. 사체를 합법적으로 구할 수

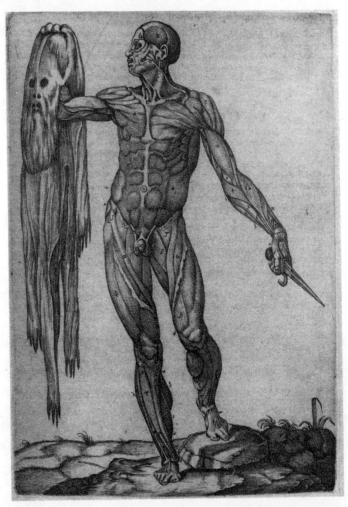

대부분의 초기 해부학 책들(신기하게도 베살리우스의 『인체의 구조에 관하여』는 예외다)은
포즈를 취한 형상으로 하여금 자신의 일부를 전시하게 함으로써 독자들이 실제 해부가
어떠할지 떠올리지 못하도록 만들었다. 후안 발베르데 데 아무스코의 『인체 해부』에 나
오는 이 삽화에서 흐물흐물해진 형상이 남들이 볼 수 있도록 자신의 껍질을 쳐들고 있다.

있는 주요 출처는 교수대였지만(교수대에서 사체를 제거하는 모습을 나타내는 이니셜 'L'자를 기억하라) 처형된 사체는 손상이 심할 수밖에 없었다. 그러므로 해부학자들이 중간 단계를 없애고 싶어한 건 그리 놀랄 일이 아니다. 뛰어난 해부학자인 팔로피오(Falloppio, 나팔관[Fallopian tube]을 발견한 사람)는 토스카나의 통치자로부터 살아 있는 범죄자를 양도받았다. 사형이 예정된 그 범죄자를 아편으로 안락사시켜 사체에 손상이 가지 않도록 협의했는데, 서로 이득이 되는 일이었다. 손상되지 않은 사체를 찾아내기 위해 해부학자들은 생체해부에 위험하리만치 가깝게 다가갔다. 베살리우스는 사고로 '죽은' 사람의 여전히 펄떡거리는 심장을 제거한 사실에 대해 적기도 했다.

해부학은 본래부터 금기의 속성을 지닌 활동으로 사회에서 용인되기까지는 아주 오랜 시간이 걸렸다. 베살리우스는 자신의 글을 출판할 곳으로 베네치아의 출판사가 아니라 카스텔리옹과 세르베투스 등 이단자들의 저술을 출판하기로 명성이 높은 바젤의 오포리누스(Oporinus) 출판사를 선택했다. 베살리우스는 '해부'가 받을 존경과 금기를 위반하기 쉬운 속성을 함께 강조했다. 베살리우스의 저술에는 언외의 뜻이 있다고, 즉 그가 무덤을 도굴하고 시신을 끓인 일을 고백하는 것은 자신이 하는 일을 베살리우스 본인도 끔찍하게 여겼다고 생각해볼 수도 있다. 캐서린 파크(Katharine Park)가 무덤 도굴 행위에 대한 베살리우스의 "솔직한 자부심"에 대해 쓰긴 했지만, 반대로 몹시 갈등하는 사람의 모습을 암시하기도 한다. 그는 『인체의 구조에 관하여』가 출판된 후에 해부학 강의를 그만두고 황제의 주치의가 되었고 출간되지 않은 많은 저술들을 파기했다. 그는 예루살렘 성지순례를 마치고 돌아와서 잔테 섬에서 죽었다. 르네상스의 뛰어난 외과의인 앙브루아즈 파레 덕택에 알려진 한 이야기에 따르면 성지순례를 위해 스페인을 떠나자마자 그가 해부했던 어린 소녀의 육신이 해부할 당시 살아 있는 것으로 드러났다고 한다.

요하네스 메텔루스(Johannes Metellus)에 따르면, 돌아오는 길에 베살리우스가 탄 배가 폭풍우를 만나 40일간 바다를 표류했고 승선한 사람들은 항해가 그렇게 길어질 거라고 짐작조차 못했던 상황이었다는 것이다. "승객들 중 일부는 병이 났는데 비스킷과 물이 부족한 이유도 한 몫 했다. 베살리우스는 죽은 사람을 바다에 던지는 걸 보고 마음이 뒤숭숭해서 처음엔 불안감으로 다음엔 두려움으로 병이 들었고, 만일 자신이 죽으면 다른 사람들처럼 물고기 밥이 되지 않게 해달라고 사람들에게 부탁했다." 물고기 먹이가 되는 것과 벌레의 먹이가 되는 것이 별반 차이가 없다고 생각할지 모르지만 그렇지 않다. 인간은 벌레를 먹지는 않지만 물고기는 먹는다. 물고기 먹이가 된다는 것은 인간의 먹이사슬 속으로, 즉 한 단계 건너 식인주의 속으로 들어가는 셈이었다. 식인주의의 망령이 늘 이 해부학자의 솜씨에 그림자를 드리우고 있었던 것이다.

그런데 다행히 베살리우스는 육지에 도착한 직후에 숨을 거두었고 제대로 땅에 묻혔으며, 그래서 피에트로 비자리(Pietro Bizzari)의 말을 빌리면, 그의 시신은 "들짐승의 먹이와 영양분이 되지는 않았을 것이다." 16세기 초의 해부학자인 알레산드로 베네데티는 해부학을 설명한 뒤에 "우리가 그런 운명이 되지 않도록 신께서 지켜주소서"라고 썼다. 물고기 밥이 될 생각에 두려워진 베살리우스라면 자신의 육신이 토막 나서 물에서 삶아진 뒤에 해골로 바뀌는 생각을 하고 역시 당혹스러워했을 게 분명하다. 그러나 의대생들에게 시신을 도난당하는 것도 들짐승의 먹이가 되는 것만큼이나 여러모로 끔찍한 일이다. 베살리우스의 용감한 행위 뒤에는 자신이 한 일에 대한 진정한 공포가 서려 있다. 하지만 파도바의 해부학자들 가운데 가장 뛰어난 학생이자 아버지와 남자 형제의 사후 해부를 실행한 윌리엄 하비에게서는 그런 공포의 흔적을 전혀 찾아볼 수 없다.

6
하비와 생체 실험

베살리우스의 전통이 여전히 강하게 남아 있는 파도바에서 의학 교육을 받은(1600~02년) 윌리엄 하비(William Harvey)가 1628년 『동물의 심장과 혈액의 운동에 대한 해부학적 실험』을 출간했다. 많은 사람들이 이 책을 근대 의학의 초석이라고 간주한다. 물론 이 책이 생물학이라는 기본적인 문제에서 갈레노스가 틀렸음을 보여준 최초의 저술이라는 것은 명백하다. 그 중요성을 이해하려면 하비에 앞서 우선 갈레노스가 말하는 혈액의 운동을 살펴볼 필요가 있다.

갈레노스가 생각한 혈액 운동은 이원적 구조이다. 정맥은 간에서 축적된 영양분으로 만들어진 혈액을 몸 전체로 운반한다. 정맥에서 운반하는 혈액은 색이 짙고 혈액이 통과하는 관은 벽이 얇고 부드럽다(유일한 예외는 갈레노스가 동맥성 정맥[arterial vein]이라고 부른, 심장에서 폐까지 이어지는 정맥으로 색이 짙은 혈액을 운반하지만 벽은 동맥과 같다). 동맥은 공기가 섞인 혈액을 심장에서 몸 전체로 운반한다. 이때 혈액의 색은 선명한 빨강이며 혈액이 통과하는 관은 벽이 두껍고 상대적으로 단단하다(유일한 예외는 갈레노스가 정맥성 동맥[venous artery]이라고 부른, 폐에서 심장으로 이어지는 동맥으로 선명한 빨강색의 혈액을 운반하지만 혈관벽은 정맥과 같다). 동맥에서는 혈액이 마치 조수처럼 밀려왔다 밀려가며 한쪽 방향으로는 생명의 공기를, 반대 방향으로는 불순물을 운반한다. 정맥의 경우도 혈액이 간장에서 (영양분을 운반) 나와 간장으로 들어간다(혈액 보충). 동맥 속의 혈액은 동맥자체의 박동에 의해 움직인다. 갈레노스는 혈액이 간장에서 생성되고 동맥에서 소비된다고 믿었다. 따라서 개별적인 두 체계 사이에서 천천히 누출되어야 했고 혈액이 한쪽에서 다른 쪽으로 이동하는 것은 우심실과 좌심실을 나누는 벽인 격막에 난 작은 구멍들을 통해서였다.

하비는 혈액 운동이 정맥과 동맥의 이원적 체계로 이뤄진다는 갈레노스의 설명을 현재까지도 통용되는 이론인 근대적인 설명으로 대체했다. 하비의 설명에 따르면 혈액은 두 가지 '순환' 체계를 따라 움직인다. 우선 혈액은 폐를 통해 우심실에서 좌심방으로 이동한 뒤 동맥을 따라 좌심실에서 우심방으로 갔다가 다시 정맥을 통해 반대로 이동하며 이 과정은 끊임없이 반복된다. 이렇게 이중 체계로 혈액을 흐르게 하는 원동력은 좌우 심실의 수축이고, 동맥의 맥박은 심장에서 방출되는 혈액의 파동일 뿐이며 동맥자체는 전적으로 수동적이다. 하비의 설명에 따르면 동맥성 정맥은 심장박동의 압력에 의해 혈액을 운반하므로 사실상 동맥이며(비록 혈액의 색이 정맥혈과 같지만) 정맥성 동맥은 혈액을 다시 심장으로 운반해주므로 사실상 정맥(비록 혈액의 색은 동맥혈과 같지만)이다.

그러나 갈레노스의 설명을 하비의 설명으로 대체하는 데는 이득뿐만 아니라 손실도 있었다는 사실에 유의하자. 하비는 정맥혈과 동맥혈의 외관상의 차이를 설명하지 못했다. 조지프 프리스틀리(Joseph Priestley)가 산소를 발견한 시기가 1775년이었으므로 하비가 폐의 기능이 혈액에 산소를 공급하는 것임을 이해할 길이 없었고, 정맥혈과 동맥혈 자체의 특성을 분리해내지 못했으므로 사실 그가 언급한 정맥혈과 동맥혈은 그 차이가 피상적이었을 뿐이다. 하비는 혈액이 왜 그렇게 빠른 속도로 체내를 돌아야 하는지 설명하지 못했다. 그는 단순히 그렇게 보인다는 것을 드러냈을 따름이었다. 아리스토텔레스와 갈레노스의 과학적 지식에는 그들이 '궁극적인' 원인들이라고 한 것, 다시 말해 모든 자연적 과정의 목적에 대한 이해가 빠지지 않았다. 하지만 하비는 독자들에게 원인은 밝히지 못한 채 자신의 혈액 순환설을 받아들이라고 요구했다.

하비의 주장은 네 가지 주요 인식을 바탕으로 한다. 하비가 생각했을 순서대로 보면 정맥판, 심장의 운동, 심장에서 나오는 혈액의 양, 몸속의 혈액이 지속적으로 한 방향으로 움직인다는 확실한 증거 순이다. 정맥의 판막을 발견한 사람은 파도바의 해부학자인 히에로니무스 파브리치우스(Hieronymus Fabricius)로 하비의 스승이었다. 『동물의 심장과 혈액의 운동에 대한 해부학적 실험』에 유일하게 실린 삽화가 파브리치우스의 『정맥판에 대하여』(1603년)에 나온 도해를 그대로 옮겨 놓은 것이다. 도해에서는 팔을 끈으로 가볍게 동여매면 정맥이 부풀어오르며 실제 정맥 속의 판막이 보인다는 것을 알려준다. 또한 정맥을 눌러서 피를 한 방향으로 흐르게 할 수 있지만 판막이 심장에서 나오는 혈액을 차단하기 때문에 반대 방향으로 흐르게 할 수 없다는 것도 보여준다. 파브리치우스는 이러한 단순한 실험의 중요성을 이해하지 못했다. 그는 체내에 과도하게 혈액이 머물러 있지 못하게 하는 것이 정맥판의 역할이라고 믿었던 반면, 하비는 정맥 내 혈액이 한 방향으로만 흘러간다는 사실을 인식했다. 앞서 레알도 콜롬보(Realdo Colombo, 1516~59년)가 이미 피가 우심실에서 좌심방 한 방향으로만 흐른다는 폐순환을 주장했다. 하비는 그의 저작을 잘 알고 있었을 뿐 아니라 콜롬보의 연구에 빚을 졌음에도 결코 그 사실을 인정하지 않았다.

다음으로, 하비는 동물들의 심장을 노출시켜 박동을 면밀히 검토한 후 갈레노스가 심장의 운동을 잘못 해석했다고 확신했다. 갈레노스가 심장이 수축한다고 생각했을 때 심장은 실제로 이완했고 그 반대 역시 마찬가지였다. 하비는 죽어가는 포유동물과 변온동물들을 이용해 느리게 움직이는 심장의 운동을 관찰함으로써 갈레노스보다 훨씬 더 자세하게 심장을 살펴볼 수 있었다. 심장 박동과 동맥의 박동이 갈레노스의 생각처럼 엇박자가 아니라 동시에 일어난다는 발견을 한 것이 하비의 큰 성과였다. 이로써 맥박이 동맥에서 나타나는 심장 박동이라는 것을 인식하는 길이 열렸다.

세 번째로, 하비는 심장이 고동칠 때마다 혈액이 왜 흘러나가야만 하는지, 만일 그렇다면 많은 양의 혈액이 왜 동맥으로 흘러가야 하는지, 심장의 판들이 동맥의 판처럼 효율적인지, 여기서도 혈액이 한 방향으로만 진행하는지를 확인했다. 그 결과 혈액은 생성되는 양보다 훨씬 더 빠르게 흘러가야 한다는 사실을 알아냈다. 그런데 어디서 시작해서 어디로 가는가? 혈액을 재사용하는 어떤 메커니즘이 있으며 그 메커니즘이 바로 혈액순환이라는 것이 유일한 해답이었다. 갈레노스는 앞서 동맥과 정맥이 서로 끝에서 연결되어 있다고 주장한 바 있는데, 동맥을 자르면 동맥뿐만 아니라 정맥에서도 모든 혈액이 빠져나간다는 것을 알고 있었기 때문이다. 하비는 혈액이 보이지 않는 연결망을 통해 동맥에서 정맥으로 흘러간다는 식으로 혈액순환을 설명했다. 물은 증발하고 비가 되어 떨어지며 땅에 스며들어 강에서 바다로 흘러간 뒤 다시 증발하는 과정을 반복한다는 아리스토텔레스의 물 순환에 대한 설명을 본보기로 삼았다. 증발과 삼투 과정의 일부가 눈에 보이지 않더라도 그런 과정이 일어난다는 사실은 누구나 인정하는 것처럼 말이다. 그렇지 않다면 강들은 결국 말라버릴 테니까.

네 번째로, 하비는 이런 과정의 진행을 확인할 수 있는 수많은 실험들을 진행했다. 동맥을 자르기만 해도 혈액이 솟구친다는 것과 혈액의 분출하는 힘이 심장 박동의 리듬을 반영한다는 것을 알아냈다. 갈레노스는 이렇게 많은 혈액이 흐르는 것은 몸이 부상을 당했을 때 반응하는 징후라고 보았

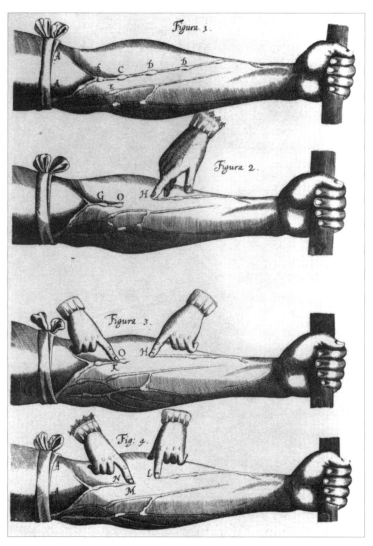

하비의 『동물의 심장과 혈액의 운동에 대한 해부학적 실험』에 실린 정맥 판막에 관한 삽화. 이 책에 실린 유일한 삽화이다.

지만, 하비는 동맥에서 일어나는 현상 즉 혈액이 심장 박동의 압력 때문에 빠르게 흘러간다는 사실을 드러내는 것이라고 생각했다. 더욱이 동맥을 절개해보면 혈액은 항상 심장 가장 가까운 절개부분에서 나오며, 정맥을 절개하면 심장에서 가장 먼 쪽에서 나온다. 갈레노스는 이런 사실을 알았지만 설명은 하지 못했다. 혈액이 한 방향으로만 흐른다는 것을 모르고서는 설명이 불가능하기 때문이다. 하비가 뱀의 등 정맥을 끈으로 묶었을 때 혈액이 심장의 펌프 작용을 통해 동맥으로 흘러가면서 끈과 심장 사이의 정맥에서 혈액이 점차 사라지는 것을 보았다. 여기서도 혈액은 한 방향으로 흘렀다.

하비의 주장은 단순했고, 그는 자신의 주장이 결정적이라고 확신했다. 하지만 첫 번째 주장은 단순히 파브리치우스가 발견한 사실들의 반복에 지나지 않으며 세 번째 것은 본질적으로 가설에 근거한다. 새로운 증거를 소개한 것은 두 번째와 네 번째 주장이며 모두 살아 있는 동물 실험을 토대로 했다. 하비의 책은 두 개의 서문, 도입부에 이어 '작가가 글을 쓰는 강력한 이유들'이라는 부제가 달린 제1장으로 시작된다. 본론은 제2장 '살아 있는 동물의 해부로 판단한 심장 운동의 성격'부터이다. 제3장의 제목은 '살아 있는 동물의 해부로 판단한 동맥 운동의 성격'이며 제4장은 '살아 있는 동물의 해부로 판단한 심장과 심이(心耳) 운동의 성격'이다. 하비가 살아 있는 동물을 해부(생체해부[vivisection]라는 말이 나온 것은 1702년이므로 하비가 '해부'라고 말할 때는 당시에 그가 해부하는 대상이 살아 있었는지 이미 죽은 것이었는지를 확인해야 한다)하지 않았다면 어떤 주장도 제기하지 못했을 것이다.

생체해부가 하비에게 새로운 것은 아니었다. 갈레노스가 앞서 이미 생체해부를 시행했으며, 그가 가장 좋아한 대중 시연 중 하나가 심장이 아니라 (아리스토텔레스학파의 학자들이 믿었던 것처럼) 뇌가 목소리를 통제한다는 사실을 보여주기 위한 공개 해부였다. 그는 꽥꽥대는 돼지의 늑간 신경 주변에 걸린 고리 모양의 실을 살짝 잡아당겨 소리 내는 기능을 없앴다가 다시 목소리를 내게 할 수 있었다. 파도바의 베살리우스 후계자들은 광범위한 동물 해부와 생체해부 프로그램에 참가했다. 베살리우스가 생체해부에 관해 쓴 글은 갈레노스의 설명을 되풀이한 것뿐이며, 그가 직접 생체실험을 하지 않았다고 보는 사람들도 있지만 인체 부위의 작동을 보여주기 위해서는 인간의 사체 해부와 동물의 생체해부를 함께 시행하는 것이 최선이라는 그의 생각이 『인체의 구조에 관하여』의 마지막 장(아직까지 영어로 번역되지 않았다)에 분명히 드러난다. 태어나지 않은 강아지들이 태반을 통한 혈액 공급이 끊기자마자 호흡을 하려 발버둥친다는 것을 보여주려면 새끼를 밴 암캐를 이용하는 것이 이상적이다. 베살리우스는 생체해부가 일종의 고문이라는 것을 알았지만(암캐는 지독한 괴로움을 당한다) 이를 통해 눈으로 확인할 수 있기에 기쁨을 느꼈다. 그의 저작이 '인체'에 관해서이므로 생체해부에 대한 광범위한 논의의 자리는 없다. 그러나 『인체의 구조에 관하여』의 첫 도해를 보면 해부에 사용한 도구가 생체해부학자의 테이블에 놓여 있는 모습(발버둥치는 동물을 묶는 데 쓰는 밧줄까지 다 갖춘)이 나오며 큼지막한 이니셜 큐(Q)는 수퇘지를, 작은 이니셜 Q는 개를 생체해부한다는 걸 알려준다. 하비는 생체해부를 하면서 뚜렷이 구별되는 전통—인체 해부에 대한 이해가 가장 두드러지게 발전한 것은 헤로필로스와 에라시스트라투스가 인체를 대상으로 생체해부를 실시했을 때였다—을 따랐다.

하비가 완전히 새로운 실험을 했으며, 이를 통해 자신만의 발견을 할 수 있었을 거라고 추정하기가 쉽다. 하비 저술의 번역본에는 '실험'(experiment)이라는 단어가 빈번히 나오며 하비가 근대적인 실험 방법을 사용한 것은 분명해 보인다. 하지만 라틴어 experimentum이라는 말은 보통 '실험'보다는 '경험'을 의미하며 경험에 의존한 하비의 방식에 뭔가 새로운 요소가 있는 것인지는 확실치 않다. 갈레노스 역시 '실험'을 수행했으므로…. 다음의 도입부에서처럼 하비가 갈레노스의 뒤를 따랐을 뿐이라는 사실이 종종 확인되기도 한다.

> 갈레노스의 실험을 따라, 살아 있는 개의 기관을 절개하고 풀무로 폐에 공기를 강제 주입한 뒤 끈으로 묶어 팽창하게 만들고 나서 재빠르게 흉부를 열어보면 폐에는 맨 끝의 외피까지 공기가 가득 차 있지만 정맥 같은 동맥 또는 심장의 좌심실에는 그러한 흔적이 전혀 보이지 않는다.

하비가 신과학의 찬미자였다면 새로운 경험주의 과학 방법론의 창시자라 여기게 될 프랜시스 베이컨(Francis Bacon)을 당연히 인정했을 거라고 생각하기 쉽다. 그렇지만 전혀 그렇지 않았다. 존 오브리(John Aubrey)는 하비가 "대법관 베이컨의 주치의였으며, 베이컨의 위트와 스타일은 대단히 높게 평가했지만 위대한 철학자로 받아들이지는 않았다. 하비가 내게 '베이컨은 철학에 대해 쓸 때 마치 대법관처럼 쓴다'고 (비꼬아) 말했다'"고 전한다.

실험 방법이 새로운 것이 아니라면 우리는 하비가 인간과 개뿐만 아니라 뱀, 개구리, 물고기 심지어 포유동물 자궁 내(이곳에서는 태어난 직후 바로 닫히는 난원공을 통해 혈액이 심장의 오른쪽에서 왼쪽으로 가는 지름길을 택하기 때문에 아직 기능을 하지 않는 폐로 쓸데없이 흘러가지 않는다)의 태아에 있는 심장을 연구했으므로 여러 동물을 비교한 그의 접근 방법이 새로운 것이라고 추정할 수도 있을 것이다. 하지만 갈레노스 역시 앞서 수많은 생체해부 실험을 행했고 빈번히 살아 있는 동물의 심장을 꺼내보았으며 인간, 원숭이, 개의 심장뿐만 아니라 코끼리, 종달새, 뱀, 물고기의 심장까지도 연구했다. 그는 심지어 아직 태어나지 않은, 포유동물의 태아 속을 흐르는 혈액의 흐름에 대한 실험도 했고 타원구멍*에 대해서도 알고 있었다. 어떤 경우든,

베살리우스의 155년 판 『인체의 구조에 관하여』에 실린 수퇘지
의 해부를 보여주는 커다란 머리글자 Q.

비교 해부학의 개념은 멀리 아리스토텔레스로 거슬러 올라간다.

갈레노스보다는 하비가 기계론의 측면에서 생각하기가 훨씬 더 쉬웠을
것이라는 주장을 하고 싶을 수도 있다. 심장이 펌프 작용을 한다는 사실을
하비가 발견했다는 것은 주지의 사실이므로, 자연을 기계적 측면에서 바라
보는 것은 고대의 그리스 · 로마가 아니라 17세기의 특성이라고 생각할 수
도 있다. 하비가 『동물의 심장과 혈액의 운동에 대한 해부학적 실험』에서
심장을 시계장치나 혹은 부싯돌식 발화총의 발화 장치 등 갈레노스가 알지
못하는 기계들에 비유한 것도 사실이다. 하지만 이 책에서는 심장을 펌프
와 비교하지 않았다. 하비가 몇 년 후에 간단한 소화 펌프를 보고 최초로 심

---

* 태아 심장의 우심방과 좌심방 사이에 통하는 구멍, 태어난 뒤에는 자연스럽게 닫혀 있
   으나 선천성 심장 질환으로 열려 있는 경우도 있다.

하비와 생체 실험   135

장을 펌프에, 동맥을 호스에 비교한 것은 1649년의 일이다. 아리스토텔레스가 심장을 효율적인 판막들을 통해 한 방향으로만 흘러가게 되어 있는 풀무에 비교한 적이 있었으므로, 갈레노스가 심장의 적절한 기계 모델을 그려보는 일은 어렵지 않았을 것이다. 갈레노스로 하여금 심장의 펌프 작용을 이해하지 못하게 하는 근본적인 장애물은 없었다는 얘기다.

또 수량화는 수학과 물리학을 새롭게 결합시킨 17세기 과학자들의 두드러진 특징이며 하비가 심장에서 펌프작용으로 생성하는 혈액의 양과 혈액이 흘러가는 곳을 알아낼 수 있었던 것은 바로 수량화에 있다는 주장도 제기되었다. 실제로 새로운 수량적 자연과학과 관련한 핵심적인 저서들은 1628년엔 아직 출간되지 않았다. (갈릴레오가 쓴 『두 개의 주요한 우주 체계에 관한 대화』가 1632년에 발간되었다.) 게다가 갈레노스 역시 하비가 혈액의 흐름에 대해 생각했던 것과 흡사한 방식으로 신장을 통과하는 체액의 양을 알아내기 위해 고심했다. 갈레노스로 하여금 동맥을 흐르는 혈액의 양을 측정하지 못하게 할 근본적인 장애물 역시 없었던 셈이다.

사실, 이렇게 개인적 느낌을 담아 말하는 것은 아무리 애써 찾으려 해도 찾을 수 없었던 내 개인적인 노력의 패배를 인정하기 때문이다. 하비와 갈레노스를 구별하는 방법 또는 지적 도구의 차이를 확인할 길이 없다. 근대의 학자들은 하비를 두고 근대적이라고 생각하는 사람들과 '고대적'이라고 생각하는 사람들로 양분되어 있다. 하비가 근대적이라면 갈레노스 역시 근대적일 것이다. 그렇다면 왜 갈레노스는 혈액의 순환을 발견하지 못한 걸까? 해리스(C.R.S. Harris)의 대단히 방대하고 학구적인 『고대 그리스에서의 심장과 혈관계』는 이 질문을 위해 씌어졌다. 그는 촘촘하게 인쇄된 455쪽의 저서를 통해 결론적으로 갈레노스가 혈액순환에 대해 알지 못했다는 사실을 보여주지만(그렇지 않다는 일부 학자들의 주장에 반박해서) 그 이유에 대해서는 만족할 만한 설명을 하지 못한다.

요컨대, 하비의 세계와 갈레노스의 세계 사이에는 주요한 문화적 혹은 지적 간극이 없었다는 얘기다. 베살리우스의 업적이 주로 인쇄술이라는 신기술에 의존한 반면 하비의 발견은 필사본 문화에서도 쉽게 얻을 수 있을 만한 수준이었다. 실험방법, 비교해부학, 기계모델, 수량화, 생체 실험은 하비와 마찬가지로 갈레노스에게도 익숙하다. 여기서 문제는, 갈레노스가 틀렸다고 하비가 주장하는 부분들이 항상 그렇지만은 않다는 점에서 한층 더 복잡해진다. 해부학자들은 베살리우스 이래로 죽, 좌우 심실 사이에 혈액이 스며들 수 있는 미세한 관들이 있다는 갈레노스의 주장을 풀기 위해 고심했다. 하비의 주장은 부분적으로 이러한 관의 존재를 부정하는 것과 상관이 있었다. 대부분의 현대 과학사에서는 인정하지 않는 사실이다. 다시 말하지만, 갈레노스는 에라시스트라투스를 본 뜬 유명한 실험을 통해 관을 동맥벽에 난 구멍에 붙여 놓았다. 그는 에라시스트라투스를 반박하면서 관 밑의 맥박이 멈추었다고 말했으며 맥박을 동맥벽이 수축하는 증거로 해석했다. 하비는『동물의 심장과 혈액의 운동에 대한 해부학적 실험』에서 이 실험을 설명하지 못했으며 갈레노스의 실험은 출혈 때문에 수행이 거의 불가능하다고 반대자들에게 응답했다. 하지만 실험을 해보면 박동은 동맥벽이 아닌 혈액의 흐름 때문에 생긴다는 것을 알 수 있다. 즉 관을 삽입한 지점의 위는 물론 아래에서도 박동이 일어난다는 것이다. 17세기부터 이어진 반복된 실험들은 에라시스트라투스와 하비를 지지하는 실험 결과뿐만 아니라 갈레노스를 지지하는 실험 결과가 나오기도 하는 등 모호하고 때로는 상반되는 결과를 초래했다.

　현재 우리가 갈레노스의 설명보다는 하비의 설명을 선호한다고 해도 갈레노스의 관찰력을 비난하기란 무척 어렵다. 예를 들어, 갈레노스는 정기(精氣)가 단순히 혈액을 통해서가 아니라 코를 통해 뇌에 이른다는 것을 증명하기 위해 동물 내 두 개의 경동맥을 묶는 실험을 했다. 그래도 동물은 살아남았고 계속해서 제 기능을 했다. 갈레노스가 자신의 실험을 망친 것일까? 17세기 후반 토머스 윌리스는 현재 우리가 '윌리스 고리'(대뇌동맥고리)라고 부르는, 경동맥이 막혀도 혈액을 뇌 전체로 가게 하는 연결된 혈관들을 발견했다. 따라서 두 개의 경동맥이 다 막혀도 혈액은 척추동맥을 통해 뇌로 갈 수 있다. 이러한 공급이 적절한 것인지, 갈레노스가 자신의 실험을 망친 것인지는 논쟁의 여지가 있는 문제다. 어느 의학서에서는 인간의 경동맥을 두 개 다 막아버리면 "생존하지 못할 가능성이 높다"는 견해를 피력했고 교살(絞殺)에 관한 병리생리학은 지금도 여전히 논란거리지만 정맥 차단은 경동맥 차단만큼 중요하다고 해도 무방할 것이다.

만일 갈레노스 이후 생체해부의 전통이 지속되었다면 아마 고대의 로마인은 하비보다 1400년 먼저 혈액의 순환을 발견했을지도 모른다. 일단 베살리우스가 갈레노스의 기술을 재발견한 뒤에는 처음으로 폐 통과를, 다음에 정맥의 판막 그리고 최종적으로 혈액의 순환을 확인하기까지 100년밖에 걸리지 않았다. 그러나 설령 고대 로마인이 혈액순환을 발견했다 해도 의학의 역사는 사실상 별 차이가 없었을 것이다. 하비의 획기적인 발견은 의료에만 제한적으로 관련이 있었을 뿐이기 때문이다. 단일한 순환 체계에 대한 발견은 베살리우스 시대의 의사들처럼 동동거리며 어느 부위에서 피를 뽑아야 하는지를 걱정해봐야 아무런 소용이 없다는 뜻—어느 정맥에서 혈액을 뽑든 전체에 영향을 주게 되므로—을 함축했다. 그럼에도 의사들은 19세기까지 계속해서 이 문제를 논의했다. 하비의 혈액순환에 대한 설명으로 약제와 독약이 몸 전체에 어떤 작용을 하는지와 정맥 절개시 지혈대를 어떻게 사용해야 하는지를 더 잘 이해할 수 있게 되었다. 그러나 하비는 전통 치료법에 의문을 제기할 의사가 전혀 없었다. 그는 갈레노스의 다른 모든 제자들처럼 사혈, 사하제, 구토제를 이용하는 쓸모없는 치료법을 신뢰했다. 그는 새로운 치료법을 제공한 것이 아니라 전통의 치료법들이

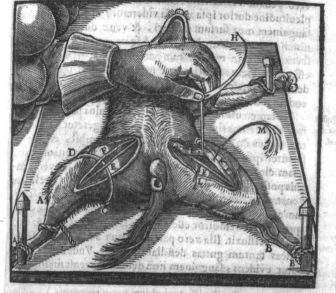

FIGURÆ EXPLICATIO.

A. *Crus canis dextrum.* **B.** *Crus canis sinistrum.*

C. D. *Ligatura subiecta arteriæ & venæ, qua femur firmiter constringitur, expressa in dextro crure, ne literarum linearumque confusio in sinistro crure spectatorem posset turbare.*

E. *Arteria cruralis.* **F.** *Vena cruralis.*

G. *Filum quo constricta est vena & est elevata.*

H. *Acus, cui filum est traiectum.*

I. *Venæ pars superior & detumescens.*

K. *Venæ pars inferior à ligatura intumescens.*

L. *Guttæ sanguinis, quæ, é superiori parte venæ vulnerata, sensim distillant.*

M. *Rivulus sanguinis, qui, inferiori venæ parte vulnerata, continuo exilit.*

vero

발레우스의 『혈액의 운동에 관한 첫 번째 편지』(1647년)에 실린 개의 생체해부 그림.

어떻게 작용하는지를 더 잘 이해할 수 있도록 도왔다고 주장했다. 하비는 의료 관행을 변화시킬 생각이 없었고, 단지 의학 이론의 제한적인 주제만을 수정하고자 했던 것이다.

나는 하비의 새로운 병리학이 모두 생체 실험 덕이라고 주장했다. 그의 진일보는 실험연구 방법이나 기계론적 모델 혹은 수량화가 아니라 바로 생체 실험을 통해 가능했다는 얘기다. 그러므로 하비의 업적을 어떻게 보느냐는 생체 실험에 대한 생각에 따라 달라지는 게 당연하다. 프림로즈(Primrose, 1630년), 웜(Worm, 1632년), 파리지아노(Parigiano, 1635년), 라이흐너(Leichner, 1646년), 리올란(Riolan, 1648년) 등 하비 비판가들은 생체해부가 건강한 동물의 체내에서 어떤 작용이 일어나는지 아무 것도 알려주지 않으며 도저히 받아들일 수 없는 잔혹한 행위라고 입을 모았다. 한편, 발레우스(Walaeus, 1640년), 콘링(Conring, 1646년), 글리슨(Glisson, 1653년) 같은 지지자들은 모두 생체 실험을 따라했고 실험을 통해 확신을 얻었다. 리올란의 경우는 마지못해 반신반의하며 생체해부를 했지만 결국 많은 타협과 수정을 가한 혈액순환설을 지지하게 되었다.

하비가 비판가들에게 응답한 글 가운데 가장 중요한 것은 리올란에게 답하는 두 편의 산문으로 구성된 『혈액순환의 해부학적 실험』(1649년)이다. 두 번째는 "내가 생체해부라는 공허한 영광을 누린 뒤 분투하고 있다고 외치는 사람들"에게 보낸 한결같은 내용의 답변이다. 그는 독자들에게 직접 생체 실험을 해보라고 권했다. "경동맥과 같이 상당히 긴 동맥을 절개해보면 이 모든 것들을 볼 수 있다. 손가락 사이로 잡아볼 수 있고 혈액의 분출을 막은 뒤 맥박의 증가와 감소, 상실과 회복을 원하는 대로 살펴볼 수 있다." 리올란의 경우, '간단한 실험'만 해보고도 자신이 장간막(腸間膜) 정맥의 순환을 부정한 것이 잘못이었음을 깨달았다.

생체 실험에서 간장의 내장 부분에 가까운 문맥(門脈)을 동여매보라. 동여맨 곳 아래의 정맥이 부풀어오르는 것을 볼 수 있을 것이다. 이는 팔에 끈을 동여매고 정맥 절개를 시행할 때 나타나는 것과 똑같은 현상으로 그 지점에 혈액이 지나간다는 것을 알려준다.

1970년대 왕립학회에서 교재용으로 하비의 생체 실험을 재현한 필름을 제작했다. 나는 학교에 다닐 때 그 필름을 보았다는 사람 둘을 만난 적이 있다. 두 사람 다 필름을 도저히 끝까지 볼 수 없었으며 필름을 보다가 기절한 학생들도 있었다고 입을 모았다.

하비는 자신이 주장한 내용의 최종적 증거가 생체 실험에 근거한다는 것을 확고하게 받아들였다. 그는 자신을 비판하는 카스퍼 호프만(Casper Hofman)에게 보내는 편지에 이렇게 적었다. "혈액이 순환한다는 증거를 눈으로 확인하기를 그토록 바라니 … 내가 직접 내 눈으로 혈액이 순환하는 것을 보았으며 시력이 아주 좋은 사람들 앞에서 여러 차례에 걸친 생체해부를 통해 그 사실을 자주 시연해보였음을 밝히는 바입니다." 호프만이 해야 할 일은 하비로 하여금 그 앞에서 시연을 하게 하거나 그렇지 않으면 "직접 해부를 통해 조사해보는 것"(물론 생체해부를 의미했다)뿐이었다. 하비의 글을 읽고 그 견해에 동조한 이들이 해본 것이 바로 생체 실험이다. 이어서 철학자 존 로크는 1650년대에 혈액순환을 증명하는 자신만의 간단한 실험을 고안해냈다. "개구리를 가져다 살갗을 벗겨내라. 그런 뒤 햇빛 아래서 개구리를 들고 있으면 피가 도는 것이 보일 것이다."

하비의 『동물의 심장과 혈액의 운동에 대한 해부학적 실험』이 촉발시킨 것과 같은 의학적 논쟁 속에서 영어 단어에 아주 기이한 현상이 일어났다. 부검(autopsy, 라틴어의 신조어인 autopsia에서 유래)이라는 단어는 원래 직접 눈으로 본다는 뜻이었지만, 서서히 원래의 의미가 사라지고 아주 부적절하게 '사후의 해부'를 의미하는 말로 쓰이기 시작했다. 하비가 "부검 혹은 거의 확실한 증거"가 혈액순환의 증거라고 말했을 때 여기서 '부검'이라는 말은 '시각적 증거'를 말하는 것인가, 아니면 해부를 말하는 것인가? 어느 쪽이든, 이미 생체해부학자들의 테이블은 자연이 눈 앞에 노출되는 실용적인 실험 공간이 되었다.

하비의 『동물의 심장과 혈액의 운동에 대한 해부학적 실험』이 출간되기 한 해 전에 한 이탈리아 해부학자가 생체해부한 개에서 암죽관*을 발견했다고 발표했다. 1650년대부터 하비의 주장이 일반적으로 받아들여지기 시작하면서 자연스럽게 살아 있는 동물에 대한 실험이 생물학 연구의 표준이되었다. 그 결과로 흉관(胸管)과 임파선이 발견되었다. 보일의 1659년 진공펌프 실험은 새, 뾰족뒤쥐, 뱀, 고양이 같은 동물들이 진공 상태에서 살 수없는 것은 촛불이 진공 상태에서 유지될 수 없는 것과 같다는 사실을 보여주었다. 1656년에서 1666년까지 크리스토퍼 렌(Christopher Wren, 건축가이자 해부학자), 토머스 윌리스(1664년에 『뇌 해부』를 출간), 리처드 로어(Richard Lower)가 독약에서 혈액에 이르기까지 다양한 액체를 동물에 주입하는 실험을 했다. 예를 들어 윌리스는 혈관을 물들이기 위해 살아 있는 동물에 염료를 주입했다. 그들의 실험은 동물에만 국한되지 않았다. 1657년 프랑스 대사가 렌에게 "교수형을 받아야 마땅할 자신의 비천한 하인"을 주겠다고 제안했다. 하인이 실험에 사용할 장비를 보고 기절하는 바람에 실험을 포기해야 했지만, 1666년에 로어는 아무런 악행도 저지르지 않은 단지 미친 사람에게 양의 피를 수혈했다. 이 사람은 죽지 않았지만 당연히 그

---

* Lacteal: 림프기관의 한 명칭. 사람에게는 단순히 피가 지나다니는 길 외에 또 하나의 시스템이 존재하는데 그것이 바로 림프기관이다. 피로 전해지기 어려운 물질이나 소화해낸 음식 중 기름진 부분을 전해주는 역할 등 다양한 기능을 한다.

의 정신병은 치료되지 않았다. 바로 뒤이어 프랑스에서 행한 유사한 실험에서 치명적인 결과가 벌어졌고 한동안 수혈이 중단되었다. 19세기 리스터가 간혹 죽음에 처한 환자들에게 수혈을 처방하긴 했지만, 이렇게 해서 얼마나 많은 생명을 구했는지는 알 수 없는 노릇이다.

생체해부의 첫 전성기는 1664년에서 1668년으로, 이 시기에 왕립학회에 보고된 실험이 대략 90건이었고 대중들 앞에서 시연한 생체해부가 대략 30건이었다. 1664년 왕립학회의 전문 실험가인 로버트 후크(Robert Hooke)가 생체해부된 개의 폐에 펌프로 공기를 넣는 갈레노스/하비의 실험을 변형해서 시행했다. 폐가 팽창되었을 때 갈레노스와 하비는 기관을 막았지만 후크는 열린 기관에 풀무 한 쌍을 달아놓아, 폐에 공기를 주입하는 한은 설령 흉곽을 제거한다 해도 개의 숨이 끊어지지 않는다는 걸, 따라서 흉곽의 기계적 운동이 생명을 존속시키는 데 어떤 중요한 역할을 한다고 생각한 사람들(하비를 포함)이 아주 잘못되었음을 보여주었다. 후크의 실험은 대체로 격찬을 받았지만 후크 본인은 자기가 한 일에 경악했다. "이러한 시도는 살아 있는 동물들에 대한 고문이기 때문에 어떤 일이 있어도 더 이상은 하지 않을 것이다. 하지만 말도 안 되는 소리이고 어떤 아편도 그런 기능은 없을 테지만 생물을 무감각하게 만들 수 있는 방법을 찾을 수만 있다면 분명, 그런 연구는 대단히 숭고한 일이 될 것"이라고 발표했다. 그 무렵 그는 『마이크로그라피아』(1665년)에서 현미경을 사용하면 자연이 "늘 하던 대로 작동되는 모습을 방해하지 않고 볼 수 있는 반면, 우리가 자연에게 가는 문을 열어젖히고 아직 생명이 있는 생물들을 해부하고 난도질함으로써 자연의 비밀을 캐려고 한다면 자연의 작동을 알아내긴 하겠지만 자연에 폭력을 행사해 무질서하게 만들기 때문에" 그 결과가 어떤 중요한 의미를 갖는다고 할 수 없다고 밝혔다. 이런 식의 논란은 지금까지도 지속된다.

1667년 후크는 내키지는 않지만 로어의 도움을 빌어 왕립학회 회원들 앞에서 좀더 진전된 형태의 흉부 실험을 하기로 동의했다. 결국 그는 고용된 사람이었던 것이다. 이번에는 풀무로 공기를 불어넣어 바로 폐 속으로 들어갈 수 있도록 개의 폐를 절개하고 공기가 지속적으로 흘러갈 수 있도록 두 개의 풀무를 작동시키기로 했다. 따라서 폐는 완전히 정지 상태가 될 터였다. 실험이 진행되었고 폐의 운동이 그 기능에 필요하지 않다는 것이 입증되었다. 그 자리에 참석한 서기관 존 에블린(John Evelyn)은 실험이 "즐겁기보다는 잔인하다"고 생각했다. 로어는 나중에 시행한 동일한 실험에서 폐정맥을 열어 폐에서 심장으로 돌아오는 혈액이 벌써 동맥혈처럼 붉어졌다는 걸 보여주었다.

17세기의 사람들은 동물 학대 행위에 대한 개념이 전혀 없었고 데카르트는 심지어 동물들은 고통을 느끼지 못하는 기계에 불과하다는 주장을 했다고 한다. 17세기에는 인간이 같은 인간을 너무도 잔인하게 다뤘기 때문에 생체해부학자들이 동물에게 한 행위를 그다지 끔찍하게 생각하지 않았을 것이라고도 한다. 그러나 특정한 생체 실험이 역겹다고 생각한 사람이 후크와 에블린만은 아니었다. 덴마크의 자연주의자 니콜라스 스테노(Nicholas Steno)가 1661년 토머스 바르톨린(Thomas Bartholin)에게 보내는 글에서 개 생체해부에 관해 느꼈던 당혹스러움을 표현했다. "내가 그렇게 한참 동안 개들을 고통스럽게 하면서 끔찍하다는 생각이 들지 않았던 건 아닙니다." 1690년대 이후 프랑스와 영국에서 생체 실험에 반대하는 감정을 표현하는 것이 일반화되었다. 근대 과학사가들은 렌, 윌리스, 로어, 보일, 후크가 발견한 것들, 즉 최초의 정맥 주사, 최초의 수혈, 최초의 뇌 해부, 호흡에 대한 최초의 생리학적 설명 등을 격찬한다. 이와 같은 동물 생체해부의 연장선은 하비가 혈액순환을 발견했을 때와 마찬가지로 치료의 진전으로 이어지지 않았다. 단 한 사람의 생명도 구하지 못했고 어떤 질병도 줄어들지 않았다.

역사가들은 지금까지 생체해부가 새로운 생리학의 진정한 기초라는 사실을('실험적 방법'과 같은 해가 없어 보이는 것이 아니라) 직시하지 않으려 했다. 마찬가지로 절개에서 비롯된 새로운 해부학이 사체를 끓이는 일 등, 주도적 참가자들조차 끔찍해하는 활동에 많은 부분 의존해야 함에도 이를 과소평가하려 했다. 무엇보다 그들은 이런 모든 신지식이 치료에는 사소하고 주변적인 변화밖에 가져오지 않았다는 점에서 전적으로 무익했다는 사실을 과소평가하려 했다. 예를 들어 최초의 뇌 해부학 전문가인 윌리스는 간질을 치료할 때 구토를 유발하기 위한 구토제와 거머리, 모란 뿌리, 늑대의 간, 겨우살이를 잔뜩 붙인 부적을 사용했다. 그의 말을 빌리면 "해부의 장에서 그렇게 많은 희생양들, 거의 모든 동물들을 대학살하고서도" 실질적으로 나아진 게 아무 것도 없었다. 그럼에도 그의 실험은 자신에게 큰 도움이 되었다. "그가 얼마나 유명해지고 사람들이 그를 많이 찾았는지 그 이전의 어떤 내과의도 그보다 앞서거나 더 많은 돈을 벌어들이지는 못했다"고 동시대인은 전한다.

7

보이지 않는 세계

역사가라면 '만약에 …했다면 …했을 것이다' 하는 식의 추측은 피하는 게 일반적이나, 이번 7장의 논의는 17세기 말에 일어난 매우 이상한 일에 관한 것이다. 자못 이해가 가지 않는 일, 말하자면 마땅히 진행되어야 했을 지식 혁명이 일어나지 않은 것에 관해서이다. 1670년대와 1680년대에 현미경을 통해 일련의 주요한 발견들이 일어났고 이러한 발견들은 다른 발견들로 이어져야 했지만 그러지 못했다. 오히려 생물학 연구의 중요한 기구로서의 현미경은 방기되었으며 1830년대나 되어야 중요한 연구가 시작된다. 과거에는 이에 대한 똑부러진 이유가 분명히 있을 거라고들 생각했다. 그러니까 1830년대의 현미경을 1680년대의 현미경의 성능과 비교해서 판단한다는 뜻이다. 그 사이의 시간 동안 무슨 일이라도 있었던 걸까? 하지만 이제 우리는 그런 이유 같은 건 존재하지 않는다는 걸 안다. 그럼 무엇이 잘못된 걸까?

망원경과 현미경은 1608년에서 1610년 사이에 네덜란드에서 동시에 발명되었는데 발명자가 동일인일 가능성이 높다. 새로운 기구들에 관한 소식이 갈릴레오의 귀에까지 들어갔고 망원경을 이용한 발견들을 토대로 한

『별의 메신저』(1610년)가 곧바로 해부학의 혁명을 촉발시켰다. 갈릴레오는 직접 망원경을 조립해 만들었다(1612년 그가 발명한 도구들 가운데 하나에 망원경[telescope]이라는 말이 사용된다). 하지만 현미경으로 관찰한 생물의 내부 구조를 처음으로 자세히 설명한 것은 1644년에 오디에르나의 『파리의 눈』에서이다. 여기에 첫 번째 수수께끼가 있다. 망원경과 천문학의 연관성은 바로 인식했던 반면, 현미경과 생물학 및 의학과의 관련성은 한 세대 혹은 두 세대 동안 인식하지 못했던 것이다.

1660년대와 1670년대에 이탈리아, 영국, 네덜란드에서 17세기의 위대한 현미경학자 5인의 수많은 연구들이 나오면서부터 현미경은 중요하게 사용되었다. 현미경 사용의 선구자인 마르첼로 말피기(Marcello Malpighi)는 『폐에 관하여』(1661년)로 시작해서 닭의 부화 과정을 현미경으로 관찰한 것을 토대로 한 『알의 부화』에 이르기까지 현미경으로 미생물의 구조를 연구했다. 고전 의학에서는 간장, 비장, 신장, 폐가 본질적으로 응고된 혈액으로 만들어졌고 따라서 형태가 없는 물질 덩어리라고 추정했지만, 말피기는 장기가 복잡한 내부 구조를 갖고 있음을 보여주었다. 두 페이지에 걸쳐 접어 실은 그림을 포함해 멋진 삽화들로 대중들에게 엄청난 영향을 미친 로버트 후크의 『마이크로그라피아』가 있다. 그 뒤에 얀 스왐메르담(Jan Swammerdam)의 『곤충의 일반사』(1669년)가 출간되었다. 스왐메르담은 뛰어난 연구자였지만 요절했다. 그는 창조에 관한 연구가 조물주를 영광되게 하는 길이라는 신념과 물질세계에 집중하다보면 영적세계와 멀어지지 않을까 하는 불안감 사이에서 고통스러워했다. 1673년에 니어마이어 그루(Nehemiah Grew, 영국인으로 식물의 조직구조를 연구했다)의 첫 저술들이 나왔고 무엇보다 위대한 안톤 반 레벤후크(Anton van Leeuwenhoek)가 몇 년 사이에 적혈구와 정충을 포함한 미생물의 새로운 세계를 발견했다.

1661년과 1691년 사이의 시기에 생물학 분야에서 아리스토텔레스 사후

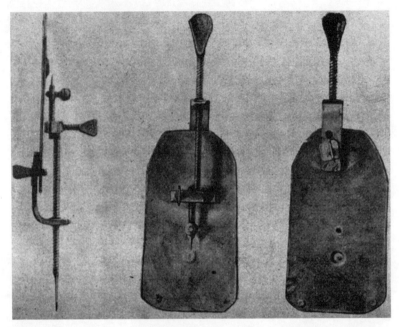

레벤후크가 사용한 현미경 가운데 하나. 표본은 작은 렌즈 앞에 있는 바늘 위(왼쪽 이미지의 맨 위, 중간과 오른쪽 이미지 맨 밑 가까이에 있는)에 놓았을 것이다.

의 어떤 세대보다 더 많은 발견이 이루어졌지만, 후크가 1692년 이제 더 이상 진지하게 현미경을 사용하지 않는다고 불평할 정도로 현미경은 제대로 사용되지 않고 있었다. 두 번째 수수께끼가 바로 현미경 사용의 쇠퇴이다. 유명한 현미경학자들 가운데 작업을 계속한 사람은 1723년에 사망한 레벤후크뿐이었고, 말피기는 1689년에 마지막 저작을 출간했다. 이들 선구자들에게는 후계자가 없었다. 현미경을 사용해서 할 수 있는 돈벌이가 없다고 후크는 개탄했다. 레벤후크도 말년쯤인 1715년에 똑같은 불만을 토로했다. 그는 라이든 대학에서 많은 학생들이 현미경 사용법을 듣고 현미경 제작 방법을 배웠지만 결국에는 모두 그 일을 포기했다고 보고했다. 돈이 되지 않았던 것이다.

세 번째 수수께끼는 현미경이, 오랫동안 해결 불가능하다고 생각한 색수차(色收差) 문제를 마침내 극복하고 처음으로 의학 교육에 널리 사용되기 시작한 1830년대까지 과학 연구의 중요한 도구가 되지 못했다는 사실이다. 색수차는 무지개를 생기게 한다. 즉 빛의 색에 따라 굴절률이 다르기 때문에 렌즈에 빛이 통과할 때마다 바라보는 사물 주변에는 색의 후광이 생겨나서 결국 사물이 흐릿하게 보이게 되는 것이다. 망원경을 모델로 여러 개의 렌즈로 발명된 현미경은 색수차로 인해 배율과 해상도에 치명적인 한계가 발생해 1610년과 1830년 사이에 복합 현미경 설계에는 거의 진전이 없었다. 이보다 더 확실한 이유는 없을 듯하다. 초기에 현미경 사용이 저조했던 이유는 최초의 연구자들이 사용할 수 있는 그 현미경이라는 도구의 한계—1830년 이전에 사용한 현미경에는 전혀 다른 두 가지 유형이 있었다는 사실만을 제외하고—때문이었다는 얘기다.

　말피기, 후크, 그루는 주로 복합 현미경을 사용했고 스왐메르담과 레벤후크는 단순 현미경을 사용했다. 복합 현미경은 렌즈가 둘 이상인 반면 단순 현미경은 렌즈가 하나뿐이라서 색수차의 영향을 훨씬 덜 받는다. 단순 렌즈에서 배율을 높게 하려면 굴절각이 급해야 한다. 단순 현미경은 아주 작은 유리구슬을 사용하기 때문에 초점길이가 무척 짧다. 따라서 관찰하는 물체, 렌즈, 육안이 서로 아주 짧은 거리에 있어야 한다. 레벤후크의 현존하는 최고 렌즈들의 경우 물체를 렌즈에서 0.5밀리미터 거리에 두어야 했고 렌즈는 사실상 눈동자에 바짝 붙여야 했다. 물체를 눈높이로 올려야 하기 때문에 뒤에서만 빛이 비추었고 따라서 반투명이 아닌 물체를 제대로 보기가 어려웠다. 아주 작은 렌즈로는 한 번에 작은 부분밖에 볼 수 없었다. 게다가, 현미경 사용법을 배우는 것도 수월하지 않았다. 1986년 현존하는 것 가운데 최상인 레벤후크의 단순 현미경으로 본 사진들이 왕립미생물협회 회보에 발표한 글에 실렸다. 성과는 이미지들이 보기 힘들 정도로 초점이 흐릿하고 단순 현미경이 생물학 연구의 중요한 도구가 될 수 없었음을 입증해낸 것이었다.

그 뒤 1991년, 브라이언 포드가 『레벤후크의 유산』이라는 주목할 만한 책을 발간했다. 현미경학 역사가들의 주장 가운데 17세기 현미경학자들이 준비한 표본들이 형편없이 조악하다는 견해가 있었다. 포드는 왕립학회의 논문들 가운데서 레벤후크가 런던으로 보낸 표본 모음을 발견했다. 현대의 현미경을 사용해 찍은 표본들의 사진과 동일한 유형의 재료를 찍은 현대의 사진을 나란히 놓아둠으로써 레벤후크가 파괴적인 면도날로 작업을 한 덕에 현대의 실험실에서 준비한 표본과 별반 다르지 않은 표본들을 만들 수 있었음을 어렵지 않게 보여주었다. 나아가 포드는 그보다 더 위대한 일을 해냈다. 레벤후크가 사용하던 렌즈 하나를 현대의 카메라에 맞춤으로써 오랫동안 전임자들을 괴롭혔던 초점 문제를 극복해냈던 것이다.

남아 있는 레벤후크의 렌즈 가운데 최상의 렌즈는 x266 배율이고 해상도가 1.35미크론(혹은 마이크로미터 또는 μm, 100만분의 1미터)이다. 광학 현미경의 이론상 한계는 전자 현미경과 달리 0.2미크론인데 사람의 머리카락이 대략 100미크론이고 박테리아는 2~5미크론이다. 포드는 이 렌즈를 사용해서 근대의 복합 망원경 렌즈로 본 것과 질적으로 비교가 가능할 정도의 사진들을 찍을 수 있었다. 포드의 작업 이후 레벤후크의 현미경이 대략 1미크론의 해상도를 지닌 1830년대와 1840년대의 현미경과 성능에서 비교할 만하다는 데에는 의심의 여지가 없다. 1700년 무렵의 것으로 지금까지 남아 있는 가장 초창기의 성능이 우수한 복합 현미경들은 배율이 x150이고 해상도가 2.5미크론까지인데 현재 의대생들은 해상도가 그 절반인 현미경들로 작업한다. 1827년이나 되서야 폰 베어(von Baer)가 단순 현미경을 사용해서 포유류의 난자를 처음으로 묘사했고 세포 이론이 아직 체계화되기 이전인 1833년에 로버트 브라운(Robert Brown)이 현재 우리가 식물세포의

핵이라고 알고 있는 것을 단순 현미경으로 확인했다. 1669년에서 1827년까지 최고의 현미경은 단순 현미경들이었다.

나는 여덟 살이었던 1960년에 단순 현미경을 꽤 잘 다루었다. 부모님들이 해외에 계셨기에 나는 홈스쿨링을 했는데 어머니께서 PNEU(이 단체의 이니셜은 분명히 기억나지만 무엇의 약자일까? 전국학부모교육조합[The Parents Education Union]인가)에서 제공하는 적당한 자료를 갖다 주셨다. 몇 년 후, 미술사에 대한 나의 지식이 PNEU의 주요 공급처인 런던의 켄우드 갤러리에서 제공하는 삽화들에 거의 전적으로 기대고 있다는 걸 알았다. 생물학에 대한 내 지식은 PNEU에서 샘플집과 함께 제공하는, 완벽하게 작동되는 단순 현미경에 거의 전적이다시피 의존했다. 이 이야기를 하는 이유는 브라이언 포드가 단순 현미경의 근대 역사를 살펴보았지만 나와 내 동시대인들이 레벤후크의 발견을 따라할 수 있게 해준 대량생산 교육기재들은 발견하지 못한 듯해서이다. 하지만 저렴한 가격, 제조의 용이성, 수준 낮은 기술로 만든 설계 등 여덟 살 아이도 사용할 수 있게 한 단순 현미경의 특징으로 인해 현미경은 과학 도구라기보다는 장난감이 되었다. 1830년대 이전에 현미경학이 자리를 잡지 못한 것은 상당 부분 단순 현미경의 낮은 지위와 관련이 있다. 레벤후크는 이 문제를 인식했던 듯하다. 그의 현미경은 제작이 워낙 간단하고 저렴해서 개인적으로 쓸 현미경을 혼자서 무려 500여 개나 만들 정도였다. 게다가 그는 많은 현미경에 금이나 은을 도금했는데, 그렇게라도 하지 않으면 도통 느낄 수 없을 고급스러움을 나타내기 위해서였다.

레벤후크는 자신의 현미경이 너무 단순한 까닭에 현미경의 지위 문제를 뼈저리게 느꼈다. 그는 직물상이었고 나중에는 델프트 시에서 일했다. 즉 그는 과학적인 교육을 받지 않았고 그가 말하고 쓰고 읽을 수 있는 언어는 네덜란드어뿐이었다. 그래서 그가 다른 과학자들의 저작에 대해 알 수 있는 것은 대화를 통해서나 혹은 책을 읽을 줄 아는 가까운 사람들이 설명해 주는 내용을 통해서뿐이었다. 처음부터 그는 자신이 발견한 사실들을 출판하길 꺼려했었고 독자들에게 자신이 어떤 사람인지를, 다시 말해 자신이 보잘 것 없는 사람이라는 것을 염두에 두라고 거듭 부탁했다. 그는 연구자로서 삶을 사는 내내 자신보다 더 좋은 교육을 받고 더 부유하며 더 세련된 태도를 지닌 사람들과 어울리는 데 불편함을 느꼈다. 그는 결코 책을 쓰지 않았으며 그의 글들은 모두 편지였다. 그런데 1673년과 1723년 사이에 쓴 100통이 넘는 이 편지들(혹은 편지의 발췌문들)이 왕립학회의 회보로 출간되었고 이 편지 모음집은 그의 생전에 네덜란드어와 라틴어로도 세상에 나왔다. 레벤후크가 다른 과학자들의 업적에 대해 제한적인 지식밖에 가질 수 없었다 해도 동시대의 과학자들은 레벤후크가 이룬 성과에 대해 얼마든지 알 수 있었다는 뜻이다.

막 날개를 펴려는 과학 공동체가 레벤후크의 발견들이 갖는 의미를 인식하지 못한 것은 현미경 사용 역사와 관련한 모든 수수께끼들 가운데서도 가장 중요하다. 미미하게나마 단순 현미경의 영향력을 처음 인식하는 시기는 1660년대나 되어서이다. 레벤후크가 이룬 업적의 중요성을 이해했다면 단순 현미경이 중요한 연구 도구로서 자리매김했을 것이며, 1680년대 이래 현미경 연구가 쇠퇴하는 현상은 일어나지 않았을 것이다. 레벤후크의 발견들은 2000년이 넘는 그리스의 의학 전통 속에서 사혈, 사하제, 구토제가 주요 치료법으로 자리를 굳힌 이래로 의료 관행을 변화시킬 수 있는 최초의 진정한 기회였다. 레벤후크가 발견한 사실들의 중요성을 이해했다면 우리가 지금도 혜택을 보고 있는 의학혁명을 19세기 중반까지 기다릴 필요가 없었을 것이다.

현미경 사용을 사실상 포기했다며 후크가 불만을 토로한 1692년과 슈반(Schwann)이 부패의 세균설을 공식화한 1837년 사이에는 의학의 시간이

후크가 사용한 복합 현미경. 그의 저작 『마이크로그라피아』(1665년)에 실린 그림.

정지했거나 혹은 의학이 오히려 퇴보했다는 강한 인상을 받는다. 의학 지식을 다루는 기존의 역사들은 진보를 기저에 두기 때문에 사람들이 생각을 바꿀 때는 그럴 만한 이유가 있어서라고 추정한다. 하지만 당시의 역사가 진보의 이야기라 할 수 없고 오히려 기회를 탕진하고 노력의 성과를 낭비하고 지식의 막다른 골목에 다다른 것에 관한 이야기인 탓에 18세기 생리학과 의학을 일관되게 설명하지 못하는 것이다.

　이는 생식 이론, 자연발생론, 생물에 의한 전염설, 이 세 가지 예가 분명히 밝혀준다. 1672년 레지네 드 그라프가 현미경을 사용해 확보한 증거를 토대로 『여성의 장기에 관하여』를 발표하여 아리스토텔레스 생리학의 기본적인 원칙에 반박했다. 아리스토텔레스학파의 생리학자들은 2000년 넘게 남성과 여성의 해부학적 구조가 근본적으로 같다고 추정해왔다. 남성이 여성보다 좀더 좋은 조건에서, 아리스토텔레스의 말을 빌리면 좀더 뜨거운 자궁에서 만들어졌다. 그 결과 남성은 성기가 더 발달되어 몸 밖으로 돌출했고 여성의 성기는 남성의 것과 동일하지만 안쪽으로 접혀 있다. 따라서 음경(penis)은 질(vagina)에 해당했다. vagina라는 단어가 칼집을 의미하는 라틴어이므로 고대 로마인들이 그 말을 사용하여 여성의 신체 일부를 언급한 일은 쉽게 상상이 간다. 하지만 그리스, 로마, 중세, 르네상스 시기의 의사들도 음경과 질을 함께 지칭하는 단어와 고환과 난소를 함께 지칭하는 단어를 썼다. 여성에게도 음경과 고환이 있었던 것이다.

아리스토텔레스는 성교를 통해 남성은 형태를, 여성은 물질을 제공한다며 성의 역할을 확연히 구분했다. 남성은 주체였고 여성은 수동적인 존재였다. 갈레노스는 남성과 여성의 생리학적 구조가 유사하다는 가정을 진지하게 받아들였다. 그는 남성과 여성 모두가 오르가슴을 느끼고 정자를 생산한다고—여성이 오르가슴을 느끼지 못하면 임신이 될 수 없다는 의미가 함축된 이론—믿었다. 임신을 가능하게 하는 것은 이러한 정자들의 혼합이다. 그러므로 남성과 여성의 차이는 종류가 아니라 정도의 문제라는 것이었다. 이러한 일반적인 이론은 레알도 콜롬보가 클리토리스를 발견한 이후에도 지속되었다. 특별히 남녀 양성자의 경우에는 질과 음경이 유사한 관계이긴 하다. 이 이론이 무너진 것은 드 그라프가 남성 고환의 내부 구조가 여성의 고환과 아주 다르다는 것을 입증해 보이면서였다(그가 남성 고환에 관한 논문을 낸 것은 1668년이며, 요하네스 반 호르네[Johannes van Horne]는 그라프보다 조금 더 일찍 그에 관한 주요 내용을 발견했다고 주장했다). 여성의 고환은 난소이며 난자를 생산한다고 드 그라프는 주장했다. 곧이어 그는 이번에는 스왐메르담과 누가 먼저인가를 놓고 또다시 씁쓸한 논란에 휩싸였다.

그렇다면 포유동물의 난자를 실제로 '보려는' 것에 노력이 집중되었을 거라는 생각부터 들지 모른다. 그러나 드 그라프(1673년)와 스왐메르담(1680년)의 사망 이후 연구는 정지되었다. 스왐메르담의 미출간 원고가 마침내 그의 사후 50년도 더 지난 1737년과 1738년에 출간되었을 당시에도 그의 저작은 여전히 완전히 새로운 지식이었으며 난소 관찰은 그 내용에 포함되지 않았다. 이는 폰 베어의 1827년 연구가 나오기까지 기다려야 했다. 1660년대 말 드 그라프, 스왐메르담, 호르네(1670년 사망), 니콜라우스 스테노(1686년 사망, 1667년에 물고기의 난소 발견) 등 일단의 덴마크 과학자들이 이 분야에서 새로운 것을 발견해내는 최초의 인물이 되기 위해 경쟁했지만 그들의 연구가 성공적인 결과로 맺어지기까지는 150년의 세월이 걸렸다. 그러는 동안, 생리학 연구의 세계에서는 시간이 정지되었다.

실제로 난자를 찾지는 못했지만 1680년대와 1830년대의 과학자들은 식물, 물고기, 포유동물이 모두 난자에서 생겨나며 새로운 생명이 난자 내에서 미리 형성되어 존재한다는, 지금은 난자론이라 부르는 견해를 받아들였다. 새로운 생명은 수태를 통해 존재한다는 것이 2000년 동안 아리스토텔레스 학자들이 주장해온 내용이었지만, 17세기 말에는 새로운 생명은 모두 새로운 창조를 함축하며 모든 창조의 행위에는 기적이 관련된다는 견해가 지배적이었다. 과학자들은 신이 끊임없이 기적을 행한다는 생각을 받아들이기보다는 모든 생명은 신이 세상을 창조할 때 이미 만들어놓았다고 주장하는 쪽을 선호했다. 새로운 생명처럼 보이는 것은 이미 존재하는 생명이 자란 것이었다. 스왐메르담은 나비들이 번데기에서 태어난 새로운 생물처럼 보이지만 실제로는 유충 속에 존재한다는 것을 밝혀냈다. 그는 해부를 통해 유충 속에 나비의 장기가 존재한다는 것을 확인했다. 1675년에 말피기가 밝혀냈듯 다 자란 식물의 일부를 역시 씨앗 속에서 발견할 수 있었다. 이러한 맥락의 주장을 통한 논리적 결론은 이브의 몸속에는, 마치 더 작은 인형들이 겹겹이 들어 있는 러시아의 인형처럼, 어린 아이로 자랄 난자가 들어 있고 그 난자 속에는 딸들의 아이들로 자랄 난자가 미리 형성되어 있다는 것이었다. 이브는 그녀의 난소 내에 창조되어 이미 형성되어 있으며, 단지 자라기만을 기다리는 모든 미래의 인간을 품고 있는 셈이었다. 전성설은 필연적으로 선재(先在, pre-existence)를 상정해야만 했다.

그러나 이러한 논리에는 명백한 문제점이 있었다. 자손들이 아버지를 닮는 이유를 설명하기가 매우 어려웠던 것이다. 일찍이 1683년에 레벤후크는 집에서 기르는 흰 암토끼와 회색의 야생 수토끼를 교배하면 백발백중 작은 회색 토끼가 태어난다는 것을 알았다. 모페르튀(Maupertuis)는 1752년에 사람의 다지증(손가락이 6개인)이 예외 없이 남성에게 유전된다는 것을 입증했다. 남성에게 받은 유전형질을 난자론으로 설명하기는 어려웠다. 또 당나귀와 말이 교미하면 노새가 나오는 경우처럼 어떻게 잡종이 태어나는가를 설명하기도 어려웠다. 게다가 한 생물의 모든 부위가 난소에 존재하며, 무에서 새로 형성되는 게 아니라 단순히 자라기만 하는 것이라면 잃어버린 부위가 재생된 일부 생물들의 현상은 어떻게 설명이 가능할까? 1688년 클로드 페로(Claude Perrault)가 도마뱀 꼬리의 재생에 관한 논문을 썼다. 1712년에는 레오뮈르(Réaumur)가 가재 발의 재생을 설명하는 글을 발표했다. 나아가 1741년 에이브러햄 트렘블리(Abraham Trembley)가 히드라를 12조각으로 자르면 12개의 완전한 히드라로 재생한다는 것을 보여주었다. 이것은 새로운 생물의 창조가 아닌가?

레벤후크는 자신의 토끼를 예로 들어 미래의 생명은 난자가 아니라 정자에 미리 형성되어 존재하며(자신이 현미경을 통해 최초로 관찰했다고 주장했다), 따라서 자식은 어머니가 아닌 아버지를 닮는다고 했다. 하지만 곧 근본적인 면에서 정자론(난자론에 대한 레벤후크의 대안을 지칭) 역시 난자론과 아주 똑같은 난관에 부딪혔다. 18세기 내내 대부분의 생물학자들은 난자론에 명백한 문제점들이 있고 정자의 용도를 확실히 설명하지 못하면서도 난자론에 애착을 보였다(1785년 이탈리아의 박물학자 라차레 스팔란차니[Lazzare Spallanzani]는 정충을 모두 제거한 개구리 정자로 개구리 알을 수정할 수 있다는 것을 분명히 확인했다고 주장했다). 레벤후크의 토끼, 페로의 도마뱀 혹은 트렘블리의 히드라를 설명하지 못했음에도 불구하고 난자론은 1830년대에 세포설이 나오기 전까지 우세한 견해였다. 여기서도 역시 시간이 정지했다. 1740년대와 1750년대에 트렘블리나 모페르튀가 예로 든 증거가 1680년대에 레벤후크와 페로가 제기한 것과 근본적으로 다르지 않았던 것이다.

제1세대 현미경학자들이 찾아낸 모든 발견 가운데서 가장 중요한 발견과 그로부터 시작된 논쟁으로 눈을 돌려도 역시 똑같은 모양새가 되풀이되는 걸 볼 수 있다. 레벤후크는 1676년 10월 9일 왕립학회에 보낸 편지에서 이전에 존재한다고 알려진 어떤 생물보다도 지극히 작은 미생물을 발견했다고 보고했다. 빗물, 호숫물, 해협의 물에서 발견했고 후추와 생강을 우려낸 물(infusion)에서도 발견했다(그래서 처음에 적충류[infusoria]라고 불렀다). 이전에는 볼 수 없었던 새로운 세계를 레벤후크가 발견한 것이다. 앞서 현미경학자들이 파리의 눈과 같은 이미 존재하는 것들을 보았다면 레벤후크는 존재 자체를 짐작치도 못했던 생물들을 보고 있었다. 곧 그는 자신의 발가락 사이에 낀 때, 치아 사이에 낀 치석, 설사가 났을 때의 용변 등 눈 가는 곳 어디서나 미생물들을 보았다. 녀석들은 도처에 존재했다.

런던의 후크가 레벤후크의 실험을 따라 하려 했지만 자신의 저동력 복합 현미경으로는 불가능했다. 그가 새로운 생물들을 확인하고 왕립학회의 회원들 앞에서 보여줄 수 있었던 것은 레벤후크의 방법을 따라 단순 현미경을 제작할 수 있었던 1677년 여름이었다. 이듬해, 호이겐스(Christiaan Huygens)가 파리의 과학아카데미 회원들에게 새로운 미생물을 보여주었다. 하지만 1679

년 9월 무렵 "현미경에 대한 프랑스의 호기심은 완전히 사라졌다"고 보고할 만한 상황이 되었다. 영국에서 레벤후크 이외의 누군가가 미생물에 대한 글을 발표한 건 1693년이나 되어서였다(이때 미생물에 대한 주제를 다시 들고 나왔는데, 아마도 1692년 현미경을 제대로 평가하지 않는 건 부당하다는 후크의 비판에 대한 응답이었을 것이다). 그 무렵 호이겐스가 다시 미생물 연구를 시작했지만 이미 말년에 접어들어서였다. 이러한 현미경의 신세계를 설명하기 위해 지속적인 노력을 기울인 것은 1718년이 되어서이다. 그해 수학자이자 화가이며 조각가인 루이 조블로(Louis Joblot)가 단순 현미경을 사용하여 「새로운 현미경들에 대한 설명과 사용법」을 발표했다. 하지만 그를 잇는 연구자가 없었다. 2~3년 내에 끝날 수도 있었을 작업을 하기까지 40년이 걸렸음에도 발견한 내용의 중요성을 아무도 파악하지 못했던 것이다.

미생물의 발견은 자연발생설과 전염병의 성격에 대한 기존의 논의를 변모시켰다. 17세기의 전형적인 생물학자들은 하비와 같은 최고의 학자들조차 한결같이 쥐, 파리, 벼룩, 벌 등 아주 많은 생물들이 조건만 맞는다면 자연적으로 발생될 수 있다고 믿었다. 따라서 무생물과 생물 사이에 확연한 선을 긋는 일은 아무런 의미가 없었다. 곡식을 쌓아두면 쥐가 생기고, 따뜻한 몸은 벼룩을 발생시킬 수 있었다. 스왐메르담과 레벤후크는 자연발생설을 처음으로 강력히 반대한 인물들이었다. 실제로 레벤후크의 친구인 하르트소커는 후에, 만일 레벤후크의 연구에 목적이 있었다면 자연발생을 반박하기 위한 것이었다고 말했다.

자연발생은 근대적 현미경을 사용하기 시작했을 당시 이미 활발히 논의 중인 주제였다. 1662년 왕립학회는 뚜껑이 닫힌 통 속에서 곤충들을 발생시킬 수 있는지에 대한 실험을 수행한 뒤 실험이 실패로 끝나자 자연발생은 일어나지 않는다고 결론지었다. 이러한 일단의 실험자들은 알이 있는 곳에만 곤충이 나타난다는 것을 이해하지 못했다. 그래서 공기 중에 보이지 않는 떠다니는 곤충 씨(semina)가 가득하다고 추정했다. 1668년 프란체스코 레디(Francesco Redi)가 동일한 실험을 다양한 방식으로 수행해보았다. 그는 들소, 호랑이, 양, 개, 토끼 고기 등 밀폐한 통 속에 든 다양한 물질로부터 파리, 말벌, 개미 혹은 다른 곤충들을 생성하는 데 실패했다. 그럼에도 그는 과일과 인간의 내장에 있는 벌레들이 자연발생적으로 생겨난다고 믿었다. 과일에 있는 벌레들의 기원은 발리스니에리(Vallisnieri, 1661~1730년)가 풀어내지만, 장에 기생하는 기생충들의 생활 주기는 1842년 스텐스트루프(Steenstrup)와 1852년 폰 지볼트(von Siebold)의 연구가 나올 때까지 수수께끼로 남는다. 1680년 6월, 레벤후크가 레디의 실험을 확대하여 밀폐한 공간에 담긴 빗물이나 혹은 가루 후추를 섞은 물 속에서 미생물이 발생할 수 있는지를 조사했다. 그 결과 미생물이 생겼지만 그는 외부에 있던 알이 밀폐된 통 속에 들어갔기 때문이라고 생각했다. 프랑스에서는 루이 조블로가 1707년에 물과 거름의 혼합물을 한동안 끓인 뒤 밀폐시키면 미생물이 생기지 않는다는 것을 보여주었다. 그는 몇 차례의 추가 실험 후에 미생물은 공기 중에 떠다니는 알에서 생겨난다고 확신했다.

자연발생설 논쟁의 확산에 결정적인 것은 곤충의 유성 생식에 대한 인식이었다. 1668년, 스왐메르담은 그때까지 항상 왕벌이라고 여겨왔던 것이 사실은 알을 낳는 여왕벌이라는 것을 알아냈을 뿐 아니라 수벌의 생식기까지 발견했다. 1687년 레벤후크는 곡식의 바구미가 성충의 형태로 자연 발생된다기보다는 아주 작은 벌레에서 생겨난다는 것을 밝혀냈다. 그는 계속해서 수컷 바구미의 생식기, 곡식의 나방, 벼룩, 이의 생식기를 그림으로 보여주었고, 수컷 이의 몸속에서 정자(이상한 일이지만 인간의 정자만한 크기였다)를 발견하기까지 했다. 그는 또한 촌충과 같은 일반 기생충은 바깥에서 몸 안으로 들어오는 것이지 체내에서 자연 발생되지 않는다는 사실도 입증했다. 한편 말피기는 암컷 누에나방의 생식기를 해부했다. 아리스토텔레스 이후로 생물학자들은 일부 생물의 경우 자연발생과 유성생식이 둘다 가능하다고 믿었지만 스왐메르담, 레벤후크, 말피기는 유성생식을 하는 생물들은 자연발생을 하지 않는다는 견해를 취했다. 따라서 그들은 곤충이 결코 자연발생을 하지 않는다고 확신했고 레벤후크는 이런 결론은 미생물도 마찬가지라고 굳게 믿었다.

여기서도 역시 시간은 멈춰 있다. 1707년, 조블로는 레벤후크의 주장을 지지할 만한 결정적인 증거가 있다고 생각했다. 1748년, 아일랜드의 가톨릭 신부인 존 터버빌 니덤이, 밀봉한 플라스크에 육즙을 넣고 오랫동안 높은 열을 가한 다음 4일 후에 열어봤더니 자연발생으로 생긴 듯한 미생물들이 가득했다고 주장했다. 역시 가톨릭 신부인 스팔란차니가 니덤의 실험을 반복했는데, 이번에는 유리를 녹여 18개의 플라스크를 봉하고 그 안에 있는 육즙을 한 시간 동안 끓였다. 그는 니덤의 플라스크에서 미생물이 발생한 것은 플라스크 안을 떠돌아다니는 알들이 죽을 만큼 공기를 가열하지 않아서라고 결론지었다. 스팔란차니는 나아가 박쥐에서 벼룩에 이르기까지 서로 다른 종류의 유기물들이 어떤 온도에서 살아남는지를 확인하는 복잡한 실험을 수행했다. 니덤과 그의 지지자들은 스팔란차니가 플라스크 속의 공기를 가열했기 때문에 그 속성이 변화되어 더 이상 생명을 지탱할 수 없었던 거라고 반박했다. 신선한 공기를 넣으면 미생물이 바로 생겨나리라고 믿었던 것이다.

1707년부터 19세기가 한참 지나기까지 본질적으로 동일한 실험이 약간씩 변형된 형태로 계속되었고 서로 다른 결과가 나왔다. 조블로 이후, 스팔란차니 이후, 슈반(1837년) 이후, 심지어는 파스퇴르(1862년)가 자연발생이 틀렸음을 입증했다고 주장한 이후에도 논쟁은 계속되었다. 1765년에 하인리히 아우구스트 브리스베르크, 1766년에 오토 폰 뮌하우젠, 1767년에 칼 린네우스, 1786년에 오토 프레데리크 뮐러, 1859년에 헨리 베이스티언이 각각 자연발생의 증거가 있다고 주장했다. 150년 넘게 미생물의 자연발생에 대한 논란이 계속되었고 본질적으로 동일한 실험이 점점 더 복잡한 양상을 띠고 반복되었다. 여기서도 역시 시간은 정지되었다.

전염병의 성질에 관한 논란 역시 마찬가지다. 전통 의학에서는 질병이 체액의 불균형으로 생긴다고 보았다. 이는 전인적(全人的) 의학으로, 건강을 되찾으려면 질병이 아니라 개인을 치료해야 했다. 그와 같은 질병들은 실제 존재하지 않고 아픈 현상은 기초 조건의 증상들일 뿐이며 다양한 기저의 조건들이 동일한 증상을 가져오거나 혹은 동일한 기저의 조건이 여러 다른 증상으로 발현될 수 있다는 얘기다. 의사는 환자를 치료하기 위해 환자의 개별 반응 양상을 이해하고 전혀 새로운 일련의 증상들은 계속되는 불균형의 반영일 수 있음을 인식해야 했다.

히포크라테스 『전집』의 저자들 대부분은 마을 사람들 전체가 역병을 앓는 것은 같은 공기를 마시고 같은 물을 마시기 때문이라고 추정했다. 갈레노스 의학에서는 외부 환경이 질병의 원인이라는 것을 그렇게 강조하지 않았기 때문에 왜 전혀 다른 조건의 사람들, 젊은이나 노인, 건강한 사람과 약한 사람이 동시에 같은 질병을 앓는지를 이해하기가 더 어려워졌다. 르네상스에 이르러 이 주제는 한층 더 민감해진다. 1348년의 흑사병이 서유럽에서 발생한 최초의 선페스트였지만 17세기 말까지 흑사병은 거듭 재발되었다. 알려져 있긴 했지만 매독은 콜럼부스의 항해 이전까지는 유럽에서 극히 드문 병이었다. 이런 질병들은 고유한 생명을 지녀 건강한 개인에서 다른 개인에게로 바로 옮겨갈 수 있는 것 같았다.

1546년 지롤라모 프라카스토로가 이 특이한 '전염성' 질환들을 연구한 『전염에 관하여』를 출간했다. 분명 매독은 대개 두 개인 사이의 긴밀한 접촉으로 전염되지만, 페스트는 잠복해 있다가 돌연 발병하는 능력이 있는 듯이 보였다. 이탈리아의 코뮌(중세 유럽 제국의 최소 행정구역)들은 갈레노스와 히포크라테스의 정통 의학을 무시하고 오랫동안 검역을 실시해서 페스트의 전염을 막고 페스트로 죽은 사람들의 개인 물품을 태웠다. 이러한 조치는 효과가 있어 보였다. 왜일까? 프라카스토로는 질병이 외부에서 건강한 신체로 들어갈 수 있는 방법들을 살펴보았을까? 아마도 갈레노스가 잠깐 언급한 말과 루크레티우스의 『사물의 본질에 관하여』(기원전 약56년)에 나오는 주요 단락에 의거했을 것이다. 그것은 독약에 비교할 수도 있고 혹은 발육이 정지되어 있다가 바람에 실려와 좋은 조건을 찾으면 싹을 틔우는 씨앗에 비교할 수도 있을 것이다.

프라카스토로에서 18세기에 들어서까지 질병의 '씨앗'을 논의하는 전통이 지속되었다. 이러한 초기의 이론은 후에 파스퇴르가 발전시킨 '세균설'과 놀랄 정도로 유사하다고 생각되기도 한다. 그러나 프라카스토로가 세균학자가 아니라는 점을 상기해야 한다. 그는 많은 질병이 보통 전염된다고 믿었지만 심지어 매독까지 포함해 모든 질병이 개인의 몸속이나 혹은 조건이 맞는 환경 속에서 자연발생적으로 생길 수 있다고 생각하기도 했다. 질병이 자연발생적으로 생긴다고 믿었던 것이다. 둘째로 프라카스토로는 질병의 전염원이 정확히 어떤 종류의 것인지, 즉 무생물인지(독약 등) 아니면 생물인지(씨앗 등)에 관해 자기 입장을 밝히기를 유보하는 신중함을 보였다. 그가 선호하는 용어 seminaria는 보통 '세균'으로 번역되지만 실제로는 '모판'이라는 뜻이다. 즉 씨가 싹트는 어떤 바탕이다. 제대로 된 '세균' 이론이 되려면 질병이 자연적으로 발생한다는 것을 부정하는 동시에 전염체가 생물이라고 주장해야 한다. 프라카스토로는, 예를 들어 1564년에 매독과 폐결핵이 혈액 분자의 전염에 기인한다고 주장한 가브리엘레 팔로피오처럼 이 두 가지 관문을 통과하지 못했다.

초기의 세균 이론가들로 추정되는 연구자들 가운데 누가 이러한 관문을 통과하는지를 확증하려면 방대한 조사가 필요할 것이다. 1650년, 아우구스트 하우프트만이 질병의 원인이 아주 작은 벌레들이라고 주장했는데 이 맥락에서는 현미경에 대한 최초의 호소인 셈이었다. 1658년 예수회 수도사인 아타나시우스 키르허가 페스트, 간질, 성병, 상피병*이 살짝 보이는 악취나는 생물이 원인이며 부패는 현미경으로 봐야만 볼 수 있는 유기체가 원인이라고 주장했다. 1664년 헨리 파워는 공기 중에 있는 생물이 페스트를 유발한다고 생각했다. 1665년 이스브란트 판 디메르브로엑은 페스트를 일으키는 원인이 '씨앗'이라고 생각했다. 1696년, 라이든의 연구자인 요하네스 파울리츠는 전염을 일으키는 씨앗이 어디에나 있다고 생각했다. 1700년, 니콜라스 안드리 데 보이스레가르트는 보이지 않는 곤충이 질병의 원인이라고 믿었다.

과학자들이 유럽에서(베네치아에서 처음으로 발생) 이른바 새로운 질환인 우역(牛疫)의 발병을 볼 수 있었던 1711년은 질병 이론의 역사에서 중요한 해로 기록된다. 1714년 카를로 프란체스코 코그로시가 새로운 소 질환이 보이지 않는 미생물에 의해 생긴다고 주장했는데, 이에 대해 스승 발리스니에리는 미생물들에 독약을 주입하는 길이 있을까를 고민했다. 코그로시가 지적으로 도움을 얻은 것이 무엇인지는 명확하다. 그는 레벤후크의 미생물 발견과 1687년에 현미경으로만 볼 수 있는 미소한 진드기의 알로 인해 옴이 생긴다는 것을 보여준다. 조반니 보노모의 연구를 토대로 삼았다. 보노모는 기생충의 개념을 체계화한 레디의 동료였다. 보노모는 옴의 원인이 아주 작은 기생충이라는 걸 보여주었다. 1718년의 리처드 브래들리와 1720년의 벤저민 마르텐에게서도 코그로시와 유사한 주장을 찾아볼 수 있다. 1722년 토머스 풀러는 생물에 면역이 생길 수 있는 방법을 설명해내려

---

* elephantiasis: 사상충 등 세균의 감염으로 발생하며 환부가 부풀어 오르고 딱딱해져 코끼리의 피부처럼 되는 병으로, 다리와 음낭 및 여자의 외음부에서 많이 볼 수 있다.

는 시도를 하기까지 했다. 1726년에 익명의 저자가 질병을 유발하는 작은 생물을 발견했다고 주장할 정도로 이 주제는 논란거리였다. 하지만 불행히도 그의 증거는 가짜였다.

위에 제시한 예들은 일부일 뿐이다. 역사가들이 이 주제에 얼마나 무관심했는가는 근대 초기의 의학사가들 대개가 읽어본, 윌리엄 하비가 조반니 나르디에게 보낸 1653년 11월 30일자 편지에서 생생히 드러난다. 편지에서 하비는 자신이 "동물의 발생의 작용인(efficient cause)이라고 생각한 것을 나르디는 전염병의 원인이라고 하는 내용"이 실린 책에 관해 논한다. 발생의 경우, 정액이 남성의 어떤 것을 태아에게 전달해서 남성을 닮게 하는지가 이해하기 어렵다고 하비는 말한다.

> 하지만 나는 페스트나 간질의 본질적 요소가 어떻게 접촉에 의해, 특히 모나 린넨 옷과 같은 매개체를 통한 간접적인 접촉에 의해, 멀리까지 전해질 수 있는지도 마찬가지로 이해하기 어렵다고 생각한다. … 전염이 어떻게 그런 물건들에 오랫동안 잠복해 있다가 나중에, 그것도 그토록 한참 만에 발현되며 또 다른 몸에 자기와 비슷한 것을 만들어낼 수 있단 말인가?

하비학파 학자들은 하비가 전염과 발생을 도처에서 비교하고 있음을 인식했으며, 윌슨(Wilson)은 하비가 "인체에서 발아하는 역병의 씨앗이 관계가 있을 것으로 생각하지는 않았다"고 정확히 말했다.

그러나 1647년에 출간된 나르디의 『해박한 루크레티우스 논평』을 읽으려 한 사람은 아무도 없었다. 이 글을 읽어보면 나르디가 실제로 인체에서 발아하는 역병의 씨앗이라는 측면에서 생각했다는 것을 바로 알 수 있다. 하비가 이 주제에서 나르디를 이해하지 못한 이유는 뭘까? 그의 반응이 왜 이렇게 빗나간 걸까? 그가 핵심을 파악하지 못한 건 분명하다. 역병의 씨앗

두개골 밑에 교차된 대퇴골을 새긴 이 17세기 프랑스 목판화는 페스트로 죽어가는 사람들의 집에 붙여 놓기 위해 만든 것으로 여겨진다. 이 도상은 페스트가 전염병이며 따라서 페스트를 앓는 사람들과의 접촉을 피해야 한다는 당시의 믿음을 반영한다.

이론에서 씨앗이란 한 곳에서 다른 곳에서 옮겨갈 수 있고, 옷에 묻어갈 수 있으며 잠복해 있다가 번식하는 어떤 것이다. 하비가 라틴어의 근본적인 모호성 때문에 나르디의 주장을 전혀 다르게 이해했다는 것이 그 해답인 듯하다. 라틴어에서 semen이라는 단어는 정액도 되고 씨앗도 된다. 이러한 모호한 의미는 영어에도 있는데 예를 들어 오난(Onan)이 땅에 씨를 흘린다는 성경의 표현처럼 '씨'(seed)가 남성의 정액의 뜻으로 사용되었다. 현대의 학자들조차도 이런 모호성 때문에 혼동을 하기도 한다. 1977년에 출간된 『의학의 역사』에 발표한 한 논문이 좋은 예이다. 나르디는 불가사의한 전염병의 병원체를 보이지 않는 씨앗(seed)에 비교했던 반면, 하비는 이를 보이지 않는 정액으로 이해했다. 신체 밖에서 정액은 바로 효능을 상실한다. 한 곳에서 다른 곳으로 옮겨갈 수도 잠복할 수도 없다. 다른 남자의 옷을 만졌다고 임신을 하지는 않는다. 발생과 정액에 골몰해 있던 하비는 나르디가 주장하는 핵심에서 완전히 빗나갔다. 하비가 나르디에게서 화답을 한 번도 받지 못한 것은 확인되었지만, 그의 편지가 나르디에게 전달되었는지 여부는 확인되지 않았다.

그런데 나르디는 프라카스토로를 언급하지 않는다. 그가 권위자로 생각한 사람(루크레티우스는 빼고)은 펠릭스 플라터(Felix Platter)이다. 플라터는 『페브리부스』(1657년)와 『질문들』(1625년)에서 페스트와 매독의 자연발생설에 대한 반대를 분명히 했는데, 자연발생설로서는 페스트와 매독이 새로운 질병이라는 사실을 설명할 수 없었기 때문이다. 자연발생으로 생겨난다면 반복해서 계속적으로 발생했을 것이다. 플라터는 이 두 가지 질병이 (세상의 창조와 더불어) 딱 한 번 생겨났지만 다만 전염으로 퍼지기 때문에 그 분포가 시간과 공간에서 기이하게 변형되는 것으로밖에 설명할 수 없다고 주장했다. 이렇게 그는 페스트와 매독이 씨 혹은 배(胚)에 의해 확산된다는 이론을 조심스럽게 한층 더 심화시켰다. 그는 페스트의 경우 외부의 원인들(나쁜 공기)도 관련한다는 모두의 의견에 주목하고, 오랜 생각 끝에 내부의 원인들인 체액의 균형 또한 감염의 민감성과 관련이 있다는 것을 받아들이기로 한다. 그러나 어린이나 노인 모두가 페스트에 걸린다는 사실은 인체의 내부 상태가 우연히 화살에 맞은 경우처럼 질병과는 관련이 없는 것으로 받아들일 수도 있다는 것을 인식하긴 했다. 어떤 경우든, 세균 자체가 질병 확산에 전제되는 필요조건이다. 따라서 플라터는 내가 아는 한 최초의 제대로 된 세균이론가인 셈이다. 그는 전염병의 자연발생이 가능하다는 것을 부정했으며, 그의 모든 말은 그가 생물에 의한 전염의 측면에서 생각했음을 함축한다.

나는 뜻하지 않게 펠릭스 플라터를 알게 되었다. 세균이론 관련 저술(적어도 영어로 된)에는 그가 나오지 않는다. 나는 현미경이 발명되기 이전에 제대로 된 세균이론가가 있었으리라고 기대하지 않았다. 그렇다고 그가 그렇게 꽁꽁 숨어 있던 것만도 아니다. 하비가 나를 나드리로 이끌었고 나드리가 플라터로 인도해주었다. 나 이외에 아무도 이런 길을 따라가지 않았다면 그 이유는 단 하나, 현대 의학의 지적 근원이 지금까지도 여전히 미답지이기 때문이다.

레벤후크가 적충류를 발견하고 곧바로 그것이 질병의 원인일 가능성이 있다는 판단을 내렸으리라고 추정해볼 수 있을 것이다. 분명 그는 말년에 공기를 통해 옮겨가는 작은 동물들을 페스트의 원인으로 생각하는 사람들이 있다는 사실을 인식했다. 1702년 그는 생물이 씨앗과 같은 기능을 할 수 있음을 알았다. 그는 아주 작은 담륜충이 건조된 지 몇 년 후에 다시 살아날 수 있다는 것을 발견했던 것이다. 그러나 레벤후크는 생물에 의한 전염 이론에는 전혀 관심을 기울이지 않았다. 그와 동시대인 가운데 이러한 주장을 발전시킨 유일한 현미경학자는 『인체 내의 벌레 번식에 대한 설명』(프랑스어 1700년, 영어 1701년)을 통해 거의 모든 질병이 기생충 감염이라고 주장한 보이스레가르트였다. "망원경을 통해 발견한 거의 무한한 수의 작은 동물들을 … 생각한다면 곤충의 씨가 스며들지 않을 자연은 어디에도 없다는 것 그리고 무수히 많은 양이 공기나 질병을 통해 다른 동물의 몸은 물론 인간의 체내로 들어갈 수 있다는 것을 바로 알게 될 것이다."

중요한 점은 레벤후크가 이러한 맥락의 논쟁을 발전시키지 못했다는 것이 아니라, 이런 논의는 레벤후크의 저술과 생물에 의한 전염 개념을 잘 알고 있는 사람이라면 누구라도 발전시킬 수 있었다는 사실이다. 페스트를 옮긴 보이지 않는 작은 벌레들을 죽이기 위해 자신의 주위를 온통 담배 연기에 휩싸이게 한, 레벤후크의 친구 하르트소커를 예로 들 수 있다. 폰 베어가 나오기까지 150년을 기다릴 필요가 없었던 것과 마찬가지로, 리스터가 등장하기까지 150년을 기다릴 필요가 없었다. 1546년에서 1720년대 초기까지 생물에 의한 전염 논쟁이 벌어질 정도로 활발한 지적 전통은 분명히 있었다. 그러나 이 주제에 관한 최근의 연구에서 말하듯이 "1725년부터 1830년대까지 그 주제에 관련해서 진정으로 가치로운 연구는 전혀 나타나지 않았다." 여기서도 역시 시간이 정지되었다. 보노모의 옴에 관한 연구이후, 19세기가 한참 지나기까지 후속 연구가 따르지 않았다. 스팔란차니의 제자인 아고스티노 바시(Agostino Bassi)가 처음으로 질병의 원인인 '세균'을 확인했다. 그는 1835년에 누에굳음병이 균 감염으로 생긴다는 것을 보여주는 연구를 발표했다. 연구는 수 년 전에 이미 마쳤지만 누에의 병이라는 정보를 값나가는 상업적 비밀로서 살 마음이 있는 사람을 찾으려하다가 시간을 놓쳤던 것이다. 그는 누에 관련 연구에 이어서 1844년을 시작으로 인간의 질병이 극미한 기생충에 의해 발생한다고 주장하는 일련의 글들을 발표했다. 바시의 연구는 인간의 질병이 세균에 의해 발생한다는 것을 보여준 첫 번째 사건인 쇤라인(J. L. Schoenlein)의 증명에 모델이 되었다.

보노모의 연구에서부터 바시니와 쇤라인의 연구가 나오기까지 150년이나 소비되었던 것은 현미경을 이용한 질병 연구에 관심이 없어서였다. 이시기에 이 계열의 연구는 뒤따르지 않았다. 1810년에 출간되고 그 이후 여러 차례 재판된 소책자에서 찾아볼 수 있는 한 예를 들어보자. 샤를르 니콜라 아페르(Charles Nicolas Appert)의 『육류와 채소를 오래 저장하는 기술』은 음식을 끓여서 저장하는 방식과 관련한 실용서이다. 통조림 방식은 워낙 간단해서 아페르의 발명이라는 사실이 충격으로 다가올 정도다. 아페르이전에는 음식에 소금을 뿌리거나 음식을 건조해서 저장하거나 소금물이

나 식초 혹은 시럽을 이용해 저장할 수 있었다. 모두 음식의 결과 맛이 변한다. 아페르의 방법은 간단했다. 음식(소고기 스튜 등)을 유리병이나 통에 넣은 뒤 아주 빡빡하고 품질이 우수한 코르크로 밀봉하여 외부 공기가 들어가지 못하게 한다(병 속에 공기가 있으면 어쩌나 하는 걱정은 하지 않아도 된다). 그런 뒤 오랫동안 가열한다. 그러면 끝이다. 음식은 무한히 보관될 것이다. 지금의 우리가 볼 때 음식을 저온 살균했다고 말할 수도 있다. 적절한 멸균법은 아페르보다 더 낮은 온도를 이용하며 따라서 저장 음식의 맛에 영향을 덜 준다. 하지만 아페르가 글을 쓴 것은 저온 살균법이 나오기 50년 전, 부패가 공기 노출로 비롯된다는 사실을 모두가 받아들일 때였다.

아페르에 따르면, 지나치게 교육을 많이 받은 많은 사람들이 자신의 방법은 도저히 불가능할 것이라며 반대했다고 한다. 자연발생에 관한 스팔란차니의 연구에 대해 그의 반대자들이 그랬듯(여기서도 역시 음식이 든 밀봉한 단지를 가열했다), 아페르는 열이 병속에 갇힌 공기를 변형시키기 때문에 자신의 방법이 가능하다고 주장하며 반대자들을 반박했다. 이런 점에서 아페르의 보관법은 계속해서 반복된 스팔란차니의 실험에 불과했다. 유일한 차이는 아페르가 부패 방지에, 스팔란차니는 자연발생 방지에 몰두했다는 점이다. 두 사람 가운데 누구도 자신들의 실험이 똑같은 하나임을 인지하지 못했다.

아페르가 쓴 책을 보면 전국산업진흥협회가 구성한 특별위원회에서 그의 방법을 알아보려는 보고서가 나온다. 위원회의 의장은 보고서의 다음 한 단락을 이탤릭체로 강조했다.

그보다 훨씬 더 놀라운 것은 한 달 전에 뚜껑을 열어 일부를 따라낸 후 다시 코르크로 아무렇게나 막은 0.5리터짜리 병에 든 바로 그 우유가 거의 변함이 없는 상태로 보존되었다는 사실이다. … 내가 눈으로 직접 확인하

지 않았다면 믿기 어려웠을 사실을 믿을 수 있도록 여기 똑같은 병에 담아
제시한다.

이탤릭체로 쓴 말은 완전히 타당하다. 기존의 모든 이론들에서는 일단 신선한 공기가 병 속으로 들어가면 바로 부패가 이어진다고 했다. 그런데 간혹 그렇지 않기도 하다.

그렇지 않은 경우는 왜일까? 50년 후, 파스퇴르가 병을 어디서 여느냐에 따라 다르다는 것을 보여준다. 공기에 상대적으로 균이 없는 방에서라면 부패가 발생하지 않기도 한다. 하지만 미생물이 부패를 유발한다는 것을 알아야 이해할 수 있는 부분이다. 스팔란차니는 미생물이 생기지 못하는, 세균이 없는 환경을 만들어낼 수 있다고 주장했다. 그러나 그는 플라스크 안의 미생물을 찾기 위해서 플라스크들을 거칠게 다루었고, 며칠간은 가능했지만 몇 달 혹은 몇 년간씩 환경을 유지하는 데는 실패했다. 그래서 그는 미생물이 없으면 부패되지 않는다는 우리에게는 명백한 사실을 결코 인식하지 못했다.

처음으로 이를 제대로 이해한 사람은 1837년의 슈반(Schwann)이었다. 그는 열을 가해 살아 있는 이스트를 죽임으로써 발효를 중지시킬 수 있음을 보여주었다. 그는 부패 또한 미생물이 원인이며 열로 막을 수 있다는 것을 밝히는 일에 착수했다. 스팔란차니가 이해하지 못했던 것은 미생물이 자신들의 환경을 변화시킨다는 점이었다. 현미경으로 미생물들을 지켜본 스팔란차니는 자신이 조성한 환경에서 미생물들이 돌아다니는 것을 확인했다. 그는 미생물이 스스로 환경을 바꿀 수 있는 능력을 가졌다는 생각은 전혀 하지 못했다. 하지만 설탕과 전분이 알코올로 변화되는 과정을 지켜보았던 슈반은 이 사실을 제대로 이해했다. 그 원칙은 후에 리스터가 밝힌다. "생물체들은 단순한 화학 성분이라는 자신들의 에너지에 전혀 어울리지 않게 주변 물질의 화학적 변화에 영향을 미치는 특별한 힘을 갖는 독특한 특징이 있다는 것을 우리는 안다." 스팔란차니는 이 사실을 알지 못했고 그래서 미생물과 부패를 연결시키지 못했으며 저온 살균을 생각해내지 못했다.

아페르가 소고기 스튜를 병에 담았을 때 그가 무엇을 한 것(멸균)인지를 이해한 사람은 방부 외과수술(세균이 부패를 유발한다는 원칙을 또 다른 방식으로 적용한 예)을 고안해낼 입장에 있었던 것이다. 스팔란치니의 연구를 아는 사람이라면 아페르가 멸균을 했다는 것을 이해할 수 있어야 했고, 그 결과 미생물이 없으면 부패가 발생하지 않는다는 것을 이해했어야 했다. 아페르의 책에서 이탤릭체로 된 단락은 기존의 부패 이론에 반하며 부패의 세균설을 뒷받침하는 결정적인 증거였지만, 당시에는 아무도 그 중요성을 파악하지 못했다. 1810년 이후 어느 때고 부패의 세균 이론과 방부 외과수술법은 실제로 생각해낼 수 있는 가능성이었지만 세균 이론은 1837년에, 방부 외과수술법은 1865년에나 등장했다.

이렇게 우리는 사실상 1680년대의 논의에서 비롯해 1830년대에 연구가 이루어진 생식, 자연발생, 생물에 의한 전염이라는 세 분야를 살펴보았다. 나는 마지막 두 분야를 마치 별개인 듯 말했지만 실제로 둘은 밀접하게 연관된다. 생물에 의한 전염 개념은 자연발생 개념의 부정과 결합되어야만 강력한 힘을 발휘하는데, 전염을 유발하는 생물을 죽일 수 있어야 질병을 제거할 수 있기 때문이다. 생물에 의한 전염을 지지한 많은 사람들(키르허와 하우프트만 등)은 자연발생 개념에 아무런 이의를 달지 않았지만, 코그로시와 같은 학자들은 미생물이 결코 자연발생으로 생기지 않는다는 것을 당연시했다.

그렇다면 자연발생 문제는 세균설의 승리에 앞서 해결되었어야 한다는 생각이 들 수 있을 것이다. 자연발생 개념이 여전히 활발한 논의의 대상이던 시기에 세균설이 승리를 거두었다는 것은 놀라운 일이다. 모든 문제가 완전히 해결된 것은 1877년에 존 틴달이 용기를 밀폐하고 가열한 상태에서 한 실험이나 여과된 공기만 들여보내고 가열한 상태에서 한 실험의 성공 여부는, 실험의 정직성과 선의 혹은 기술 경쟁력이나 숙련 정도가 아니라 실험을 행한 장소에 따라 다르다는 것을 밝히면서였다. 건초와 연관 있는 특정한 세균은 아무리 많이 끓여도 살아남을 수 있으며 따라서 건초가 방 안에 있다면 건초가 들어가지 않아야 하는 실험을 오염시킬 수 있었다. 1876년 틴달은 실수로 건초를 실험실로 들여왔다. 그 이후로 그의 자연발생 실험은 매번 실패로 이어졌다. 하지만 그는 자연발생 이론이 부당하다는 것을 증명하기 위해 멸균법을 찾아야만 했고, 오래도록 끓이는 방법이 아니라 단기간씩 반복해서 가열하고 식히는 방법을 사용하면 가능하다는 것을 입증했다.

틴달 이후, 아니 틴달 이후가 되어야만 자연발생 실험이 제대로 이루어질 수 있었다. 하지만 앞서 파스퇴르와 리스터가 자연발생설의 부당성이 입증되었다는 주장을 함으로써(공교롭게도 실수로 한 일이지만) 이미 의학계에 혁명을 일으킨 상태였다. 파스퇴르의 승리를 가능하게 한 것에는, 그가 고안해내고 실행한 천재적인 실험과는 별도로, 두 가지의 배경이 있다. 첫 번째는 "모든 세포는 기존의 세포에서 생겨난다"는 루돌프 피르호(Rudolf Virchow)의 격언이 시사하는 바처럼 새로운 이론의 '명확성'이다. 이러한 원칙은 자연발생을 불가능한 것으로 만들었다. 두 번째는 1859년에 출간된 다윈의 『종의 기원』인데, 다윈은 생명이 무생물에서 비롯된다고 주장했고 진화론 논쟁은 이제 자연발생설 논쟁이 되었다. 파스퇴르는 곧바로 자연발생 연구로 눈을 돌렸고, 자연발생설이 이제 무신론 및 (함축적 의미에서) 정치적 급진주의와 연관된 듯 보였기 때문에 그의 주장은 빠르게 지원을 얻었다. 아이러니하게도 틴달은 진화론자이지만 그의 실험은 파스퇴르가 옳다는 것 즉 적어도 실험관에서는 생명을 만들 수 없다는 사실을 보여주는

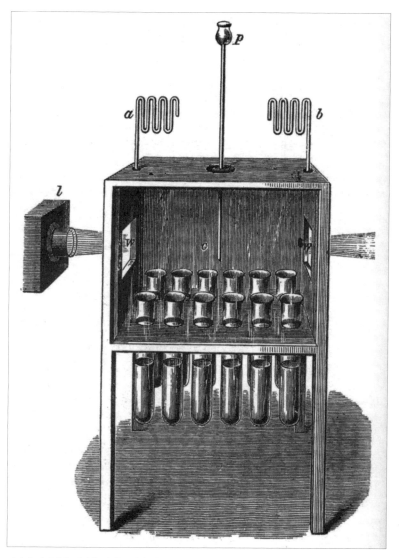

틴달이 자연발생 실험을 위해 고안한 기구. 시험 튜브들은 여과된 공기에만 노출되어 있다. 빛의 근원지를 보면 상자 속의 공기는 빛을 반사하는 분자들을 함유하지 않으며 따라서 생식이 되지 않는다는 것을 알 수 있다.

듯했다.

생식 논의는 이렇듯 100년 이상 정지되었다. 포유류의 난자 확인 등과 같은 논의의 경우, 명백한 체계를 갖춘 연구들이 이어지지 않았다. 수컷의 특질 계승과 같은 논의에서는 명백한 반대 견해들에 대한 대응이 없었다. 자연발생에 관한 유사한 논란의 경우, 비슷한 실험들이 매우 다른 결과를 보여줬지만 왜 그런지에 대해서는 어떤 진전도 없었다. 생물에 의한 전염 논쟁도 1714년의 코그로시와 1835년의 바시 사이에 어떤 진전도 없었다. 어째서 그렇게 생물학 지식이 정체되었던 것일까? 1690년과 1830년 사이에 어째서 그렇게 변화가 없었던 것일까? 바로 이 시기가 현미경이 시들해진 바로 그 시기에 해당한다는 것은 우연이 아니다. 현미경을 갖고 연구를 하는 과학자들은 거의 없었고, 현미경을 사용하는 대부분의 학자들은 효과가 없는 복합 현미경을 사용했다. 그러나 우리가 앞서 보았듯이 현미경이 시들해진 것은 돈이 되지 않아서였다. 곡식의 바구미와 나방에 대한 레벤후크의 연구와 말피기의 누에 연구가 실용 목적으로 진행되었다는 것은 분명해 보일 것이다. 그렇다면 현미경이 중요한 연구 도구로서의 역할에서 점차 배척당한 이유는 무엇인가?

의학자들이 새로운 연구에 등을 돌렸고 다른 사람들은 그들이 이끄는 대로 따랐다는 것이 그 답이다. 영국에서, 윌리스와 로어는 1669년에 자신들이 하던 연구를 포기했다. 그들을 잇는 한 명의 후계자가 바로 1675년까지 연구를 계속한 존 메이요였다. 로어는 런던에서 가장 인기 있는 의사가 되었지만 연구 성과 때문은 아니었다. 19세기에 보일, 후크, 윌리스, 로어, 메이요가 연구를 포기한 이유는 무엇인가? 역시 의료계가 새로운 연구에 등을 돌렸기 때문이다. 의사들을 향한 레벤후크의 적대감이 얼마나 대단했는지 그가 1680년에 왕립학회의 연구원으로 선출되었을 때 맨 먼저 알고 싶어했던 사항이 연구원이 되면 의사보다 우선권을 주장할 수 있는가 여부였다.

스왐메르담은 의사 자격증이 있었지만 개업 활동은 한 번도 하지 않았다. 안토니우스 데 하이데 역시 현미경으로 중요한 연구를 수행하던 개업의였지만 의학은 살인이라고 비난하면서 의사직과 인연을 끊었다. 스테노, 호르네스, 그라프는 계승자가 없었다. 프랑스에서 18세기 동안 생물학의 중요한 연구 수행자들 가운데 개업 활동을 하는 의사이거나 해부학 교사인 사람은 단 한 명도 없었다. 17세기의 데카르트는 건전한 자연 철학이 인간의 기대 수명을 부쩍 높여주게 될 새로운 의학으로 이어질 것이라고 약속했지만 17세기 말 프랑스 내 데카르트학파 의사들조차 전통 의학에 자족하고 말았다. 유럽 전역에서 우리가 현재 생물학 연구라고 하는 일을 수행하는 대부분의 사람들이 아마추어였다. 과학과 의학은 서로 견해가 달랐는데 무엇보다도 의사들이 어떤 과학적 발견도 사혈, 사하, 토출 등 자신들의 전통 치료법을 바꾸게 할 수 없다는 단호한 의지를 보였기 때문이다.

1699년 로마에서는 조르조 바리비가 히포크라테스로 돌아가자고 외쳤다. 1715년 암스테르담에서는 요한 콘라드 바르휘선이 '합리주의' 의학을 비난했다. 1718년 앙제에서는 위노가 질병의 원인을 찾는 연구를 시간 낭비라며 일축했다. 이들이 차세대 의사들을 가르치는 교사였으며 그들의 주장은 이미 논쟁의 여지가 없었다. 주요 전투는 이미 끝이 났다. 1683년 영국에서 기디언 하비가 "개와 고양이의 껍질을 벗기고 간장, 폐, 신장, 송아지의 뇌나 다른 내장들을 말리고 굽고 데치고 식초, 석회수 혹은 강수(强水)에 담그는 사람들"을 맹렬히 비난하고 나섰다. 의사이자 철학자로 영국에서 적충류를 확인한 최초의 사람들에 속하며, 네덜란드 망명 당시 레벤후크를 방문해서 개의 정자를 보았던 존 로크(그는 자신의 눈으로 직접 확인하기 전까지는 그런 생물이 있다는 생각 자체를 비웃었다)는 이론적 연구는 치료와는 무관하다고 믿은, 자신의 스승인 토머스 시드넘을 계속해 지지했다. 로크는 18세기 과학자들에게 가장 영향력 있는 철학서인 『인간 오성론』(1689년)에서 우리의 눈에 현미경이 필요하다면 우리가 얻은 지식은 마치 시계의 내부는 볼 수 있으되 그 표면은 보지 못해 시간을 알지 못하는 사람처럼 쓸모없어질 것이라고 주장했다. 실제로 신은 우리의 감각을 우리의 필요에 맞게 만들어놓았기 때문에 현미경을 사용한 과학은 "상실한 노동"이라고 했다. 의사들의 손은 (신의 섬세한 설계 덕분에) 열·냉·건·습을 가늠할 수 있는 완벽한 도구라는 갈레노스의 견해를 바꿔 말한 것, 즉 의사들의 눈 역시 일에 완벽하게 알맞다는 것이다.

같은 해인 1689년 볼로냐에서 마르첼로 말피기에게 수학했던 파올로 미니(Paolo Mini)가 "말피기가 격찬하는, 극히 작은 내장의 내부 구조를 해부하는 것은 어떤 의사에게도 쓸모없다는 것이 우리들의 분명한 견해이다"라며 스승을 향해 직접적인 공격을 개시했다. 마찬가지로, 곤충과 식물을 비교 연구한다고 "환자를 치료하는 기술이 향상되지는 않을 것"이라고 했다. 그해 또 다시 지롤라모 스바라리아가 현미경을 이용한 말피기의 연구가 실제 치료에는 아무런 도움이 되지 않는다며 일관된 공세를 펼쳤다. 말피기는 말년을 자신의 비판가들에게 보낼 글을 쓰면서 지냈는데 그런 회답에서 그는 결정적인 양보를 했다. 그는 미생물 해부가 의학이 아니라 자연 철학에 속한다고 인정하며 그런 내용을 의대에서 가르칠 필요가 없다고 했다. 의사들이 방기한 현미경 사용은 이제 어디서나 수세에 몰렸으며 다시 의학교로 재진입하기까지 그런 방기 상태는 150년 넘게 지속되었다. 1820년대 파리에서 당시의 일류 의사들에게 수학했던 올리버 웬델 홈스(같은 이름을 지닌 유명한 판사의 아버지이며 보스턴의 의사이자 시인)가 후에 이렇게 썼다. "나는 파리에서 공부하는 동안 복합 현미경을 본 적이 없다. 교수나 학생들이 넌지시 언급하는 것조차 들어보지 못했다." 파스퇴르의 혁명이 활짝 날개를 펴기 시작한 1855년에 들어서야 비로소 루돌프 피르호가 "현미경을 사용한 연구가 초기에는 조롱을 받았지만 이제는 성공을 거두고 있으며 사실상 일반해부학인 병리해부학의 언어와 개념은 세포병리학에 기초한다"고 발표하게 되었다.

현미경을 통한 연구를 1690년대 이후부터 활발하게 추진했다면 기존의 의학 지식과 의료법은 위협을 받았을 것이다. 의학은 해부학자와 생체해부학자들의 발견을 의학 교육에 통합시켰지만, 의사들은 현미경학자들이 발견한 내용들의 연관성을 인정하지 않았다. 그들은 현미경에 등을 돌림으로써 레벤후크의 발견을 진지하게 받아들였을 경우에 비해 150년이나 더 오래 전통 의학을 존속시켰다.

현미경 반대자들이 얼마나 성공적이었는지 지금도 의학사에서 대체로 현미경을 통한 연구의 위치가 제대로 인식되지 못하는 실정이다. 내가 현미경 연구를 지나치게 강조한 걸까? 보노모, 코그로시, 스팔란차니, 바시, 슈반, 파스퇴르, 리스터 모두 현미경학자들이었다. 우리는 근대의 세균설로 가는 노정의 거의 모든 발걸음마다 현미경을 발견한다. 중요한 한 예외가 있는데 후에 살펴보게 될 존 스노우(John Snow)이다. 현미경을 사용한 의사들이 없었다면 죽음을 지연시킬 수 있는 능력은 결코 획득하지 못했을 것이라는 말은 과장이 아니다. 망원경이 천문학의 혁명을 불러왔음을 누가 의심할 것인가? 그러나 이와 똑같은 주장, 현미경이 의학을 포함해 과학의 생명에 혁명을 가져왔다는 주장은 우리가 지금까지 살펴본 아주 단순한 이유, 즉 의학의 혁명이 일어난 건 현미경을 통한 발견이 있은 지 거의 150년이 지나서라는 한 가지 이유로 인해 유별나게 보인다. 그럼에도 그 둘 사이에는 밀접한 관련이 있으며 레벤후크나 스팔란차니에게 걸맞는 제자들만 있었더라도 혁명은 훨씬 더 일찍 싹을 틔웠을 것이다.

의사를 믿지 마라

자신들의 치료법에 관한 의사들의 주장이 과장이라는 것을 이미 수 세기 동안 많은 사람들이 이해하고 있었다. 우리는 최초의 히포크라테스 의사들이 공격에 맞서 의학을 방어해야 했다는 사실을 확인했다. 이후 세기에 기독교 비판가들은 「마가복음」 5장 25절~27절을 인용하곤 했다. "열두 해를 혈루증【만성 자궁출혈】을 앓았고 많은 괴로움을 당하면서 가진 재산을 모두 다 허비했지만 아무 효험도 없고 도리어 더 병만 중해진 한 여인"에 대한 내용이다. 17세기 초 영국의 희곡은 의사에 대한 불평들로 가득하다. 셰익스피어의 『아테네의 티몬』에서 티몬은 "의사를 믿지 마라. 의사들이 주는 항생제는 독약이고 사람을 죽인다"고 말한다. 토머스 데커의 『정직한 창녀』에서는 의사에게 진찰을 받는 것보다 결투를 하는 게 훨씬 더 안전하다고 얘기한다. 벤 존슨의 『볼포네』에서는 의사들이 "환자의 껍질을 벗긴 후에 죽이므로" 그들의 치료가 질병보다도 더 위험하다고 말한다. 엘리자베스 1세도 아마 동의했을 것이다. 심지어 그녀는 죽어가면서까지도 의사들의 치료를 줄기차게 거부했다. 50년 후 프랑스에서는 몰리에르의 『의신』(1667년)과 『상상으로 앓는 사나이』(1673년)를 통해 똑같은 불평을 들을 수 있다.

의사들에 대한 반대 감정이 최고점에 달한 것은 1649~90년의 영국의 정치 공백기 동안이었다. 니콜라스 쿨페퍼(Nicholas Culpeper)가 1649년, 공식적인 의학 「약전」을 허가 없이 번역한 책을 출간하면서 이렇게 물었다.

몸과 마음을 별난 쓰레기에게 다 소비하며 의사에게 전 재산을 낭비하는 것("의사에게 낭비해야 하는 모든 것")을 보면 안타깝지 않은가? … 위트[지식]라고는 눈곱만큼도 없는 의사가 (하지만 그가 태어나기 전에 무엇이 출간되었나?) 호화로운 플러시 깔개를 댄 말을 타고 당당하게 가는 꼴이 잉글랜드 공화국에 멋드러지게 어울리지 않는가? 그에게 역병을 앓는 환자의 집에 와달라고 하면 과감히 오지 못한다고 답할 것이다. 정직하고 가난한 영혼들이 얼마나 많이 버려졌는지는 주께서 피의 심문을 하러 오셨을 때 알려질 것이다. 그들에게 가서 가난한 사람의 집에, 치료 비용을 줄 수 없는 사람들의 집에 가자고 하면 그들은 가려 하지 않을 것이고 그리스도가 사망에 이른 목적인 가난한 생명은 돈이 없는 죄로 생명을 잃게 될 것이다.

쿨페퍼는 의사가 환자를 치료하지 않는다고 불평하고 있지만 사실은 전통 의학의 효율성을 의심하는 것이다(그는 허브, 화학적 치료, 점성술의 혼합을 선호했다). 그가 저작들을 발표한 목적은 의사들의 지식 독점을 무너뜨려, 사람들이 기존의 치료를 원할 경우 의사들에게 기대지 않고도 그런 치료를 이용할 수 있게 하려는 것이었다. 자신들만이 질병을 치료할 수 있다는 의사들의 주장은 반목을 법정까지 끌고 가는 변호사들의 관행과 마찬가지로 금전적 관심에서 비롯된다는 것이 모든 사람의 눈에 불을 보듯 뻔했기 때문이다.

1651년 노아 비그스가 "의사들의 잔인한 처사와 치료 실패를 모를 수는 없는 노릇"이라고 말했고, 1657년 조지 스타키는 의사들이 "환자들을 괴롭히는 … 유혈이 낭자한 잔인한 행동을 하고 있다"고 불만을 토로했다. 의학이 주장과는 다르다는 것을 인식한 사람들 가운데는 의사들도 있었다. 피렌체 근처에서 개업을 했던 안토니오 두라치니를 예로 들어보자. 그는 1622년 피렌체 시정부에 치명적인 열이 나는 유행병을 보고했다. 그는 치료비를 낼 수 있는 사람들을 치료해왔고, 사혈을 비롯한 전통 치료법을 사용했지만 "의사들의 조언과 치료를 받을 수 있는 사람들이" 치료를 전혀 받지 못한 " 가난한 사람들보다 사망자 수가 더 많다"고 보고서에 적었다. 의학의 효과를 가늠할 수 있는 간단한 실험이었지만 두라치니는 그런 식의 인식은 할 수 없었을지(혹은 할 의지가 없었을지) 모른다. 어쩌면 가난한 사람들이 특별히 강건하다고 생각했을 수도 있다.

두라치니의 동시대인이자 피렌체 대공작의 시의였던 라탄치오 마지오티의 견해에는 그런 애매모호함이 없다. 로렌조 마갈로티 백작은 이렇게 들려준다.

친애하는 우리의 친구 마지오티가 (의사들과 의학은 아무 쓸모도 없다고) 꽤 솔직하게 말을 하자, 페르디난드 대공작이 환자들을 치료하지 못한다는 걸 알면서 도대체 어떻게 돈을 받을 수 있냐고 물었다. 그가 이렇게 대답했다. "공작 폐하, 나는 의사로서가 아니라 보호자로서 역할을 합니다. 그러니까 책에서 읽은 내용을 무턱대고 믿어버리는 젊은이가 환자에게 다가와 그들을 죽음으로 몰고 가는 어떤 물질을 그들 몸속에 집어 넣지 못하도록 감시하는 역할을 하고 돈을 받는 겁니다."

이런 예들은 말장난 같은 대화와 사적인 의심들을 적어놓을 만큼 세세한 기록의 시대와 사회라면 어디에서든 찾아볼 수 있다. 통계에 대한 새로운 관심의 결과, 1840년대에는 기존의 의학치료 대부분이 효과가 없다는 "치료 허무주의"가 지성적인(특히 파리의) 의사들 사이에서 일반적으로 퍼져나 갔다. 1860년, 파리에서 의학 교육을 받은 올리버 웬델 홈스가 "대체로, 의 료가 이로움을 베풀기보다는 해를 더 많이 입힌다"는 견해에 상당한 동조 를 표했다. 하지만 치료 허무주의자들은 어느 시대 어느 장소에서나 조금 씩 있게 마련이다. 하지만 치료가 통계 검증을 거치지 않는 상태에서 이런 회의론은 제한된 영향밖에 갖지 못했다.

어떤 치료법이 가장 효과적인가에 대한 중요한 논쟁들은 의사들 사이에 언제나 있었다. 예컨대 사혈이 어떤 질병에 가장 효과가 있는지, 사혈의 양 은 얼마이고 어디에 해야 하며 어떤 방법을 써야 하는지(란셋이나 용기나 혹 은 거머리) 등에 관해 의견이 분분했다. 이러한 의견의 불일치는 기존의 의 학계 내부에서 반복해서 벌어졌고 해결되지 않았으며, 이따금 전통 의학의 중요한 측면들을 공격하는 정도에 이르기도 했다. 우리는 앞에서 지롤라모 프라카스토로가 1546년에 많은 질병들이 전염성이라고 주장했다는 사실을 확인했다. 그는 불균형한 체액으로 인해 이런 많은 질병들이 생겼다고 생 각하지 않았기 때문에 자연스럽게 치료요법으로서의 사혈의 유용성에도 의문을 품게 되었다. 시간이 흐르면서 그의 주장은 확실한 기반을 얻기 시 작했다. 1630년대 무렵, 소수이지만 상당수의 이탈리아 의사들이 페스트 환자들에 대한 사혈 치료가 오히려 해가 된다고 생각했고 16세기 말에는 그런 의사들이 명백한 다수가 되었던 듯하다. 네덜란드의 의사인 이스브란 트 판 디메르브로엑이 널리 영향력을 가진 유사한 견해를 피력했다. 그의 저술이 1666년에 영어로 번역되었다. 1696년 도미니쿠스 라 스칼라의 저작 『저주받은 사혈』이 나오자 그 자극으로 곧바로 『자유로운 사혈』이 나왔다.

그러나 프라카스토로와 디메르브로엑은 전통적인 히포크라테스식 치료 법을 적절히 사용할 수 있다는 것을 부인하지 않았는데, 예상 밖으로 파라 켈수스(1541년 사망)와 반 헬몬트(1644년 사망)가 히포크라테스 의료 전통

오노레 도미에의 1833년 석판화에는 한 의사가 (히포크라테스 흉상 밑에 앉아서) 이렇게 자문한다. "어째서 악마가 내 환자들을 이렇게 죄다 사라지게 만드는가 (다시 말해 관 속으로) … 나는 그들에게 최선을 다해 사혈을 하고 관장을 해주고 약을 처방했는데…. 도대체 왜 그런 거지!" 의사들이 전통적인 히포크라테스식 처방이 효과가 없음을 인식하기 시작한 순간을 나타내는 그림이다.

전체를 일관되게 공격했다. 그들은 질병이 결코 체액의 불균형에서 비롯되지 않는다고 생각했다. 오히려 질병은 제각기 특정한 조건이며 제각기 "본질적인 사물성"을 갖는 "활기차고 활동적인 것"이므로 각기 특정한 방법으로 치료해야 한다. 신이 세상을 창조할 때 모든 질병마다 치료법이 존재하도록 만들었다. 물론, 찾을 수 있어야만 하겠지만. 17세기 중반, 영국 종교계의 진보주의자들이 이들의 주장을 받아들이기 시작하면서 전통 치료법의 효능에 거리낌 없이 의문을 제기했다.

왜 이러한 논쟁이 실질적인 시도들로 이어지지 않은 걸까? 의사들은 대신 현재 우리가 개별적인 성공 사례의 역사들과 같이 일회성 증거라고 부를 수 있는 것에 의존했다. 이러한 논쟁은, 고대인들의 확고부동한 권위가 최초로 베살리우스에 의해, 다음으로 하비에 의해 무너진 후에도 한참 동안 계속되었다. 진정한 검증들이 시작된 것은 1820년대에 들어와서이다. 일단 검증이 시작되자 의학은 불가피하게 오래도록 위기에 내몰렸고, 위기는 핵심 치료법인 사혈이 효과가 없다는 것이 알려진 1850년대에 극에 달했다. 위기는 1865년 이후 세균설이 승리를 하면서 해결되었다. 그러나 세균설이 우세하게 된 것 역시, 적어도 30년 전에 일어났던 현미경 사용과 실험실 연구로의 대대적인 전환의 결과였다.

역사가들은 종종 왜 그러한 전환이 일어났는지, 왜 처음의 결과가 하찮았는데도 실험실에 대폭적인 투자를 했는지 알아내려 고심한다. 적어도 부분적인 이유는, 먼저 1820년대에 분명해진 전통적 치료법들의 무용성이 드러나기 시작하면서 효과적인 치료법을 찾아야 한다는 절박한 필요에 있었다. 하지만 실험실이 전통 의학의 종말을 가져오지는 않았다. 반대로 전통 의학의 종말이 실험실에의 투자를 이끌었다. 세균설이 히포크라테스 의학과 그 치료법을 대신한 것이 아니라 오히려 히포크라테스 의학의 종말이 세균설 승리의 필요조건이었던 것이다.

1820년대까지 의학은, 그 주장이 실질적인 검증 대상이 아니라는 점에서 종교에 가까웠다. 의사들은 대략 2350년 동안 사혈, 구토제, 사하제와 같은 효과가 없을 뿐아니라 실질적으로 해를 입히는 일련의 치료법들에 의존했다. 이러한 치료법들은 물론 효과가 있는 것처럼 보였다. 여기에는 위약 효과가 동원되었고 사혈의 경우에는 맥박이 느려지고, 온도와 염증이 줄어들고, 잠을 푹 자는 것 같은 즉각적인(지속적이지는 않더라고) 효과로 보이는 현상까지 나타났다. 비교 실험이 이루어졌다면 이렇듯 눈에 보이는 효과들에 대한 믿음이 결코 오래 지속되지 않았을 것이다.

점성술의 역사와 마찬가지로 세균설 이전의 의학의 역사에서 정말 풀리지 않는 숙제는 왜 의학이 한때 지식으로 통했는가 하는 문제이다. 점성술이 옳지 않다는 것을 입증하려면 모두 같은 때에 태어난 일단의 사람들의 삶을 비교해봐야 하므로 결코 간단치 않다. 이를 감안하면 첫눈에 보아도 의학이 점성술보다 훨씬 더 고질적인 셈이었다. 검증할 수 없는 점성술의 경우, 점성술사들은 자신들의 주장이 사실에 부합한다고 주장하기가 쉽다. 그러나 효용을 검증하는 방법이 명백한 의학의 경우는 사뭇 다를 것 같기도 하다. 유사한 증상이 있는 일단의 사람들을 모아서 일부는 치료하고 일부는 치료하지 않으면 끝이다. 게다가, 점성술사가 맞는지 틀린지를 말하기는 어렵지만 의학적 치료는 바로 성공을 가늠할 수 있는 간편한 측정 방법—환자들 중 여전히 지상에 있는 사람과 지하에 묻힌 사람들의 비율—이 있다. 의료 검증이 이처럼 간편한데, 전통적인 의학이 19세기까지 아무런 검증도 거치지 않고 살아남은 이유는 무엇일까?

의학이 신비의 기술이라는 고유한 지위를 차지한 데는 그럴 만한 세 가지 이유가 있다. 첫째, 의사들이 스스로 작동된 자연치유 과정의 결과를 낚아채려 했기 때문이다. 환자가 회복될 경우 치료 덕에 회복이 되었다고 추정하기는 어렵지 않다. 1657년, 조지 스타키가 질병 중 3분의 1만이 치유되며 치유된 환자들 중 의사들의 치료로 낫는 것은 10분의 1이 채 안 된다고 주장한 적이 있기는 하다. 그는 의학적 성공이 가진 환영적 특성인 성격을 밝히려 애썼다. 그러나 인체의 자가치유 능력에 대한 최초의 연구는 1835년, 미국인 제이콥 비글로우(Jacob Bigelow)가 저술한 『자기 제한적인 질병에 대한 담론』이었다. 1860년 무렵, 올리버 웬델 홈스가 의사들이 가진 '자기 기만의 경향'에 대한 연구에 착수하자 많은 전통적 의학 추론의 오류가 거의 누구에게나 뚜렷해 보였다. 둘째로, 위약 효과는 효과적이지 못한 간섭이 종종 치료로 이어질 수도 있음을 뜻했다. 이는 성공의 환영을 강화시켰고 아주 오랫동안 의사와 비평가들 모두 위약 효과의 작용을 전혀 보지 못했다. 위약 효과를 발견한 1800년은 의학적 간섭의 진정한 효과에 대한 평가를 처음으로 가능하게 한 순간을 의미했다. 다음 장에서 살펴보겠지만 히포크라테스 의학 종식의 서막을 알리는 것은 새로운 해부학이 아니라 이러한 발견이다. 셋째로, 치료를 검증해내려면 질병이 특정한 개인의 무질서한 상태가 아니라 많은 환자들의 전형적인 상태라는 개념을 가져야 하고, 그래야만 유사한 것을 다른 유사한 것과 비교한다고 확신할 수 있다. 질병을 이와 같은 측면에서 생각하려면 전염의 개념이나 혹은 시드넘이 발전시킨 전염병의 개념이 선행되어야 한다.

위와 같은 세 가지 걸림돌은 의학이 효과가 없다는 인식을 어렵게 했다. 덧붙여 비교 검증 중에서 가장 단순한 검증의 수행을 막는 근본적인 윤리적 걸림돌이 있었다. 혹은 있었던 것 같다. 의사들은 당연히 환자들에게 최선을 다한다고 여겨졌다. 그들에게는 치료를 할 수 있으면서 치료를 하지 않을 권리가 없었고, 신뢰할 만한 치료법이 존재할 때 검증하지 않은 치료법을 시도해볼 권리가 없었다. 하지만 이러한 윤리적 딜레마는 겉보기에는 존재하는 듯했지만 실제로는 그렇지 않았다. 근대 초기의 의사들은 돈을 지불할 수 있는 사람들만 치료했다. 무수히 많은 사람들이 치료를 받지 못했고, 따라서 치료의 효과와 치료를 받지 않았을 경우를 비교하려는 의지만 있었다면 대조군으로 쓸 수 있는 사람은 결코 부족하지 않았을 것이다.

이보다 더 큰 제약은 정통적인 치료의 비용을 지불할 여유가 있는 소수에게 약속하는 잠정적 의무였다. 히포크라테스 선서에서 "나는 어떤 사람에게도 해를 입히거나 잘못을 가하지 않을 것"이라고 말한다. 처음부터 이 문구는 분명 "나는 이러한 상황에서 유능하다는 의사들이 하는 것만 하겠다"는 의미로 이해되었을 것이다. 윤리적 장애물인 듯 보이는 이 말의 기저에는 기존의 치료법과 새로운 치료법의 비교 검증을 불가능하게 하는 '순응의 압력'이 놓여 있었다. 1663년에 로버트 보일은 어떤 의사에 관한 잘 알려진 이야기를 들려주었다. 그 의사는 자신의 환자에 대해 "(활기찬 어조로) … '죽어야 한다면 죽게 내버려둬, 정통 치료를 받는 동안 죽는 거니까'"라고 말하면서 대안의 치료법들을 시도하려 하지 않았다.

흔히 볼 수 있는 태도였다. 1818년, 인도에서 진료하던 스코틀랜드인 의사 알렉산더 맥린이 거의 모든 질병에 수은을 삼키라고 처방했다. 맥린의 반대자들은 그의 환자들이 너무 많이 죽었다고 지적했으나 그는 자신이 아주 절박한 환자들만 치료했기 때문이라고 응수했다. 맥린은 자신의 치료법과 사혈을 비교해보자며 무작위 검증을 제안했다. 그의 반대자들은 "마치 의료가 우리와 같은 인간들의 생명을 대상으로 하는 지속적인 일련의 실험들에 불과하기라도 한 듯 억측하여" 인간의 생명을 갖고 실험을 해서는 안 된다며 제안을 거절했다. 수은은 아니더라도 그 부분만큼은 맥린이 아주 옳았다. 사혈법의 효능은 전혀 검증되지 않았음에도 보편적으로 사용되었다. 비그스가 1651년에 한탄했듯, 히포크라테스 의사들의 이론들은 아주 부적절하며 "사소하고 불안한 논쟁에 불과하다." 정말 문제가 되는 것은 그들의 기본적인 치료법들, 특히 사하와 사혈법이다. 이러한 치료법들은 치유의 기술이라는 거대한 전체 덩어리를 움직이게 하는 것처럼 보이는 "얇은 경첩들"이다.

　성공의 환영, 위약 효과, 질병이 아닌 환자를 생각하는 경향, 순응의 압력 등 이러한 이유들이 어째서 기껏해야 별효과가 없고 해로운 경우가 다반사였던 치료법들이 계속해서 사용되었는가를 상당 부분 설명한다. 그런데 그걸로 충분한가? 공식적인 규정이 빠졌다고 볼 수도 있을 것이다. 13세기에 의학이, 의과 학위의 가치를 당연한 것으로 받아들인 정부와 유럽의 대학들이 인가하는 전문성을 획득하자 히포크라테스 의사들은 다양한 비공식 의료 제공자들과 다른 조건에서 경쟁하게 되었고, 히포크라테스 의학의 효용은 (영국의 내전과 프랑스 혁명과 같은 짧은 시기들을 제외하고) 이미 공식적으로 결정된 확고부동한 것이 되었다. 의사들은 신학자들이 권한을 위임받는 것과 대략 비슷한 방식으로 법적인 권한을 위임받았으므로 공식 의학은 의심을 받지 않았다고 볼 수 있을 것이다. 정통 의학의 타당성은 대학의 학위, 정부, 교회에 의해 확립되었고 따라서 의문의 대상이 아니었다. 대학이라는 지적 세계 내에서 진실에 대한 검증은 실용적인 효용이 아닌 지적 일관성이었고, 의학이 그러한 조건에만 부합한다면 어떤 다른 검증의 대상이 되지 않았다. 의학은 (비록 바깥에서는 항상 그런 것은 아니지만 대학 세계에서는) 독점이었고 그렇기 때문에 대안 치료법과의 비교를 통해 그 우월성을 입증할 필요가 없었다.

　흥미로운 검증 사례를 제공한 것은 지아나 포마타의 『치료 계약』(1998년)이었다. 포마타의 책은 비용을 지불했지만 의사들로부터 충분한 치료를 받지 못했다는 환자들의 고소에 판결을 내린 의사단에 대한 연구이다. 그녀가 글을 시작할 때는 인기 있는 치료사들이 의료계에 의해 어떻게 주변으로 밀려나고 무법자가 되었는가에 관한 역사를 쓰려했다고 한다. 하지만 그녀는 사법 기록부에서 본 환자들의 소리에 몹시 관심이 끌려 환자들의 질병과 치료의 경험, 특히 환자들이 치료를 받았지만 치유되지 않았을 때 지불을 보류하고 돈을 되찾을 수 있는(혹은 적어도 그럴 수 있다고 믿기는) 체제의 작동에 대한 역사를 쓰는 쪽으로 방향을 돌렸다.

포마타는 의사들과 사법 당국이 치유되지 않은 환자의 환급 권리에 이의를 제기했다는 점을 끊임없이 강조하면서, 17세기 초기에는 결과에 따른 비용 지불을 사전에 약속한 경우 의사단으로 구성된 법정에서 이러한 권리를 인정했던 반면, 18세기 무렵에는 계속해서 거부되었다고 주장한다. 그녀의 책을 조금만 주의해서 읽어보면 면허를 받은 정식 의사를 상대로 치료에 대한 사전 약속을 한 환자의 예를 그녀가 하나도 확인하지 못했음을 확인할 수 있다. 16세기 말, "결과에 따른 지급의 원칙을 포함해 치료에 대한 약정에 정해진 규정을 의사단에서 인가했다"고 하지만 알고 보면 이는 이발사 외과의들에 대한 소송의 경우에만 해당되고 정식 의사들의 경우 이미 "치료하는 사람이 치료 약정의 조건들을 존중했다면 치료 거래는 공정한" 사례가 되었다. 의사단으로서는 "개업의가 공식 규정에 따라 의료를 행했다면 공정한 것이었기" 때문이다. 의사들에 관한 한 치료의 약정은 1581년에 의사단이 구성되었을 때 이미 없어진 셈이었다. 의사들은 정통 의료를 행하는 다른 의사들이 요구하는 비용이 터무니없이 높거나 혹은 환자들이 가난한 경우에 비용을 줄일 마음은 있었지만 치료가 실패해서 비용을 받을 수 없다는 판단을 내릴 준비는 되어 있지 않았다. 의료 과오 소송의 경우 법정의 판단이 "늘 개업의에게 우호적"이었을 뿐만 아니라 의사들이 치료를 하지 못했을 경우 비용을 받을 권리가 있는가에 대한 논란에서 법정은 시종일관 의사들에게 우호적인 판결을 내렸다.

볼로냐에서 의사들은 독점권을 갖지 않았다. 그들은 이발사, 외과의와 약제사 등 다른 면허증을 가진 치료사들과 경쟁하며 그들과 나란히 의료 활동을 벌였다. 그러나 그들은 자신들에 편향된 조건에서 의료 활동을 했다. 치료사가 비용을 받을 권리가 있는지, 의료 과오였는지 등을 결정하는 법정에 앉은 사람들이 바로 그들이었기 때문이다. 그렇지만 그 외의 다른 지역 의사들은 치료 시장에 대한 통제권을 이 정도로 갖지 못했다. 영국 의료계의 실질적인 규정은 17세기를 지나면서 와해되었다. 미국에서는 18세기에 의료 교육면에서 자유 시장에 근접한 것이 있었고 서로 다른 치료법들이 구속 없이 서로 경쟁했으며 19세기 말이 되어야 규정이 표준화된다. 다시 고대 그리스와 로마로 돌아가보면, 당시는 경쟁적인 의료계파들이 동등한 조건에서 서로 대립했다. 히포크라테스 의학이 규정에 의거해 세워진 것이 아니므로 규정이 무너졌을 때도 쓰러지지 않았다.

따라서 전통 의학의 효용성을 의심해보는 것과 그 효용성을 검증해보는 것은 사뭇 다른 문제이다. 우리는 성공이라는 환영에 위약 효과, 질병이 아닌 환자들을 생각하는 경향, 순응의 압력이라는 다른 요소들을 더해야 하고 이러한 요소들에는 통계적 사고가 부재한다. 통계적 사고는 저절로 생기지 않는다. 건물이 제대로 서 있는지 무너지는지를 보면 그 건물이 제대로 설계된 것인가를 알 수 있다. 어떤 시계가 맞는지는 해시계와 그 시계를 비교해보면 된다. 그러나 경쟁하는 두 가지 치료법을 비교하는 것은 전혀 다른 일이다. 두 표본 집단을 통계적으로 비교해야 하는 것이다.

정교한 통계적 사고는 1660년대에 확률적 사고와 함께 태어났다. 그것은 곧 사망한 모든 런던 사람들의 연령을 보여주는, 런던의 "사망률 통계표"를 활용한 기대수명 예측에 사용되었다. 100년 동안 계속해서 생명보험이 마치 로또 복권처럼 모두에게 같은 가격으로 판매되었다. 이는 젊은이들은 너무 많은 돈을 지불해야 하고 노인들은 너무 적게 지불한다는 것을 뜻한다. 통계적 사고는 발전이 더디었고 그에 대한 저항이 만만치 않았다. 저항을 극복하기까지는 전통적 의료법을 실험해볼 수 없었다. 앞으로 살펴보겠지만 이러한 저항은 결코 완전히 극복되지 않았으며 통계에 근거한 주장들은 의학사에서 전통 의학의 효용성을 검증하는 일이 참을 수 없을 정도로 지연된 이유를 설명하는, 만일 설명이 가능하다면, 요소들은 성공에 대한 환영, 위약 효과, 질병이 아닌 환자를 생각하는 경향, 순응의 압력, 통계에 대한 저항 이 다섯 가지이다.

이 시점에서 우리가 어떤 종류의 역사적 설명을 찾고자 하는지 물어볼 필요가 있다. 1820년대 이전에는 정통 의학을 검증할 가능성이 전혀 없었다는 것을 증명하고자 하는가? 그건 잘못된 방향이다. 1820년대 이전에는 정통 의학의 검증을 가로막는 장애물이 거대하긴 하되 극복할 수 없는 것은 아니었음을 입증하고자 원하는가? 바로 맞는 질문이지만 이러한 주장이 효과도 없는 치료법을 쓴 모든 의사들의 책임을 면제해주지는 않는다. 전통 의학이 19세기까지 검증을 받지 않은 이유에 대해 너무 강경한 설명을 제시하면 전통 의학이 효과가 없었다는 사실을 대다수의 사람들이 알 수 있었다는 것을 불가피하게 놓치게 된다. 이 지점에서 제대로 균형을 잡기가 쉽지는 않지만, 정통 의학의 탄성은 정통 의학이 맞부닥뜨리는 지속적인 비판보다 훨씬 더 크다. 겉으로 보이는 의학의 성공과 그로 인해 파라켈수스와 헬몬트학파 의사들의 경쟁을 물리치기가 수월했다는 점을 강조할 필요가 있다.

제자들에게 둘러싸여 칭송을 받고 있는 갈레노스, 14세기경.

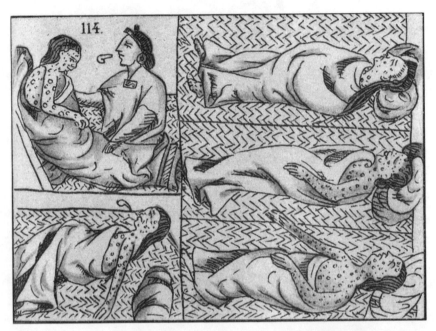

천연두는 높은 치사율로 16세기 이래 가장 두려운 질병으로 여겨졌다. 위의 그림은 기독교 선교사이자 학자인
사아군의 『누에바 에스파냐의 역사』에 실린 삽화로 천연두에 감염된 아즈텍인들을 묘사하고 있다.

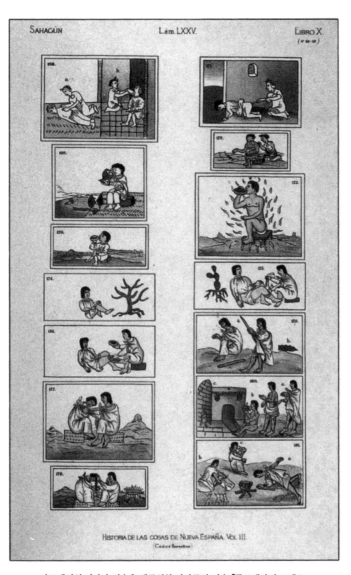

아즈텍인의 건강과 의술을 재구성한 사아군의 저술 『플로렌타인 코덱스』.

천연두(작은 종기)의 공포와 함께 매독(큰 종기)
은 15세기 사람들의 상상력을 자극했다. 「매독」
에 실린 알베르트 뒤러의 삽화(1496년).

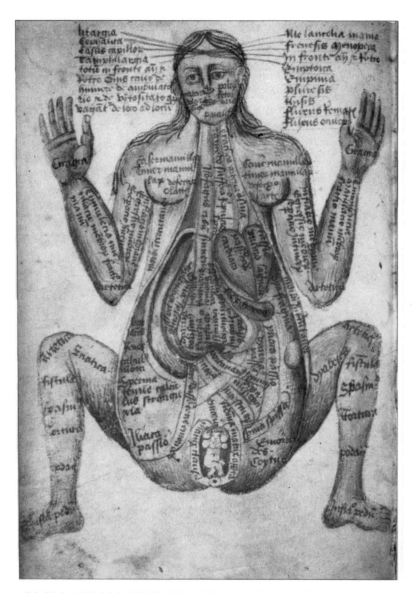

신체 해부가 널리 알려지기 전인 중세 시대에는 신체를 눈에 보이는 대로 묘사하기보다는 지식체계를 설명하기 편한 방식으로 그렸다. 정면을 향하고 두 다리를 벌리고 쪼그려 앉은 자세는 질병과 상처 그리고 12궁도가 신체에 미치는 영향을 기술하는 데 흔히 사용되었다.

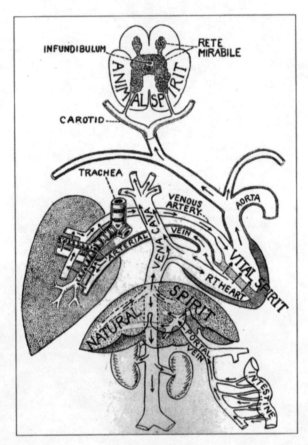

갈레노스의 생리학적 체계.

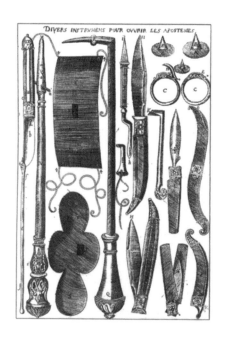

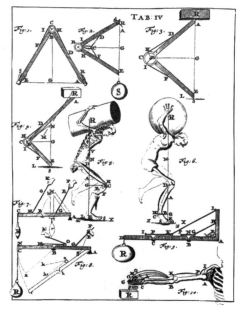

위) 종기를 치료할 때, 사용되던 칼과 란셋, 17세기.
17세기 해부학자들은 신체를 기계로 취급했다.

신체를 기하학, 정역학, 동역학으로 이해한 이러한
시도는 갈릴레오의 제자 조반니 알폰소 보렐리의
『동물의 운동에 관하여』(1680년)에서 단적으로 찾
아볼 수 있다.

파라켈수스를 묘사한 16세기의 판화. 연금술사의 방과 유사한 배경은 파라켈수스의 입장을 잘 드러내준다.

반(反) 백신 운동을 광고하는 1899년의 편지봉투.

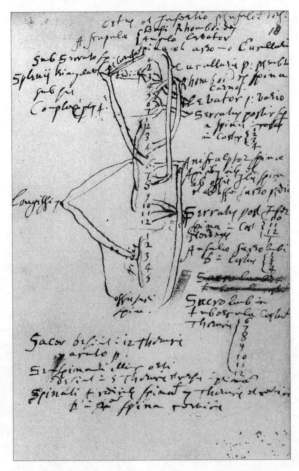

윌리엄 하비의 『근육에 관하여』(1619년) 초고 원본 중 한 페이지.

사람의 팔을 해부하고 있는 베살리우스의 초상.

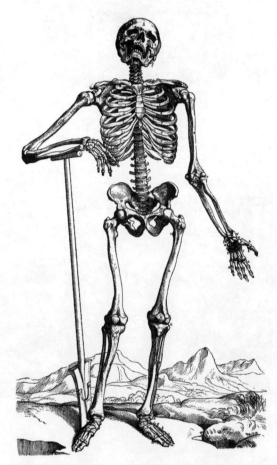

인체 골격의 앞모습을 묘사한 『인체의 구조에 관하여』 제1권에 실린 삽화.

옆으로 돌아선 인체의 근육 모습을 묘사한 그림. 『인체의 구조에 관하여』 제2권.

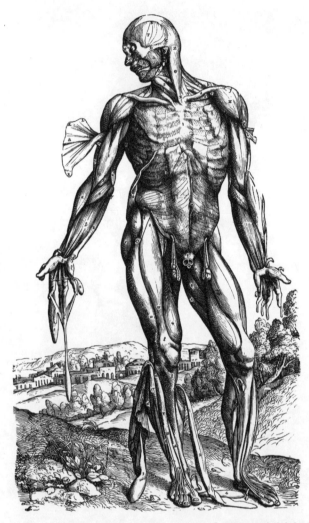

해부가 진행되는 순서에 따라 가장 바깥 근육을 절개한 모습. 『인체의 구조에 관하여』 제2권.

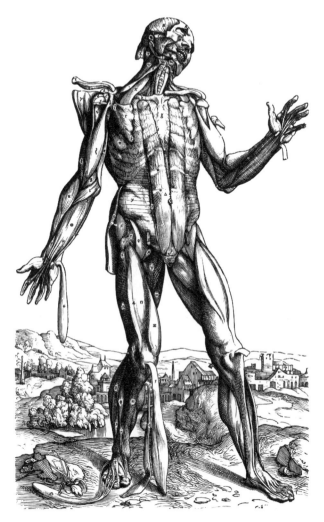

앞의 도판에 이어 해부 순서에 따른 근육의 모습, 『인체의 구조에 관하여』 제2권.

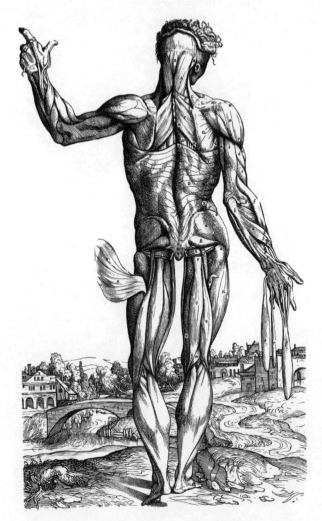

인체의 뒷부분 근육을 처음 절개한 모습, 『인체의 구조에 관하여』 제2권.

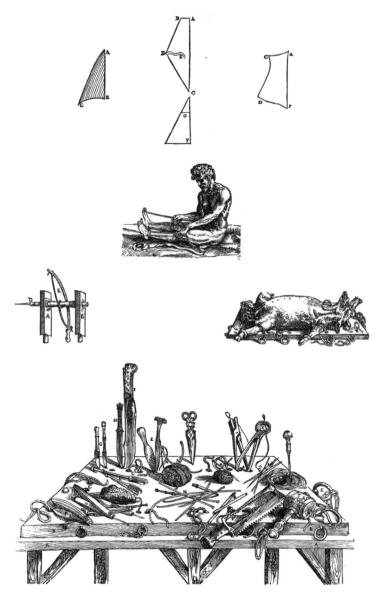

삼각근, 사각근을 기하학적으로 도해한 그림과 해부에 사용되는 도구들, 『인체의 구조에 관하여』 제2권.

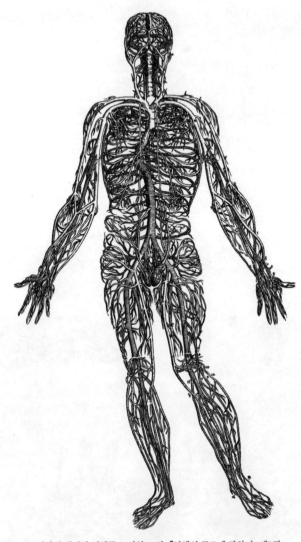

인체의 대정맥 전체를 묘사한 그림, 『인체의 구조에 관하여』 제3권.

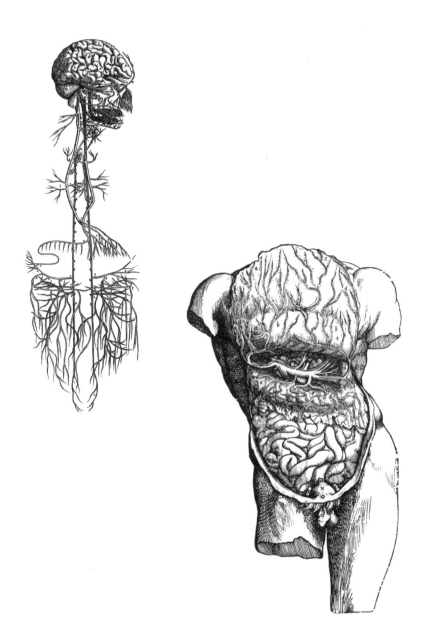

위) 대뇌와 소뇌, 수질을 함께 묘사한 그림, 『인체의 구조에 관하여』 제4권.
장막을 절개해 위로 들어 올린 모습, 『인체의 구조에 관하여』 제5권.

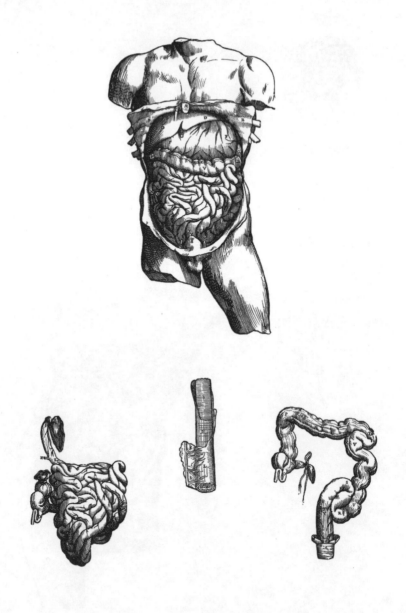

앞의 그림에 이어 간장, 위장, 소장, 대장이 어떻게 자리잡고 있는지와 절개해낸 소장과 대장을 묘사한 그림, 『인체의 구조에 관하여』 제5권.

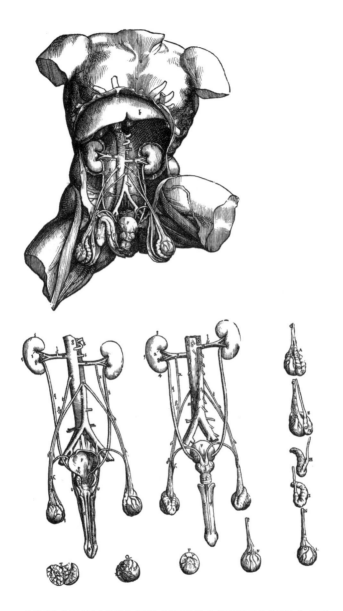

소화기관에 이어 남자의 생식기관을 제시하고 있다. 『인체의 구조에 관하여』 제5권.

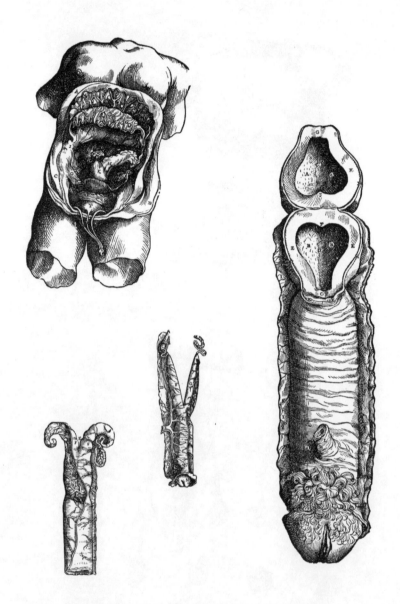

여성의 생식기를 묘사한 삽화. 아래 오른쪽과 가운데는 소와 개의 생식기이다. 아래 오른쪽은 여성의 생식기를 해부한 그림으로 베살리우스의 책에 실린 삽화 가운데 가장 논란이 많은 것 가운데 하나다. 『인체의 구조에 관하여』 제5권.

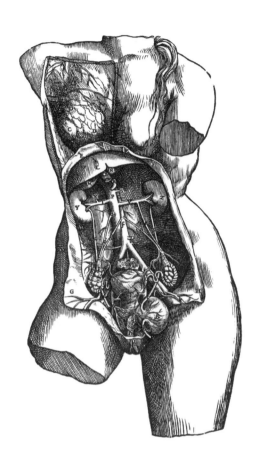

여성의 가슴을 절개한 모습을 보여주는 삽화, 『인체의 구조에 관하여』 제5권.

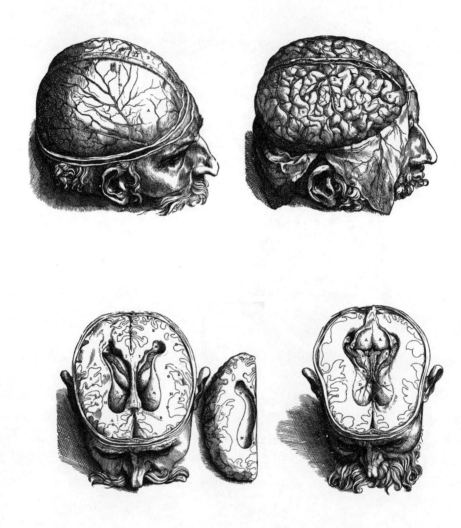

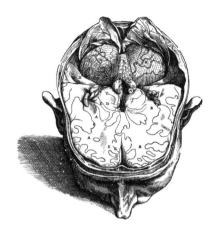

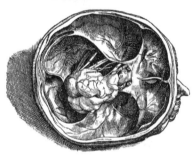

『인체의 구조에 관하여』 제7권에 실린 삽화로 턱 아래는 잘라내 머리에서 두개골만 절개해둔 상태.
뇌 해부의 단계를 묘사했다.

제3부 근대 의학

8
수량화

18세기에 들어 의학의 개입이 미친 충격에 관한 진지한 사고는 천연두 접종이라는 한 가지 문제에 관심을 집중했다. 접종 방법은 간단했다. 천연두를 가볍게 앓은 사람의 마맛자국에서 뽑아낸 고름을 실에 묻혀 천연두가 걸리지 않은 사람의 팔과 다리의 상처에 꾹 눌러 붙이는 것이다. 접종을 받은 사람은 대체로 아주 가벼운 천연두를 앓은 뒤 바로 회복되었고 그 이후로는 평생 면역 상태가 되었다. 천연두 접종은 터키와 중국을 비롯한 다른 지역에서도 실시되었지만 한때 콘스탄티노플에서 살았으며 자신도 천연두로 얼굴에 심한 곰보 자국이 생긴 마리 워틀리 몬태규 부인에 의해서 최초로 공개되었다. 그녀는 1722년, 웨일즈의 공주를 설득해서 공주의 두 딸이 접종을 받도록 했다. 첫 번째 실험은 뉴게이트의 사형수 여섯 명을 대상으로 그들이 살아난다면 석방되는 조건으로 실시했다. 여섯 명 모두 아무 일이 없었다. 그 이후로 접종이 점차 널리 퍼졌다.

천연두 접종은 무수히 많은 미묘한 문제를 야기했다. 오늘 우리로서는 답을 당연히 알고 있지만, 당시 사람들에게는 무척 어렵고 혼란스러운 문제였다. 그런데 어느 단계에서인가 논점이 명확해졌다. 처음에는 천연두 접종으로 인한 사망 확률을 100분의 1로 추정했다(왕립학회의 사무총장으로서 전 세계의 전문가들과 서신을 교환하는 위치에 있던 제임스 주린이 1723년 면밀한 조사를 한 끝에 91분의 1이라는 수치를 도출해냈다). 일반적인 천연두로 사망할 확률은 대략 10분의 1(두 살 미만에 사망한 영아는 제외)로 알려져 있었고 대부분의 사람들은 인생의 어느 시점에선가 천연두에 걸렸다. 따라서 접종으로 당연히 많은 생명을 구할 수 있는 듯 보였다. 1722년에 수학자이자 의사인 존 아버스넛이 런던의 사망자 12명 중 한 명이 천연두로 사망했음을 보여주는 통계 분석을 발표했다. 그러나 그는 많은 유아들이 천연두에 걸리기 전에 사망하므로 천연두로 인한 사망자 통계에는 들어가지 않아야 한다는 근거를 들어 천연두 사망자가 감염될 수 있는 인구의 10분의 1이라는 견해를 취했다. 이러한 맥락의 주장은 분명 잘못된 것이었다. 후에 헤이거스(Haygarth)와 퍼시벌(Percival)이 천연두로 사망한 인구의 4분의 1이 한 살 미만의 유아라는 사실을 밝힌 걸 보면 아버스넛이 천연두로 사망한 런던 사람의 비율을 낮게 어림했을 가능성이 높다. 제임스 주린이 이와 유사하면서도 좀더 복잡한 방식으로 계산한 결과, 신뢰성이 조금 높아진 7분의 1이라는 숫자가 나왔다. 접종을 통해 런던에서만 한 해에 1,500명의 생명을 구할 수 있을 것이라는 주장이었다. 반대의 목소리를 내는 사람들이 있긴 했지만, 영국의 경우에는 일반적으로 접종이 설득력을 얻었다.

반면에 프랑스에서는 기성 의료계, 그 가운데서도 특히 파리의사단이 접종을 반대했다. 파리의사단은 르네상스 시대에 발견한 효과적인 몇 안 되는 약 가운데 하나로 후에 키니네(말라리아 치료제)를 추출하게 되는 기나나무와 하비의 혈액순환 이론에 대해서도 계속해서 반대하는 입장을 취한 단체였다. 프랑스 의사들은 접종을 실시하지 않았기 때문에 접종을 원하는 프랑스 거주자들은 비전문가나 외국인 의사에게 가야 했다. 그럼에도 볼테르와 라 콩다민과 같은 프랑스 지식인들은 자국민에게 영국의 선례를 따르라고 촉구했다. 1760년, 라 콩다민의 친구인 모페르튀가 스위스의 위대한 수학자인 다니엘 베르누이(Daniel Bernoulli)를 설득해 논쟁에 가담시켰다. 베르누이는 접종 이후의 평균예상수명 증가분을 계산하는 일에 착수했고 2년이라는 결과를 얻어냈다.

이에 대해 장 달랑베르(Jean d'Alember)가 대부분의 사람들이 고작 2년을 벌려고 당장 죽을 수도 있는 크나큰 모험(다시 말해 100분의 1의 확률)을 무릅쓸 마음이 있겠느냐는 의문을 던졌다. 국가와 사회 차원에서 보면 모두가 접종을 받는 게 이득이었을 텐데도 달랑베르는 일부러 생명을 위험에 빠뜨릴 수는 없다고 믿는 겁 많은 개인들 편을 들어주었다. 그는 자신이 아버지가 아니라 어린 아이의 어머니와 같은 입장에서 판단한 거라고 믿었다. 달랑베르는 접종과 같은 중대한 결정을 단순히 비용에 대비한 효과라는 분석으로 전락시킬 수 없다고 주장했다. 증가한 기대수명을 당면한 죽음의 위험과 일대일로 간단하게 비교할 수 있는 그런 비율은 어디에도 없다는 얘기였다.

1750년대에 영국의 접종 기술은 크게 개선되어 전염체를 혈류가 아닌 피하층에 주입했다. 절차는 더욱 안전해졌다. 접종 전에 먼저 병과 제대로 싸울 수 있는 상태로 만들기 위해 사혈과 사하제를 복용하고 수술 한 달 전에 특별한 식단에 따라 음식을 먹고 한 달간 휴식을 취하는 관행도 더 이상 실시하지 않았다. 따라서 접종 비용이 더욱 저렴해지고, 그 결과 더욱 널리 확산되었다.

그러나 천연두 접종을 받은 사람이 접촉하는 사람 모두에게 치명적인 형태의 천연두를 옮길 가능성도 있었다. 초기에 접종으로 생명을 구할 수 있는 사람 수를 도출한 계산에서는 거꾸로 접종으로 인해 전염될 수 있는 사람의 수는 계산에 포함하지 않았다. 천연두가 런던과 같은 대도시에서는 풍토병이었고 거의 모든 사람들이 한순간에 병에 노출되었지만 소도시와 시골에서는 유행병이었다. 예를 들어 체스터에서는 1773년에 천연두로 한 명이 사망했는데 1774년에는 202명(전체 사망자 수의 3분의 1이 넘는 수)이 사망했다. 소도시와 시골에 사는 사람들 가운데 일부는 평생 천연두에 걸리지 않을 수도 있었다. 이러한 도시나 마을에서 소수의 사람들에게 접종을 하는 것은 나머지 모든 사람들을 위험에 빠뜨리는 일이 될 터였다. 작은 마을이나 소도시에서는 모든 사람을 동시에 접종하여 문제를 피할 수 있었지만 대도시에서는 타당한 방법이 아니었다. 러시아 황후의 접종 비용으로 1만 파운드를 받은 적이 있으며 하트퍼드의 전인구에게 일반 접종을 실시했던 토머스 딤즈데일(Tomas Dimsdale)은 런던에서 천연두로 인한 사망이 최근 증가했으며 무차별적 접종이 원인이라고 1776년에 주장했다. 그는 그 즈음 창설된, 가난한 사람들의 일반 접종을 위한 런던학회가 접종받은 사람들을 격리하려는 노력을 기울이지 않은 것은 생명을 위험에 빠뜨리는 무모한 처사였다고 주장했으며, 존 헤이거스가 이에 동조했다.

헤이거스는 전염의 문제를 예민하게 의식했다. 그는 열병이 있는 환자들을 일반인과 격리하여 전염 확산을 방지해야 할 필요성을 강조한 최초의 인물이었다. 처음에 그는 별도의 열병 병원을 설립하자는 견해를 지지했지만, 이후에는 전염 관리가 자신이 생각했던 것보다 더 쉽다고 확신했다. 예컨대, 옥외에서 천연두 환자와 45센티미터 거리 내에 있어야 전염이 되므로 그는 별개의 병동만 있으면 된다고 확신했다.

딤즈데일과 헤이거스는 접종이 소수의 생명을 구할 수 있다는 것에는 의견일치를 보았지만, 여러 사람들을 전염시킬 수 있는 가능성에 관해서는 사뭇 다른 반응을 보였다. 딤즈데일은 런던의 가난한 사람들을 전염의 자연스러운 확산 속으로 내몰 각오가 되어 있었다. 헤이거스는 천연두를 완전히 소멸시킬 전국적 캠페인을 원했지만 이러한 캠페인의 기본은 새로 접종받은 사람들을 효과적으로 분리하는 일이었다. 헤이거스가 추진하여

1793년에 실행한 대규모 실험의 핵심은 천연두가 실제로 얼마만큼 확산되었는가를 면밀히 연구하는 것이었다. 그는 전염 기간을 알아냈고, 이유는 모르지만 전염된 사람과 어느 정도까지 가까운 거리에 있어야 전염이 되는지를 확인했다(천연두는 작은 물방울에 의해 확산되는데 당시 그는 공기 중에 녹아 있는 독 혹은 바이러스가 천연두를 확산시킨다고 생각했다). 헤이거스는 천연두가 일반적으로 가까운 사람들 사이에 전염되지만 신체 접촉에 의한 것은 아니라는 사실을 알아냈다. 그는, 1778년과 1783년 사이에 체스터에서 실험에 들어갔고 천연두의 확산을 막는 것으로 밝혀진 '예방 규칙'을 작성해냈다. 예방 규칙에서는 천연두를 앓은 적이 없는 사람이 천연두 환자를 방문하지 못하게 했고, 천연두를 앓는 사람은 딱지가 떨어질 때까지 집 밖에 나가지 못했으며, 외출을 할 수 있게 되었을 때도 목욕을 하고 옷을 빨아 입은 후에야 외출을 허락했다. 환자가 만진 물건은 무엇이든 세척해야 했고 환자를 다루는 사람은 손을 씻은 후에야 가지고 나갈 물건에 손을 댈 수 있었다. 체스터의 실험은 곧이어 리즈와 리버풀과 같은 대도시 접종 캠페인의 모델이 되었다. 규칙을 따르는 사람에게는 금전적 보상을, 그렇지 않은 사람에게는 벌금을 부과(영국은 오늘날에도 접종 목표를 달성한 의사들에게 금전적 보상을 준다)하는 것과 같은 당근과 채찍을 혼용해서 시행해야 이상적인 결과를 얻었다. 전국적으로 실시하려면 일단의 정부 감시단이 필요하다는 것을 헤이거스는 잘 알고 있었다. 또한 접종이 예방 규칙과 결합되어야만 확산이 아닌 제거 쪽으로 확장된다는 것도 확신했다. 헤이거스는 또 다른 뛰어난 수학자인 존 도슨에게 자신의 제안이 미칠 영향을 수치로 계산해달라고 요청했다. 도슨에 따르면 그의 계획을 실행할 경우, 50년 내에 대영제국의 인구 100만이 증가할 것(베르누이가 계산한 늘어난 기대 수명과 대략적으로 양립이 가능한 주장)이라고 했다.

그러나 몇 년 새에 이러한 모든 논쟁이 불필요해졌다. 제너(Edward

Jenner)의 우두 접종(1796년)이 천연두에 대한 면역을 제공하면서도 다른 사람에게 전염시키지 않았기 때문이다. 우두(소에서 뽑은 면역 물질) 접종은 인두 접종과 달리 천연두를 확산시킬 위험이 없었다.

인두 접종에 대해 처음부터 누가 옳고 틀린지가 명백했던 것처럼 말하기는 쉽다. 마리 워틀리 몬태규 부인, 볼테르, 아버스넛, 베르누이가 영웅이고 파리의사단이 악당이다. 이야기를 이런 식으로 끌고 나가면 일부 동시대인들이 그랬던 것처럼 딤즈데일의 우려를 하찮게 볼 수밖에 없다. 천연두로 인한 사망률은, 그 변화가 가장 적다고 한 런던에서조차 항상 바뀌었기 때문에, 1768년에서 1775년 사이에 사망률이 증가했다고 확신한 딤즈데일의 의견(그는 증가의 원인을 인두 접종의 확산으로 보았다)은 과거에도 그랬고 현재도 일축을 당한다. 현대적 시각에서 보면 인두 접종은 우두와 별반 다르지 않은, 인류에게 명백한 혜택이었다.

그러나 이런 식의 이야기 전개에서는 초기의 접종 캠페인이 질병 확산의 위험을 전혀 고려하지 않았다는 사실을 소홀히 한다. 딤즈데일과 헤이거스는 우리가 현재 의원성병(의사에 의한 병)이라고 하는 것의 가능성을 인식하고, 의학적 간섭의 혜택과 마찬가지로 역효과도 측정해야 한다고 생각한 최초의 인물들이었다. '의원성병'이라는 단어가 처음 쓰인 때는 1924년경이지만 처음에는 정신과의사들이 악화된 정신질환이라는 맥락에서만 사용했던 것으로 보인다. 옥스퍼드 영어사전에 따르면 정신질환의 맥락 이외의 의미로 사용한 예는 1970년이 처음이다. 헤이거스의 예방 규칙이 형성되기 전에 접종을 시행한 개업의들은 맹목적인 믿음을 가지고 있었다. 그들은 천연두가 전염된다는 것을 알았지만 전염의 가능성은 고려하고 싶어하지 않았다. 설령 산술적 공식이 전혀 없다 하더라도 개인들이 접종으로 혜택을 얻었다는 사실을 보여줄 수 있다고 베르누이는 확신했지만, 그의 확신은 비논리적이었다. 전염 기간과 방식에 대한 제대로 된 연구가 이루어지지 않았을 때 접종의 결과를 예측하기란 예상이 불가능했다. 접종이 혜택보다 오히려 해를 더 입힐지 모른다고 우려한 파리의사단과 같은 사람들의 조심성은 전적으로 분별력 있는 행동이었다.

헤이거스의 규칙 체계화는 의학사에서 중요한 순간을 의미한다. 그가 바로 의학의 개입이 초래할 수 있는 의도하지 않은 악영향을 최소화하려고 한 최초의 인물이었기 때문이다. 그는 접종의 보상뿐만 아니라 위험 요소까지 제대로 인식하고 위험을 보상만큼 진지하게 받아들임으로써, 의학 지식과 공공보건 정책이 어떻게 나가야 하는가에 대한 모델을 제공했다. 그러나 교과서들에는 인두 접종에 수반된 위험에 대한 얘기가 사라졌고, 그 결과 헤이거스는 시야에서 사라지거나 혹은 무비판적인 접종 옹호자로 묘사되었다. 앞으로 살펴보겠지만 헤이거스가 더욱 널리 알려질 가치가 있는 유일한 이유가 그가 만든 규칙만은 아니다.

16세기 베네치아에서는 새로운 치료법을 이따금 사형수에게 실험해보기도 했다. 어차피 죽을 사람의 생명을 실험하는 것에 반대는 있을 수 없는 듯 보였다. 우리는 앞서 이와 유사한, 천연두 관련 실험이 1721년에 런던에서 시행되었음을 확인했다. 그러나 경쟁적인 두 가지 치료법을 비교한 실험들은 전혀 없었다. 앙브루아즈 파레가 1575년에 자신의 『전작집』에 설명하기 전에는 임상실험 기록이 없었다. 파레는 처음으로 혈관을 묶고 절단 수술을 한 위대한 외과의였다. 하지만 불행히도 지혈대를 사용할 필요는 알지 못했는데 이는 당시까지 여전히 사망 빈도가 높았다는 의미이다. 그는 두 가지 치료법에 대한 비교 실험을 했을 때(1537~38년) 일어나는 두 경우를 설명했다.

총탄이 인체의 몸에 구멍을 내는 것에 그치지 않으며 화약이 폭발물에 불과한 것이 아니라는 기존의 견해가 위기에 처했다. 화약은 화상뿐만 아니라 독을 통해서 사람을 죽음에 이르게 하며, 탄환에 묻은 화약의 잔재로 인해 인체에 독이 들어가므로 항독 치료제(말오줌나무 기름에 만병통치약을 약간 넣어 보통 아주 뜨거울 때 바르는 고약)를 처방해야 한다는 견해였다. 한 번은 파레에게 술에 취해서 아무 생각 없이 플라스크에 담긴 화약에 불을 붙였다가 폭발하는 사고를 당해 얼굴을 다친 사람을 치료해달라는 요청이 들어왔다. 파레는 나이든 여인에게서 배운 끓는 기름에 덴 화상을 치료하는 방법에 따라, 환자의 얼굴 한 쪽에 양파 연고를 발랐고 다른 쪽에는 일반 치료제를 썼다. 뜨거운 고약을 바른 쪽과 달리 양파 연고를 바른 쪽은 확실히 물집과 상처가 나지 않았다. 또 한 번은, 파레가 포격을 당한 군인들을 치료하는 중에 뜨거운 고약이 다 떨어져 일부 군인들에게 보통 뜨거운 고약을 바른 후에 빠른 치료를 위해 두 번째 처치로 사용하는 계란 노른자, 테레빈유, 장미 기름을 차갑게 발라주기만 했다. 이런 환자들이 정통 치료를 받은 환자들보다 훨씬 더 호전되자 파레는 이후로 고약을 바르지 않았다. 1545년 발표한 총상 치료에 관한 파레의 논문은 화약이 독의 작용을 한다는 신화를 없애버리는 데 일조했다.

파레는 자신이 한두 번의 비교 실험을 통해 중요한 것을 배웠음을 의심치 않았음에도 다른 실험을 실행하지는 않았다. 외과수술은 상대적으로 경험적이며 비이론적인 분야였고 외과의들은 학위를 받은 사람들이 아니었다. 그들은 대학 교육의 혜택을 받지 못했다. 그래서 지금도 영국에서는 외과의들을 '미스터'라고 칭한다. 화약에 의한 화상과 총상이 서양 의학에서 새로운 증상이었다는 사실 또한 중요하다. 전투에서 총이 중요했던 시기는 고작 100년 전부터였다. 파레가 만병통치약을 버리기 위해 오래 자리 잡은 권위에 의문을 제기할 필요는 없었다. 누구도 히포크라테스나 갈레노스의 권위를 부정하라는 요구를 받지 않았다.

파레의 실험은 우연이었고 특별한 것이었다. 적절한 임상실험이 제안되기까지는 100년이 더 흘러야 했다. 의사가 아닌 입장에서 앞서 보았듯 기존

의학을 신랄히 반대한 반 헬몬트(van Helmont, 1655년 사망)가 『오리아트리케』에서 500명의 환자를 무작위로 두 그룹으로 나누어, 한 그룹은 사혈을 비롯한 기존의 치료법으로 치료하고 다른 그룹은 대안 치료법으로 치료하자고 제안했다. 헬몬트 본인이 이러한 실험을 이끌 만큼 영향력을 갖지는 못했지만, 추종자들이 다행히 그를 따르는 헬몬트 치료법의 효능을 실험해볼 것을 계속해서 제안했다. 1675년, 메리 트리에가 자신의 천연두 치료법을 전통 사혈법과 비교 실험해보면 자신의 방법으로 치료한 환자들의 생존 비율이 기존의 치료법을 받은 환자들의 두 배가 된다고 주장했다. 1752년, 철학자이자 신학 박사(역시 의사가 아니었다)인 조지 버클리(George Berkeley)가 천연두 치료에 타르 물이 효과가 있는지를 실험해보는 유사한 실험을 제안했다. 임상실험을 생각해내는 게 특별히 어렵지 않았다는 걸 보여주는 드문 예들이다. 그러나 의사들이 제안한 경우는 없었고 실제로 실험은 이뤄지지 못했다. 얄궂은 일이지만 설령 이러한 실험이 이뤄졌더라도, 헬몬트 추종자들과 버클리가 옹호하는 치료법들은 1818년에 맥린이 지지했던 수은 요법과 마찬가지로 기존 치료법보다 나은 것이 별로 없었다.

문헌 속에서 근대 임상실험의 창시자로 자리매김한 한 의사가 있다. 처음에는 외과의였으나 후에 의사 자격증을 얻은 스코틀랜드인 제임스 린드(James Lind)가 바로 그 주인공이다. 그는 1753년에 『괴혈병에 관한 논문』을 발표했다. 괴혈병은 비타민C 부족이 원인으로 알려진 질환이다. 초기의 증상은 잇몸이 붓고 이가 빠진다. 그리고 얼마 안 가 일을 할 수 없게 되며 곧바로는 아니지만 죽음에 이른다. 표준적인 의학 치료는 (물론) 사혈이었고 소금물을 마셔 구토를 유도했다. 특허 치료약은 워드(Ward)의 사하제와 이뇨제였다. 다시 말해 괴혈병을 체액 측면에서 이해했고 사혈, 사하제, 구토제 등 전통적 방법으로 치료했다는 뜻이다.

괴혈병은 신선한 야채가 들어가지 않은 식단을 먹는 경우에만 문제가 된다. 중세 시대에 오랜 기간 포위된 성의 수비대원들이 괴혈병에 걸리긴 했지만, 괴혈병이 주요 문제로 떠오른 시기는 항해가 시작되면서였다. 건강한 사람이라면 비타민C를 약 10주간 섭취하지 못했을 경우에만 증상이 나타난다. 고대와 중세의 함선들은 육지에서 가까운 바다를 운항했기 때문에 정규적으로 해변으로 와서 물과 신선한 음식을 섭취할 수 있었다. 그러나 장기간의 대양 항해를 떠나면서 대개 소금에 절인 소고기나 딱딱한 음식(바구미가 그득하기로 악명 높은 건빵)과 같은 썩지 않는 음식을 가져가야 했고, 신선한 야채는 시들기 전에 서둘러 소비해버렸다.

1740년 태평양에서 스페인을 상대한, 6척의 함선과 2,000명의 수병으로 구성된 영국함담에서 살아남은 선원이 200명에 불과했는데, 나머지는 거의 모두 괴혈병으로 사망했다. 칠년전쟁 동안 18만 4,899명의 영국 수병(상당수가 강제징집된 이들이었다)이 참전했는데 13만 3,708명이 질병(대부분 괴혈병)으로 사망했고 1,512명만이 교전 중에 사망했다. 장기 항해에서 괴혈병으로 인한 일반적인 사망률은 50퍼센트가량이었다. 콜럼버스가 신대륙을 발견한 때부터 19세기에 항해선이 증기선으로 대체된 시기 사이에 이 끔찍한 질병으로 사망한 선원들이 200만 명에 이른다는 추정치가 있다. 통계적인 사고를 하지 못한 사람들만이 장기 항해를 지원한 게 아닌가 하는 생각이 들 수밖에 없을 만큼 엄청난 사망률이다. 선원들도 살아돌아올 확률을 제대로 계산할 수 있는 능력을 분명 갖고 있었을 것이다. 이러한 죽음의 대부분이 의료계의 책임(나쁜 제안이 좋은 제안을 물리칠 경우 이를 추진한 사람들이 책임을 져야 하므로)이라는 한층 더 놀라운 사실이 입증되기 위해서는 더 많은 조사가 필요하다.

1601년, 제임스 랭커스터 경이 자신의 배에 짐을 싣고 동인도로 항해하면서 레몬주스를 가지고 갔다. 17세기 초 네덜란드와 영국 동인도 회사의 함선들의 경우 레몬주스를 가지고 가는 게 일반적인 관행이었다. 레몬이 괴혈병을 예방한다는 사실이 포르투갈인, 스페인인, 초기 아메리카 식민지 이주민들에게 알려져 있었다. 17세기 초에 괴혈병은 사실상 해결된 셈이었다. 그러나 다른 모든 질병과 마찬가지로 괴혈병도 당연히 나쁜 공기나 체액의 불균형에 의해 유발된다고 확신하고 있는 대학 교육을 받은 의사들에게는 이러한 치료법이 이해되지 않았고 함선에 레몬을 싣고 가는 관행을 중단한 것은 이들의 영향력 때문(다른 어떤 설명도 있을 수 없다)이었다. 이는 결코 있어서는 안 될, 주목할 만한 예이며 이해하기 어려운 사례이다. 함선의 선장들이 괴혈병을 예방하는 효과적인 방법을 알고 있었지만, 의사와 함선의 외과의들은 선장들에게 자신들이(괴혈병을 예방할 능력이 없는) 더 잘 안다며 말을 따르라고 주장했다. 나쁜 지식이 좋은 지식을 몰아낸 것이다. 실제로 이러한 일이 일어났다는 것을 우리는 확인할 수 있다. 함선의 외과의가 선장에게 부두에 레몬을 두고 가라고 한 편지는 없지만, 해군 제독이 왕립내과의들에게 공식적으로 괴혈병을 퇴치하는 방법에 관한 조언을 요청했다는 사실은 알고 있다. 1740년에 왕립내과의들이 추천한 전혀 효과가 없는 식초가 당시 해군함에서는 표준이 되었다. 1753년에는 워드의 드롭앤필 역시 표준이 되었다.

역사가들은 의사들에게 괴혈병으로 죽은 200만 명의 죽음에 대해 책임을 묻기는커녕 치료제 발견의 공적을 돌린다. 제임스 린드는 1747년에 외과의(당시는 아직 자격증을 딴 의사는 아니었다)로 HMS 솔즈베리 호에 탑승한 채널 함대의 군의관으로 복무했다. 그가 탄 함선의 선원 800명 가운데 10퍼센트가 괴혈병을 앓았다. 그는 12명을 여섯 쌍으로 나눴다. 여섯 쌍에게 각각 사과술, 황산염으로 만든 엘릭시르, 식초, 소금물, 허브 이긴 것과 사하제, 오렌지와 레몬을 매일 복용하게 했다. 일주일 내에 오렌지와 레몬을 복용한 선원들은 치료가 되었다(그러나 배에 남은 레몬과 오렌지가 없어서 다른 선원들에게는 시도하지 못했다). 사과술을 마신 선원들은 경과가 약간 좋아졌다. 그 나머지는 더 악화되었다. 린드가 파레 이후 처음으로 임상실험을 수행한 셈이었고 실제로 그는 임상실험을 수행한 최초의 의사이다. 그는 효과적인 치료법을 발견했고 마침내 그의 치료법이 보편적으로 채택되었다. 치료학의 근대 역사는 여기서 시작한다.

정말 그럴까? 린드는 자격증을 받은 의사로서 치료법을 발표하기까지 6년을 기다렸다. 그의 저자 『괴혈병에 관한 논문』은 400쪽에 달하지만 자신의 임상실험에 할애한 것은 네 쪽에 불과하다. 나머지는 복잡한 이론논쟁과 논평을 실었다. 그의 기본 이론은 체액설이었지만 체액의 전반적인 균형에서 피부를 통한 발한의 중요성을 강조했다는 점에서 근대화된 체액설을 제시했다(발한을 통해 유실되는 체액의 양을 측정하려는 시도를 한 최초의 인물은 17세기 초 산토리우스다). 린드는 습한 공기로 인해 땀구멍이 막힌 것이 괴혈병의 원인이라고 주장했다. 그는 막힌 땀구멍을 뚫는 특별한 기능이 레몬에 있다고 주장했다. 그는 이것이 레몬이 산성이라는 점과 관련이 있다고 생각하면서도 식초 등 다른 산과 같은 경우에는 필요한 속성이 부족하다는 점을 인정하기도 했다. 린드의 주장은 당대의 독자들에게 확신을 주지 못했고, 아마도 그의 주장에 명백한 반대 의견이 있었을 것이다. 선원들이 땀을 흘리지 않았던가? 만일 체액의 불균형이 문제라면 왜 전통적 치료법이 효과가 없는 걸까? 그의 책이 번역되어 재판까지 나왔지만 함선에 탄 외과의들의 관행은 바뀌지 않았다.

1758년, 린드는 영국 최대의 병원인 하슬라 왕립해군병원의 수석 군의관으로 임명되었다. 그는 그곳에서 괴혈병을 앓는 수천 명의 환자를 치료하는 책임을 맡았다. 그는 농축 레몬주스('rob'이라고 부름)로 괴혈병을 치료했는데, 레몬주스를 거의 끓을 정도로 가열해서 농축시켰다. 그는 또한 병에 든 구스베리(서양까치밥나무)를 권하기도 했다. 두 가지 다 열을 가해서 비타민 C가 많은 부분 파괴되었고 안타깝게도 신선한 과일과 농축액을 비교하는 실험은 하지 않았다. 모두 똑같을 거라 단정했던 것이다. 그 결과, 그는 효과가 떨어진 자신의 치료법에 점차 신뢰를 잃고 점점 더 사혈에 의존하게 되었다. 1753년에 책을 발표할 당시 린드는 괴혈병이 "신선한 야채와 나물을 전혀 섭취하지 못해서 생기는 병이며 그것만이 진짜 주요 원인"이라고 주장한 폴란드 의사 요한 바흐스트롬(Johan Bachstrom)의 주장을 듣지 못했다. 1773년 무렵 제3판을 출간한 린드는 바흐스트롬의 주장을 알면서도 받아들이지 않았다. 그는 음식 조절로 괴혈병의 발생을 줄이거나 치료하기는 불가능하다고 주장했다.

린드 본인은 이처럼 자신이 1747년에 발견한 것이 정확히 무엇인가를 확실히 이해하지 못했고, 절차로서의 임상적 실험이 갖는 중요성을 전혀 파악하지 못했다. 그는 하슬라에서 다양한 치료법에 대한 실험을 수행했지만 실험을 '해보았다'는 기초적인 의미였을 뿐 무수한 기회에도 불구하고 각각의 치료법을 서로 비교한 실험에 대한 기술은 결코 하지 않았다. 그가 「더운 기후에서 유럽인들에게 발생하는 질병에 관한 글」(1771년)에서 자신이 "열병을 완화하는 약제로 유사한 사례의 환자들에게 여러 가지 비교 실험을 수행했다"고 밝혔지만 그가 실제로 독자들에게 보여준 내용은 관습적인 병력(病歷)이었다. 게다가 치료 방식 역시 여전히 완벽하게 관습적이었다. 그는 하루에 괴혈병을 앓는 10명의 환자와 분만 두 시간 전의 한 여성과 미치광이 십대 1명과, 류머티즘 환자 10명, 장폐색증 환자를 사혈법으로 치료했다. 고열 환자들을 사혈할 때는 신중을 기해 아편이나 구토제를 함께 사용했다. 만일 린드가 임상실험을 발견한 거라면 대단히 만족스럽지 못한 임상실험을 한 셈이다.

그렇다면 의학사에서 린드가 주요 인물이 된 까닭은 무엇인가? 20세기 중반에 신약 치료법에 대한 공식 임상실험이 도입되자 임상실험의 기원을 거슬러 찾아보고자 하는 자연스런 욕구가 일었다. 1951년, 브래드포드 힐이

『영국 의학회보』에 자신의 뛰어난 논문 「임상실험」을 발표했다. 논문에는 이전 3년 동안에 발표된 아홉 편의 과학 저술들을 언급한 참고문헌이 실려 있었다. 브래드포드 힐로서는 임상실험이 스트렙토마이신과 같은 약제를 실험해보기 위해 도입된 최신의 방법이었다. 스트렙토마이신은 1944년에 발견되었고 1946년에 (영국) 의학연구위원회에서 결핵 환자들을 대상으로 실험을 시작해 1948년에 결과가 발표되었다. 스트렙토마이신이 부족했던 까닭에 약을 복용하지 않는 대조군을 두는 게 윤리적이라는 결론이 내려졌다. 당시의 주장에 따르면 스트렙토마이신 실험은 인간을 대상으로 한, 기록된 최초의 무작위 임상실험이었다(파스퇴르는 누에와 양을 대상으로 임상실험을 했다). 바로 이 시점에서 '린드의 실험 접근방식'에 관해 쓴 논문, 1954년에 발표된 「제임스 린드 박사가 세상에 알려지지 않은 데 대한 의아함」 같은 글과 함께 린드는 뒤죽박죽인 임상실험에 적절한 역사를 부여한 인물로 재발견되었다. 린드의 중요성은 전적으로 과거를 투사한 결과이다.

　린드가 괴혈병 치료에 성공하지 못했다면 그럼 누구인가? 1769년, 제임스 쿡 선장의 엔데버 호가 태평양 탐사라는 최초의 대항해 길에 올랐다. 2년 6개월이 지나 엔데버 호가 돌아왔을 때 괴혈병으로 사망한 선원은 한 명도 없었다. 쿡은 괴혈병을 막기 위해 우선 사우어크라우트【양배추를 소금에 절여 발효시킨 독일식 김치】에 의존했는데 그 속에는 소량의 비타민 C가 들어 있었다. 또한 육지에 내릴 때마다 신선한 야채를 섭취하게 했다. 그는 7년간 지속된 다음 항해에서 린드의 농축 레몬주스, '맥아즙'이라고 불리는 엿기름을 우려낸 물, 당근 마멀레이드, 소다수 등 다양한 치료제를 가져갔다. 여러 방법들이 어우러져 효과를 나타냈는데, 쿡은 그 중 소다수를 쓸모없다고 생각했고 당근 마멀레이드를 처방에서 빼긴 했지만 나머지 가운데 어떤 것이 효과가 있고 어떤 것이 효과가 없는지는 알지 못했다. 언젠가 쿡이, 함선 군의관의 일지를 자세히 살펴보면 분명히 밝혀질 거라는 말을 하긴 했지만 그에 대한 조사는 결코 이뤄지지 않았다. 쿡은 북서항로를 찾아 떠난 세 번째 항해 도중 하와이에서 사망했지만(1779년), 그의 선원들은 4년 6개월의 항해를 마치고 돌아왔고 어느 누구도 괴혈병으로 목숨을 잃지 않았다. 쿡은 선원들이 긴 항해를 하는 동안 괴혈병에 걸리지 않을 수 있다는 걸 보여주었다. 그러나 그가 정확히 어떻게 그 일을 이뤄냈는지를 아는 사람은 아무도 없었고, 본인 역시 마찬가지였다. 정교한 의학 이론들이 뒷받침해주는 일치된 견해로는 맥아가 재주를 부렸다고 했다. 어느 상선의 선장이 1786년 해군제독에게 쓴 편지에서 브랜디에 탄 레몬주스가 늘 괴혈병을 치료해주었다고 했을 때 딱 부러지게 그렇지 않다고 하는 답변이 돌아왔다.

각기 다른 시기에 대양을 항해하는 여러 함선들에서 레몬산의 효능에 대한 실험을 했지만, 함선의 군의관들 모두가 레몬과 오렌지의 산이 질병 예방이나 치료에 전혀 도움이 되지 않는다고 입을 모았다.

린드 이후 해군에서 처음으로 레몬주스에 대한 무조건적 지지를 보낸 사람은 1780년 서인도함선의 내과의를 지낸 길버트 블레인이었다. 블레인이 처음에 레몬주스와 맥아를 모두 배에 싣고 간 것으로 보아 시행착오를 거쳐 레몬의 독특한 효능을 확인했던 것 같다. 1793년, 블레인의 제안에 따라 서포크 호에서 레몬주스에 대한 공식 실험이 시행되었다. 서포크 호는 신선한 음식을 싣지 않고 영국에서 동인도로 가는 동안 43주간 해상에 있었다. 예방조치로 레몬주스를 처방했고 괴혈병이 출현하면 양을 늘렸으며 만족스런 결과를 얻었다. 1795년이 되자 레몬주스는 전 해군이 매일 배급받는 품목이 되었고 1790년대 말에는 괴혈병이 사실상 제거되었다. 레몬주스는 린드가 치유 효과를 발견한 지 50년 만에 보편적으로 채택되었고, 대조군과의 비교를 통한 임상실험은 더 이상 시행되지 않았다. 해군을 설득해서 레몬주스를 복용하게 한 것은 린드가 아니라 길버트 블레인이었고, 맥아즙이 아닌 레몬이 효과가 있다는 사실도 치료법들을 체계적으로 비교 검증해 봐야 한다는 생각을 발전시키는 데 아무도 역할을 하지 못했다. 블레인은 다른 치료법들과 레몬주스를 비교하는 실험을 결코 하지 않았다.

린드가 자신의 임상실험이 갖는 중요성을 각인시키지 못했고, 실험을 반복, 확대하지 못했다는 점은 그의 이름이 알려지지 않을 만하다는 것을 의미한다. 임상실험을 고안해낸 주요 인물들을 확인하려면 아마 다른 곳을 찾아보는 게 더 낫다. 예를 들어 1779년에 에드워드 앨런슨은 『절단에 대한 실질적 관찰』을 발표했다. 그는 피부판을 잘라내 상처를 아물게하고 상처 가장자리를 감싸서 치유를 촉진하는 기술 등의 새로운 기법들을 추천했다. 그는 새로운 방법을 채택하기 전의 수술 결과(절단환자 46명 중 10명 사망)를 최근의 결과(절단 환자 35명 중 사망자 없음)와 비교했다. 설득력 있는 통계를 바탕으로 한 그의 주장은 영국과 유럽의 외과술에 중대한 영향을 미쳤다(다만 프랑스는 여전히 회의적이었다). 앨런슨이 가설한 대조군은 역사적이었으며 누가 어떤 치료를 받을 것인가를 무작위로 고르지 않았다. 대신 결과를 낼 수 있는 숫자를 사용했다. 1785년 윌리엄 위더링이 팍스글러브(디기탈리스가 주성분)를 사용하여 수종(水腫, 현재 울혈성 심부전증이라고 진단되는 증상) 환자 163명을 치료한 경험을 자세히 설명한 글을 발표했다. 그러나 실제로 디기탈리스가 약제로서 자리를 잡자 곧 온갖 질병의 치료에다 사용되었으면서도 수종 치료에는 처방되지 않을 때가 많았다. 또 다시 나쁜 지식이 좋은 지식을 몰아낸 셈이다.

존 헤이거스의 『질환의 원인과 치료제로서의 상상에 대해』(1800년)는 앨런슨과 위더링의 연구보다 훨씬 더 중요하다. 헤이거스는 '끌개'(tractor)라고 불리는 금속 침을 둘러싼 주장의 정체를 폭로시키고 싶어했다. 미국인

엘리샤 퍼킨스(Elisha Perkins, 1744~99년)가 특허를 낸 이 금속 침은 5기니라는 엄청난 가격에 판매되었으며 아마도 질병을 '끌어내는 데' 사용되었기 때문에 끌개로 불렸을 것이다. 끌개는 잠시 동안 굉장한 성공을 거두었다. 헤이거스가 은퇴하기 전까지 개업활동을 했던 유행에 민감하고 부유한 바스 지방에서 특히 그랬다. 그는 퍼킨스의 침과 대략 비슷하지만 다른 재료로 만든 침을 사용해서 류머티즘을 비롯한 다른 질환들에도 눈에 띄는 치료 효과를 볼 수 있다는 것을 밝히는 작업에 착수했다. 그는 치료를 가능케 한 것은 특허를 받은 퍼킨스의 끌개가 아니라 의사의 행동과 환자의 믿음이라고 주장했다. 가짜(그는 독특하게도 '허구적'이라는 용어를 사용했다) 끌개가 진짜 끌개만큼 효과를 나타냈다는 사실은 진짜 끌개에 특별한 치료 속성이 없음을 보여줄 뿐만 아니라 "지금까지 결코 생각지 못했던 정도로" 상상이 질병에 얼마나 강력한 힘을 발휘하는지를 보여준다는 사실을 입증했다. 바로 위약 효과의 발견이었다. 이 말이 처음 영어에 등장한 것은 다소 늦은 1832년이긴 하지만 말이다.

헤이거스의 동료 한 명은 치료 효과에서의 상상력의 한계를 명료하게 밝히기도 했다. 그는 팔의 통증이 있고 비정상적으로 자란 뼈에 막혀 팔꿈치 관절을 움직이지 못하는 한 여성에게 헤이거스의 가짜 끌개를 사용했다. 그 여성의 상상력 덕에 통증이 치료되었고 그래서 팔꿈치를 다시 움직일 수 있게 되었다고 생각했다. 그러나 실제로 자세히 살펴보면 그녀의 팔꿈치는 뼈에 막힌 상태 그대로인데 어깨와 팔목을 더 많이 사용해서 좀더 잘 움직일 수 있었던 것이다.

헤이거스는 또한 가짜 끌개를 사용했을 때 환자의 상태가 악화되는 소수의 사례를 발견하기도 했다. 이렇게 해서 그는 상상력이 질병을 치료할 뿐만 아니라 유발할 수도 있음을 밝혀냈다. 이런 경우에 헤이거스가 환자들에게서 도출해낸 증상은 그 근원이 심신상관적이라고 말할 수 있지만, 헤이거스는 이러한 사고 흐름을 따르지 않았다. 그러나 더욱 중요한 점은 그가 이를 뒤집지 않았다는 점, 즉 가짜 끌개로 치료가 된 증상들이 심신상관적이라는 주장을 하지 않았다는 것이다. 이 부분이 중요한 것은 고대 의사들도 감정이 신체의 증상을 유발할 수 있으며 이러한 증상은 감정 상태의 변화로 치유될 수 있음을 알았기 때문이다. 예를 들어 1603년에 에드워드 조든이 아버지와 사이가 멀어지면서 '쓰러지는 질환'(간질)에 걸린 젊은이에 대해 논의한 적이 있었다. 이 젊은이는 아버지의 다정한 편지를 받고 치유되었다. 헤이거스는 가짜 끌개가 심리적인 질병에만 효과가 있다고 주장하지 않았다.

헤이거스는 가짜 끌개에 대한 자신의 실험이, 왜 유명한 의사가 명성이 없는 의사보다 개업에 성공하는 경우가 많은지 그리고 왜 새로운 처방이 처음 나왔을 때가 오래된 경우보다 더 성공을 거두는지를 설명해준다고 믿었다. 어떤 의사 혹은 어느 치료제가 더 효과적인 이유는 환자의 상상력을 이끌어내 협력할 수 있게 하기 때문이라는 것이다. 그는 치료가 실제로 성공하기 위해서는 의사와 환자 양측이 모두 믿음을 갖는 게 중요하다고 주장했다. "이해력은 높지만 성격이 각기 다른 개업의들은 자신들이 사용하는 치료제에 회의감을 느끼는 정도가 다양하다. 식견이 있고 의료 신뢰가 가장 큰 의사가 환자를 가장 이롭게 한다는 데는 의심의 여지가 없다."

이 부분에서 헤이거스의 결론은 자신의 연구와 일치하지 않았다. 그는 가짜 끌개를 사용하면서 진짜라고 가정하는 회의론자들과, 진짜 퍼킨스 끌개를 사용한다고 진정으로 믿는 사람들의 결과에 차이가 없다는 걸 보여주었다. 그의 의사들은 퍼킨스 끌개 옹호자들이 사용하는 은어를, 잠시 동안 그들이 하는 말을 믿지 않은 채 냉소적으로 사용했다. 그런데 왜 아닌 척을 하는가? 헤이거스가, 실험에서 도출한 증거에 반하여, 만일 환자의 심장을 만지고 싶다면 자신이 느끼는 것을 말로 해야 한다고 주장한 것은 거짓과

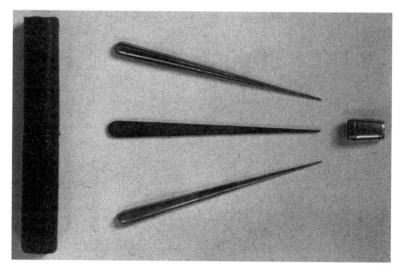

퍼킨스 끌개 세트.

위선을 부추긴다는 비난으로부터 자신을 보호하고 싶어서 그런 것이라고 추정할 수밖에 없다.

그러나 헤이거스가 한 일은 일반 의학의 상당부분이 전적으로 위약 효과에 의존한다는 견해를 제시한 것이었다. 몇 년 안 가 동료 의사들이 그가 퍼킨스 끌개의 외관상의 성공을 설명하기 위해 전개한 주장을 대중요법의 성공을 설명하는 데 차용했다. 올리버 웬델 홈스의 「대중요법과 유사한 환영」 (1842년)에는 퍼킨스의 끌개와 헤이거스의 가짜 끌개에 대한 포괄적인 논의가 담겨 있다. 그러나 이미 일은 벌어졌다. 위약 효과가 퍼킨스 끌개와 대중요법의 성공을 설명할 수 있다면 정통 의학의 어떤 부분이 이와 유사한 환영에 근거했던 것인가? 헤이거스의 중요성은 그가 처음으로 이 문제에 의문을 품었다는 사실에 있다.

헤이거스는 의원성 질병 혹은 위약 효과를 발견한 인물로 의학 역사서들에 등장하지 않는다. 의학사에는 퍼킨스 끌개에 대한 언급이 없다. 의학사에서 헤이거스는 천연두 접종의 옹호자로서 중요성을(만일 중요하다면) 띨 뿐이다. 의학사에서는 상상력의 힘을 말하며 헤이거스를 논하는 대신, 1785년 프랑스 왕이 프란츠 안톤 메스머의 치료 방법들을 조사할 목적으로 설치한 위원회에 대해 언급한다. 메스머는 파리에서 환자가 지닌 '자기'(磁氣)를 이용한 치료, 즉 최면, 발작, 기절 등을 유도하는 과정을 주장해 대단한 성공을 거두었다. 1785년에 설립 신고를 한 이 위원회에는 위대한 화학자 라부아지에(Lavoisier), 벤저민 프랭클린(Benjamin Franklin), 지금은 악명 높은 의사 조제프 기요탱(Joseph Guillotin)도 포함되었다. 위원회의 위원들은, 몇 년 후 헤이거스가 퍼킨스 끌개를 실험하기 위해 고안해낸 것과 유사한 실험을 메스머가 주장한 내용들을 대상으로 시행했다. 그들은 메스머가 훈련시킨 사람에게 물 잔에 '최면을 걸게 한' 뒤에 한 환자에게 최면을 건 잔을 포함해 다섯 잔의 물을 마시게 했다. 환자는 그 중 한 잔을 마시다가 기절했지만 보통의 물이 든 잔이었다. 그들은 메스머의 치료 방법이 환자의 상상력에 의한 것이라고 결론을 내렸는데, 그들의 조사가 어떤 한 치료법에 대해 '맹검'【가설이나 조건을 숨기고 하는】 테스트를 고안해내려 한 최초의 체계적 시도 가운데 하나였던 것은 분명하다. 따라서 증거에 기초한 의학의 탄생에 중요한 순간이었다. 그러나 왕립위원회는 헤이거스와 달리, 상상이 정통 의학에서 분명 어떤 역할을 하고 있다는 사실을 인정하지 않았다. 그들은 모든 의료에 현재 우리가 위약 효과라고 부르는 현상이 존재한다는 사실을 인식하지 못했던 것이다. 그들의 회의적 사고는 정통 의료 행위 쪽으로 향하지 않았다.

의학사가들도 마찬가지로 편협한 시각을 가졌다고 볼 수 있다. 그들이 헤이거스에 관심을 두는 까닭은 환자에서 환자로 전염이 확산되는 것을 예방하는 방법을 발견했기 때문이며, 프랑스 왕립위원회에 관심을 갖는 것은 위원회가 맹검검사를 개척했기 때문이다. 그러나 앞서 밝혔듯이 헤이거스가 정말로 중요한 이유는 최초로 의원성병과 위약 효과를 모두 제대로 이해한(비록 이름을 붙이지는 않았지만) 인물이기 때문이다. 그는 병원에서 전염병이 확산되며 격리를 통해 천연두의 확산을 막을 수 있다는 것을 이해했고 전통 의학의 많은 부분이 퍼킨스 끌개가 환기시켜주듯 상상력의 힘에 기대고 있음을 인식했다.

위약(placebo)이라는 단어를 처음 사용한 것은 효과 있는 다른 치료를 받을 수 없는 한 환자를 안심시키기 위해 준 환약(밀가루, 설탕 혹은 약리 작용이 없는 다른 물질로 만든)을 언급하면서였다. 임상실험에서 처음 위약을 사용한 곳은 1832년의 러시아였다(우연하게도 위약이라는 단어가 영어에 처음 등장한 해와 일치한다). 러시아에서 대중요법의 효능을 실험하기 위한 임상실험이 이루어졌다. 이 실험에서 대중요법을 위약(밀가루 반죽으로 만든 환약) 치료와 체계적으로 비교해보았는데, 위약과 마찬가지로 효과가 없었다. 치료에서 효용성 검사가 위약—오늘날 채택하는 실험의 하나(치료를 하지 않는 것 혹은 대안 치료법들과 비교하여 평가할 수 있다)—보다 더 효과적이라고 규정된 첫 번째 사례였다. 이렇듯 19세기 초에는 어떤 치료법에 대해 대조실험을 한다는 생각에 문제가 없었다. 에든버러의 군위관 해밀턴은 1816년에 발표한 논문(라틴어로 썼다)—읽은 사람이 거의 없을 만큼 알려지진 않았지만—에서 반도전쟁 중이던 1809년에 질병에 걸린 군인들에게 시행한 모델 실험에 관해 설명했다. 병사들을 무작위로 세 그룹으로 나누어 한 그룹에는 사혈을 하고 나머지 두 그룹에는 하지 않았다. 대안 치료를 받은 군인 244명 가운데 6명이 사망했고 사혈치료를 받은 122명 가운데는 35명이 사망했다. 그런데 불행하게도 해밀턴은 방탕한 삶을 산 구제불능의 거짓말쟁이였고 오늘날 그의 설명은 지어낸 이야기라는 것이 거의 확실해졌다. 우리가 그에 대해 많은 부분을 알게 된 것은 그의 개인 서류들이 이혼 절차 중에 압류되었고 그의 사후 부인 측 변호사들의 문서보관소에 보존된

덕택이다. 상세한 그의 1809년 일기에는 실험에 대한 언급이 전혀 없다. 해밀턴은 자신의 심문관들이 읽고 싶어하는 줄거리에 따라 관심을 끌기 위해 이야기를 꾸며냈던 것이다.

새로운 통계 방식의 옹호자 가운데 가장 중요한 인물은 피에르 샤를 알렉상드르 루이(Pierre-Charles-Alexandre Louis)로 그의 「사혈의 효과에 관한 연구」가 1828년에 한 학술 잡지에 처음 발표되었고, 이후 1835년에 보완되어 책으로 나왔다. 그의 논문과 책은 영어로 번역되어 미국에서 출간되었다(1836년). 루이에게 수학한 올리버 웬델 홈스는 1882년, 과거를 돌아보며 그의 글을 "실질적 의료와 내장 질환 치료에 큰 공헌을 한 저술 가운데 하나"로 꼽았다. 루이는 논문에서 흉막폐렴, 얼굴의 단독(丹毒)*, 급성 편도선염 등 당시에 염증성 질환으로 분류되어 사혈이 효과가 있다고 여긴 세 가지 질환을 살펴보았다. 흉막폐렴의 경우, 모든 환자(총 78명)에게 사혈을 실시하면서 일부는 다른 사람들보다 좀더 빨리 그리고 또 일부는 더 자주 혈액을 뽑았다. 루이는 생존 비율로든 혹은 생존자들 가운데 건강을 회복하는 데 걸리는 시간이든, 사혈의 시기와 횟수가 결과에 영향을 미치는 징후를 좀처럼 찾을 수 없었다. 얼굴에 나타난 단독에 대해서는 33명의 환자를 살펴보았고 그 가운데 21명에게 사혈을 실시했다. 사혈 치료를 받은 환자들이 다른 환자들보다 75퍼센트 빨리 회복했다. 편도선안지나의 경우, 루이는 23명의 중증 환자들을 살펴보았고 그 가운데 13명에게 사혈을 했다. 사혈을 한 환자들은 그렇지 않은 환자들보다 1과 4분의 1일 일찍 회복했다. 결론은 분명했고 이탤릭체로 강조까지 되었다. "사혈은 그 영향력에 한계가 있지만, 그럼에도 중요한 장기에 생긴 심각한 염증의 경우에는 소

---

* 헌데나 다친 피부 속으로 세균이 들어가서 열이 높아지고 얼굴이 붉어지며 붓게 되는 종창, 동통을 일으키는 감염성 질환.

홀히 취급하지 말아야 한다."

1835년 판에선 사례를 추가로 넣었다. 당시 간질성폐렴으로 부른 늑막폐렴의 경우 역시 모든 환자에게 사혈을 실시했다. 그러나 결론은 전과 좀 달랐다. "사혈은 간질성폐렴의 진전에 긍정적인 영향을 미치며, 지속기간을 단축시켜준다. … 처음 사흘 동안 사혈을 받은 환자들은 다른 조건이 같을 경우 나중에 사혈을 받은 환자들보다 4일이나 5일 빨리 회복한다." ("4일이나 5일"이라는 주장은 혼돈스럽다. 이전에 말한 수치를 보면 그 차이가 3분의 2일이기 때문이다.) 그런 뒤에 그는 사혈과 관련된 최근의 저술들에 대한 개관으로 책을 마무리했다. 주제만 그렇게 심각하지 않다면 개관은 아주 흥미롭다. 일례로, 다음은 1805년에 논문을 발표한 의사 비외쇠(Vieusseux)가 논의한 내용에 관한 일부이다.

쉽게 알 수 있듯이, 우리의 저자는 특정한 사례를 다루면서 아무런 곤란함도 없었다. 하지만 이들 예를 통해 논증하면서, 나는 그가 언급한 사례 중 한 가지만은 이상하다는 생각이 들었다. 그는 종종 괴저 증상을 수반한다고 생각한 복부 질환에 관해 이렇게 말한다. "복부에 통증이 있고 2일 내지 3일 동안 통증은 있었지만 고열과 압통은 느끼지 않은 30세의 한 여성에게 사혈과 거머리를 번갈아 사용한 사례를 보았다. 그런데 환자의 고통이 갑자기 몹시 심해지며 고열이 나고 구토를 했다. 그녀는 7일 내지 8일에 걸쳐 1회 사혈을 받았고 2회 항문에 거머리를 붙였다. 그녀는 빠른 회복을 보였고, 무슨 일이 있어도 피해야 할 화농을 피할 수 있었다."

비외쇠는 자신의 관찰이 부족하거나 불완전하다고 생각하지 않았다. 그는 마치 인정이라도 받은 듯 사례에 관해 말한다. 이제 나는 독자들에게 복부의 질환과 관련하여 복부의 형태와 부피, 배설물의 상태, 구토물의 색깔, 얼굴색 그리고 맥박의 상태 등에 관해 아무런 설명이 없는 관찰을 통해 무엇이 입증되는가를 묻겠다.

루이의 결론은 "많은 저자들이 사실을 다루는 것을 불필요하다고 여기고 가능하면 거의 활용하지 않는다는 것"이다.

　내가 루이의 주장과 그 개요를 자세히 살핀 이유는 그를 논하는 저술들이 범하는 심한 오해 때문이다. 사혈이 의미가 없음을 보여주는 작업을 시작한 사람이 루이라고들 한다. 하지만 그는 사혈이 상당한 효과를 보인다고 판단한 모든 질병의 치료법으로서 사혈을 지지했다. 한 비평가는 루이가 급성 편도선염의 여러 사례에서 사혈로 인해 회복이 지연되었다는 것을 밝혔다고 주장한다. 하지만 루이는 오히려 반대 입장을 제시했다고 생각했다. 루이의 저술에는 의사들에게 사혈법을 버리라고 촉구하는 부분이 없으며 자신도 사혈을 포기하지 않았던 게 분명하다. 좀더 자세히 살펴보면 루이는 데이터를 이상하게 왜곡 해석해서 사혈을 옹호했던 것으로 보인다. 그가 제시한 수치들에 따르면 초기의 사혈로 질환이 2.75일 단축되지만 그는 "다른 조건들이 동일하다면" 4일 내지 5일이 단축된다고 주장했다. 실제로 그는 다른 조건들이 같지 않다는 사실을 보여주었다. 일찍 사혈을 받은 환자들은 늦게 사혈을 받은 환자들보다 평균 8.5세가 젊었는데, 연령차는 그 자체로 더 빠른 회복의 이유로 충분하다. 또한 그는 당시 프랑수아 브루세가 열렬히 옹호했던 거머리 활용법을 비판적이었다고 하지만 거머리 사용법이나 발포(發疱, 물집 또는 흡각)를 논박하는 데 거의 관심을 기울이지 않았다. 그러나 그가 연구하려 한 것이 사혈의 장점이며 사혈이 얼마만큼 유용한가를 확실히 아는 유일한 길이 사례들을 수치상으로 비교하는 것이라고 믿었다는 점은 자명하다.

　사혈이 질병을 바로 치유하지는 못하지만 그럼에도 환자들에게 유용하다는 것이 루이가 내린 결론이므로 통계를 자세히 살펴보지 않을 수 없다.

만일 그가 옳다면 지금 우리는 왜 사혈을 하지 않는 것인가? '표 1'은 간질성폐렴을 앓는 환자들로 구성된 두 번째 그룹(이 가운데 25명이 회복되었다)의 상황을 자세히 알려주는 루이의 표를 간략화한 것이다. 맨 윗줄은 처음 사혈을 한 날짜이다. 밑의 각 칸은 특정한 환자가 회복되기까지 걸린 날 수이고 맨 마지막 줄은 각 열에 기입한 환자들의 평균 회복시간이다.

앞서 나는 일찍 사혈을 받은 환자들이 늦게 사혈을 받은 환자들보다 더 회복이 빠르다는 루이의 주장이 그럴싸하게 보일 뿐이며, 그의 수치 제시 방식이 연령과 빠른 회복과의 상관관계를 숨기고 있다는 의견을 제시했다. '표 2'는 루이가 제공한 정보를 그가 전혀 생각지 못한 방식으로 재구성한 내용이다.

이 표를 보면 20세가 넘으면 나이가 많을수록 회복기간이 길어진다. 그러나 이 표들을 구성하는 사례들이 절망적일 정도로 적다. 일찍 사혈을 했는데 회복이 더딘 사례나 혹은 늦게 사혈을 했는데 회복이 빠른 사례가 좀 더 있었다면 루이의 결과는 사뭇 달라질 것이다. 또 빠른 회복을 보인 10대의 사례가 조금만 더 있었다면 내가 주장한 결과도 한층 달라졌을 것이다. 루이는 세로 칸에 분포된 숫자가 실제로 기저의 유형—통계적으로 유의미한 상관관계—을 반영하는지 혹은 그저 순수하게 무작위적인 것인지를 확인하기 위한 검증할 방법이 없었다.

통계 방법을 강력히 지지한 루이지만 자신의 통계에 대해서 확고한 태도를 취하지 못한(통계를 농락한) 셈이다. 무엇보다 그의 접근방식은 통계적으로 유의미한 검증을 하지 않은 까닭에 절망적일 정도로 조악하다. 동시대의 많은 비판가들이 의학은 '과학이 아닌 기술'이므로 각 사례를 개별적으로 생각해야 한다고 주장했다. 또한 과학은 우발적 연관들에 관한 것이며 따라서 "통계는 결코 과학적 진실을 산출해낼 수 없다"고 주장한 위대한 클로드 베르나르와 같은 비평가들도 있었다. 실험실에서 수행하는 '실험'들

표1 루이의 두 번째 간질성폐렴 환자 그룹.

처음 사혈을 한 날짜	2	3	4	5	6	7	14
회복되는 데 걸린 일수	15	11	14	9	25	11	22
	16	27	19	28	21	19	
	11	28	14	11	12	18	
		9	12			24	
			13			21	
			15				
평균	14	18	14	16	19	18	22

표2 루이의 데이터를 재구성한 도표. 환자들의 연령에 따른 회복 시간(일수)을 나타낸다.

연령(회복시간)	18(9)	20(9)	30(16)	41(28)	50(14)	60(11)
	18(18)	22(19)	36(15)	42(13)	58(21)	60(21)
	19(27)	23(19)		45(14)	58(22)	61(15)
		24(12)				61(25)
		24(11)				62(24)
		25(11)				66(28)
		29(11)				67(12)
평균 시간	18	13.1	15.5	18.3	19	19.4

이 필요하다는 얘기였다.

루이는 수학자들의 비판에도 맞닥뜨렸다. 1840년 쥘 가바레가 『의학적 통계의 보편적 원칙』을 발표했다. 저서에서 그는 루이가 도출했다는 결과는 몇 백에 이르는 관찰 사례를 토대로 하지 않는 한 신뢰할 수 없다고 주장했다. 이에 대해 루이는 (1834년에 발표한 책에서) 장티푸스 환자 140명(사망 52명, 회복 88명)을 관찰한 뒤 환자의 37퍼센트가 회복되었다는 결론을 내렸다. 가바레는 루이가 관찰한 표본 크기로는 오차범위가 대략 11퍼센트이며 따라서 신뢰할 수준에서 말할 수 있는 것은 회복된 환자가 26퍼센트에서 48퍼센트라는 것뿐임을 밝혔다.

1858년 구스타프 라디케 역시 소규모 표본을 사용하여 거대한 결론을 도출하는 오류를 드러내는 일에 손을 댔다. 그는 특히 무언가의 척도가 되는 표본들(가령, 회복되기까지 걸린 날 수)에 관심이 있었고 그런 경우에 측정대상이 동질적인지 이질적인지를 확정짓는 게 매우 중요하다고 주장했다. 측정대상이 동질적이면 아주 작은 표본 크기로도 신뢰할 수 있는 결과를 도출할 수 있지만, 이질적이라면('표 2'의 경우에서 보듯 회복 시간이 10대는 9일에서 27일이고 60대는 11일에서 28일로 차이가 크다) 표본 크기를 더 크게 할 경우 평균치가 바뀌고 따라서 결론까지 뒤바뀔 가능성이 크다는 것이다. 그는 이런 종류의 수치에서 도출한 결과가 신뢰할 수 있을 때와 그렇지 않을 때를 확정짓는 수학적 검증을 제안했다.

의학적 통계에 복잡한 확률론을 적용하려는 가바레와 라디케의 노력에도 불구하고, 19세기 의학 연구자들 가운데 이들이 제안한 방법을 사용한 사람은 아무도 없었다. 그럼에도 통계는, 앞으로 살펴보겠지만, 19세기 의학이 이룬 가장 중요한 업적 가운데 핵심에 자리한다. 1801년, 한 비평가는 존 헤이거스의 저작 하나를 논평하면서 "추론 전체가 기대고 있는 사실과 사례가 표를 통해 표시된다. … 조사를 할 때 이와 같이 사례를 개관적으로 기록하고 표시하는 방식은 많은 장점이 있다"며 이 사실에 주목할 가치가 있다고 생각했다. 통계표는 히포크라테스 의학이 2,000년이 넘는 시간이 지난 후에나 맞닥뜨린 최초의 직접적인 위협이었다고까지 말할 수 있을 것이다. 1860년 무렵, 표가 제시한 혁명은 완성되었다. 올리버 웬델 홈스가 "인구, 성장, 부, 범죄, 질병 등 통계는 모든 것을 표로 나타낸다"고 썼다. "우리는 지금까지 절도와 자살의 지리학적 분포를 보여주는 지도들에 그늘을 드리웠다. 지금까지 분석과 분류가 모든 명백하고 가시적인 대상에 작용했다." 인생의 말년을 향해가던 1882년, 의학의 최근 역사를 돌아보는 홈스에게 인상적인 것은 실험실의 부상이 아니라 통계의 승리였다. "생물학이 최근 몇 년간 자부심을 느낄 성과가 있다면 질적 공식을 양적 공식으로 대체한 것이다." 19세기의 가장 위대한 의학적 발견 가운데 하나인 존 스노(John Snow)의 콜레라 전염에 대한 설명은 통계를 진지하게 활용했기 때문에 이룬 성과이다. 하지만 통계학자들을 더 살펴보기에 앞서 한동안 실험 생리학 분야에서 의학지식을 혁명적으로 변화시킬 희망을 보여준 대안적 지식 전통을 살펴볼 필요가 있다.

9
임상의학의 탄생

근대 의학은 1789년의 프랑스혁명 직후에 시작되었다는 것이 의학사가들의 일반적인 견해(내 생각은 그렇지 않지만)이다. 프랑스혁명은 의학 교육을 완전히 차단시켰다. 잠시 동안 대학을 졸업한 신진 의사들이 없었고(대학의 의학부가 1792년에 폐지되었다), 동시에 누구라도 개업을 할 수 있었다. 그러나 1794년에 다시 질서가 회복되면서 의학 교육, 진단, 의학 연구의 토대가 새로워졌다. 새로워진 교육 체계에서는 미래의 의사들이 종합병원의 병동에서 실제 환자를 진단하고 치료하는 실습을 해야 했다. 이런 체계는 르네상스의 피렌체로 거슬러 올라갈 수 있고 17세기 말의 네덜란드에서는 일반적이었지만, 이번에는 최초의 체계적인 적용이라는 점에서 달랐다. 이제 대학, 강의 극장, 해부실뿐만이 아니라 병원의 병동에서도 의학 교육이 이루어졌다.

이와 동시에 진단의 성격도 바뀌었다. 프랑스에서 18세기 말까지 환자가 치료 비용을 지불하고 자신이 선택한 의사에게 진찰을 받는 것이 환자와 의사가 만나는 표준적인 방식이었다. 이는 의사라는 직업에 대한 생각을 틀지우는 것이었다. 이러한 상황에서 의사는 언제든 내쳐질 수 있었으므로 환자가 의사보다 늘 우세한 입장이었다. 앞서 보았듯이 대개 의사는 환자를 진찰하지 않았으며 촉진으로 맥박을 보거나 소변을 —환자의 실제 몸을 대신하는 대체물—검사하는 것으로 호기심을 만족시켰다. 의사가 근거로 삼는 우선적인 정보는 환자의 말이었다. 그러나 혁명 뒤의 프랑스에서 표준적 의학의 장(場)은 국가에서 지불하는 급료를 받는 의사와 치료에 전혀 통제권을 갖지 못한 환자의 만남, 즉 종합병원에서 이뤄지는 만남(많은 의사들이 여전히 자신의 집에서 환자를 진단하긴 했지만)의 성격을 띠게 되었다. 여기서 권력 관계가 역전되었다. 제멋대로 행동하거나 의사의 지시를 따르지 않는 환자는 집으로 돌려보냈다. 환자 할당도 중앙에서 통제했다. 의사가 특정한 질병을 잘 치료한다고 알려지면 그에 맞는 환자들은 그를 찾아가게 했다. 이러한 만남 속에서 의사들은 환자들의 말에 점점 관심을 두지 않게 되었고 직접 환자의 몸을 관찰하는 일에 점점 더 많은 관심을 기울여갔다.

이와 같은 현상의 기저에는 좀더 근본적인 변화가 있었다. 과거에 의사들은 환자가 얘기한 증상들을 완화시키려 노력했다. 관건은 환자가 나아졌다는 느낌을, 당장은 아니더라도(대부분의 환자들이 끊임없는 사하제 사용으로 몸이 더 나빠졌다고 느꼈을 게 틀림없다) 치료 중간 단계에서라도 갖게 하는 것이었기에 결국 성공에 대한 판단은 주관적이었다. 그러나 19세기에 들어 처음 몇십 년 동안 의사들은 수많은 환자들을 진찰했고 사망한 환자들(사망 비율이 높았다)의 사체를 일상적으로 해부했다. 자선 병원에서 근무하던 한 의사의 말에 따르면 그곳에서 12년간 일하는 동안 사망한 환자 가운데 부검을 모면한 사체는 단 한 구도 없었다. 이제 의사들의 일은 환자 진료를 토대로 부검 시에 어떤 현상이 나타날까를 예측하는 것이었다. 의사의 업무는 살아 있는 사람에게 나타나는 증상들을 죽은 사람에게서만 볼 수 있는 숨겨진 상태의 표시로 읽는 일이었다. 의사의 일은 마음의 눈을 인체의 표면에서 인체 내부로 옮기는 것이었고 청진기 등 아주 간단한 새 도구들이 속속 고안되어 업무가 한결 수월해졌다.

하지만 인체 내부를 관찰하는 새로운 방식은 의사의 업무를 복잡하게 만들었다. 과거에는 각 장기가 신체 내에서 특정한 기능을 한다고 여겼기 때문에 부검의 목적이 특정 장기에서 사망 원인을 찾는 것이었다. 그러나 이제 각 장기는 서로 다른 형태를 가진 수많은 조각들로 구성된 것으로, 또 같은 형태의 조각들을 인체 전 부위에서 발견할 수 있으므로 부검을 하면 같은 유형의 조직에 영향을 미치는 동일한 유형의 손상을 다른 장기에서도 찾을 수 있다고 생각했다. 이러한 새로운 부검의 기초가 되는 저술은 비샤의 『막에 관한 연구』(1799년)와 『해부학 총론』(1801년)이다. 비샤는 어렸을 때부터 몽펠리에의 의학교수인 아버지로부터 의학을 배운 영향 때문인지 1794년에 22세의 나이로 파리에 오자마자 곧바로 사람들에게 깊은 인상을 주었다. 비샤의 저술에 묘사된 인체는 이제 더 이상 서로 다른 건물들로 이루어진 도시가 아니었다. 대신 소수의 물질들로 구성된 여러 건물들로 이루어져 있어서, 썩은 나무가 시청이나 시골의 오두막 혹은 성에서 똑같이 발견되는 그런 도시였다. 이처럼 염증이 생긴 막을 폐나 창자 혹은 눈동자(또는 특정한 종류의 염증이 생긴 막)에서 발견할 수 있었던 것은 비샤가 뚜렷이 구별되는 세 가지 각기 다른 유형으로 막을 구별했기 때문이다.

서로 맞물린 이러한 변형의 한 세트, 말하자면 신체의 구성요소에 대한 새로운 분석, 환자의 몸에 대한 새로운 관찰, 의사와 환자의 새로운 관계, 새로운 의학 교육은 미셸 푸코가 쓴 유명한 『임상의학의 탄생』의 주제였다. 이 책은 1963년에 먼저 프랑스어로 출판되고 1973년에 영어로 번역되었다. '임상의학'이라는 단어는 '가르치는 병원'으로 풀어쓰는 게 더 나을 것이다. 클로드 베르나르에게 임상의학은 기관이 아니라 "질병에 관한 가능한 완벽한 연구"라는 사업이었다.

새로운 의학 세계에서 한 세대 내지 두 세대에 걸쳐 네 가지 중요한 발전이 이루어졌다. 첫째로, 의사들이 차츰 자신들이 가진 권력의 한계를 깨달았다. 젊은 웬델 홈스가 1820년대에 의학 교육을 받으러 파리에 갔을 당시에도, 아침마다 병동에 와서 환자들의 병세가 무엇이든 모두 사혈을 받게하라고 지시하는 의사들이 있었다. 1820년대에 유행하던 이론들은 프랑수아 브루세의 이론이었다. 그는 질병이 염증에서 비롯되는데 염증의 치료방법이 사혈이며 거머리를 사용해 혈액을 뽑는 것을 선호했다. 의사들은 차츰 자신들의 치료가 전혀 효과가 없다는 것을 인식하지 않을 수 없었다. 그들은 계속해 환자들을 주시하는 '병원'이라는 환경에서 자신들의 지시를 따르지 않았다고 환자를 비난하기가 좀처럼 어려워졌고 따라서 자신들이 갖고 있는 능력의 한계에 직면하게 되었다. 웬델 홈스가 프랑스에서 미국으로 돌아갈 때는 대부분의 치료법들이 쓸모가 없다고 확신하게 되었다(미국 의사들을 분개하게 했지만 상당 부분 가장 진보적인 프랑스의 사상을 대표한 견해였다). 그의 영웅은 앞서 살펴본 루이였다. 임상실험은 간혹 '치료 허무주의'라 불리는 것을 탄생시켰다. 이제 치료 허무주의는 완전히 정당화되었다. 2000년이 넘는 시간이 지나서야 의사들은 마침내 처음으로 자신들이 환자에게 이로움은 거의 주지 않았으며 일부분 해를 입혔다는 것을 인정하기 시작했다.

둘째로, 통계가 수집되고 치료 방법을 비교하면서 병원이 실제로 환자들이 있기에 실제로 아주 나쁜 장소라는 것이 명백해졌다(좀더 시일이 걸렸지만). 클로르포름 마취제 발견자인 영국의 제임스 심슨(James Simpson)이 병원에서 절단 수술을 받은 환자의 40퍼센트가 사망한 반면에 병원 밖에서 절단 수술을 받은 환자의 사망률은 10퍼센트에 불과하다는 사실을 입증했다. 심슨은 다음과 같은 인상적인 결론을 내렸다. "우리 외과 병원의 수술대에 올라간 사람은 워털루전장에 나간 영국 군인보다 사망 가능성이 더

높다." 병원 자체가 질병의 원인으로 보였고 심슨은 '병원증'(hospitalism)
이라는 단어로 이 문제를 정의했다.

무엇이 문제의 원인인가? 병원이 흡사 슬럼과 같다는 게 하나의 해답이
었다. 병원은 더럽고(환자들은 다른 환자들이 사용한 시트에, 피와 고름이 잔
뜩 묻은 침상을 쓰는 일이 잦았다), 냄새나고(썩어가는 살과 괴저의 냄새가 진
동하는 공기), 비좁았다(가능한 많은 침상을 큰 병동에 빽빽이 집어넣었으므
로). 많은 병원들이 공동묘지나 산업시설 근처에 지어졌다. 전통적인 사고
로 보면 분석과 해결책 모두 간단했다. 문제는 독기(毒氣) 혹은 나쁜 공기이
므로 해결책은 환기와 청결이었다. 크림전쟁 중, 막사에서 수술을 받은 부
상병이 병원에서 수술 받은 병사보다 회복할 가능성이 높다는 것이 밝혀졌
다. 병원 건물 자체가 잘못된 듯 보였다. 나쁜 공기는 위생으로 대처해야 했
다. 이런 맥락으로 주장을 펼친 사람 가운데 하나가 플로렌스 나이팅게일
이었고, 위생 상태의 향상은 실제로 도움이 되었다. 그러나 청결만으로는
전염의 확산을 예방하기에 충분하지 않았고, 1860년 무렵 많은 사람들이
대도시의 병원을 없애고 환자들을 가정이나 혹은 작은 오두막 병원에서 치
료해야 한다고 주장하기 시작했다. 두 세대가 채 안 되어 새로운 의학은 깊
은 위기에 빠졌다. 치료법들이 효과가 없었고 주요한 기관인 병원은 죽음
의 늪, 존 틴달의 표현을 빌리면 '납골당'이었다. 의학적 간섭이 얼마나 위
험할 수 있는가에 대한 새로운 인식은 1860년에 '우선 해를 입히지 마라'
(primum non nocere)라는 구문이 처음 사용된 것으로 잘 알 수 있다. 이 말
을 처음 사용한 사람은 토머스 시드넘의 말을 인용했다고 주장한(잘못 이해
한 것이지만) 토머스 인먼(Thomas Inman)이었다. 그러나 이 구문은 히포크
라테스의 것으로 돌려졌다(히포크라테스가 라틴어가 아니라 그리스어로 썼다
는 사실에도 불구하고). 실제로 이 말은 1860년대에 처음 사용되었으니 이
말을 처음 한 사람이 히포크라테스라고 한 것은 전통의 날조이다. 의사들

은 자신들이 환자에게 얼마나 해를 입힐 수 있는지를 새롭게 인식하고 히포크라테스도 자신들과 같은 우려를 했다며 안심했다.

　병원 체제가 내부에서 스스로 허물어지는 것과 동시에 새로운 두 가지 현상이 생겨났는데, 이 둘은 치료 허무주의가 자연스럽게 병원증의 확인으로 이어졌듯 서로를 부추겼다. 주로 파리에서 몇몇 의사들이, 환자에 대한 검사와 시체 해부에 토대를 두지 않는 한 의학 지식이 결코 완전해지지 않을 것이라고 생각하게 되었다. 실험 방법을 의학에 적용하는 일이 필요해졌고, 이는 생리학의 새로운 발전으로 이어진다. 인간을 대상으로 한 실험에는 한계가 있으므로 새로운 과학은 동물 실험에 기대게 된다. 이 부분에서도 역시 비샤*가 주요 인물이었다. 사람들이 죽으면 실제로 무슨 현상이 일어나는지를 입증하는 것이 비샤의 관심사 가운데 하나였다. 그는 죽음이 동일한 과정이 아님을 인지했다. 심장이 먼저 멈추고 다른 장기들이 작동을 멈추기도 했고, 익사의 경우에는 폐의 기능이 먼저 중단된 후 무의식에 빠진 다음 심장이 멈추기도 했다. 뇌에 치명적인 손상을 입고서 폐와 심장은 제대로 작동되는 경우도 있었다.

　각기 다른 유형의 조직이라는 측면에서 인간 해부학을 설명한 새로운 이론의 창시자인 비샤는 인체를 통해 죽음의 과정을 연구하는 실험 방법들을 고안했다. 예를 들어, 그는 동맥이 아닌 정맥의 혈액이 심장으로 가 인체를 돌게 함으로써 폐의 기능이 중지되는 모델을 만들 수 있을 것이라고 생각했다. 비샤는 개의 심장을 다른 개의 정맥에 연결해보았지만 압력을 제대로 가해 혈액이 옳은 방향으로 흐르게 하기가 어려웠다. 그는 폐에서 흘러

나오는 혈액을 막고 그 자리에 정맥혈을 주입했는데, 이 방법은 좀더 성공적이어서 마치 질식으로 인한 것처럼 뇌사가 뒤따랐다. 이러한 실험들은 『생명과 죽음에 관한 생리학적 탐구』(1800년)에 기록되어 있다.

실험 생리학은 처음으로 의사들에게 연구를 수행할 특수 공간이 필요해졌다는 것을 의미했다. "모든 실험 과학에는 실험실이 필요하다"고 클로드 베르나르는 『실험 의학서설』(1865년)에 썼다. 의학은 물리학과 화학이 개척한 길을 따라 실험 과학이 되었다. 첫 번째 의학 실험실은 누가 봐도 생체 실험을 수행하는 장소였고, 생리학자들이 다룬 도구는 화학자와 외과의가 사용하는 도구들이었다. 처음에는 현미경을 발견할 수 없었다. 비샤는 현미경을 전혀 사용하지 않았다. 현미경은 1830년대가 돼서야 서서히 눈에 띄기 시작했다. 1865년에 클로드 베르나르는 "현미경을 사용한 병리해부라는 새로운 시대는" 1830년에 출판된 책과 더불어 "독일의 요하네스 뮐러에서 시작된다"고 썼다. 그후 1870년대가 되어서야 세균학을 통해 현미경, 실험관, (세균배양용) 페트리 접시를 비롯한 다른 유형의 특수 유리 제품이 가득한 새로운 형태의 실험실 공간이 창조되었다.

생리학과 더불어 약리학(이 단어가 처음 사용된 것은 1805년이다)이라는 새로운 과학이 생겨났다. 라부아지에가 처음 출발시킨 화학의 혁명은 약물 치료 때 사용하는 식물에서 활성 성분의 순수 표본을 추출해내는 기술을 탄생시켰다. 약제사들은 히포크라테스 이후로 줄곧 여러 성분들이 든 복합 처방전을 만들어왔지만, 이제 생리학자들은 화학자들과 함께 하나의 활성 성분을 분리해서 한 번에 하나씩 실험하기 시작했다. 1817년 독일에서는 아편에서 모르핀을 분리했고, 같은 해 프랑스에서는 토근에서 에머틴을 분리했다. 1818년에는 유파스 나무에서 스트리키니네를, 1820년에는 기나 나무에서 키니네를, 1821년에는 커피에서 카페인을 분리해냈다. 1821년 프랑수아 마장디가 84쪽 분량의 책 『조제 및 여러 가지 신약 사용법』을 발표했다. 1834년에는 438쪽으로 분량이 늘어난 제8판이 인쇄되었다. 이런 약제들 가운데 분명 유용한 것이 있지만 질병을 치료한 것은 거의 없었다(아마도 전혀 없었을 것이다).

1860년 무렵 의학은 의사와 환자의 새로운 관계, 진단을 부검과 연결해야 한다는 새로운 편견, 병리학과 약리학이라는 새로운 과학, 세 가지 새로운 장소(첫째, 특별한 목적에 따라 지은 병원, 둘째 병리학 실험실, 셋째 약리학 실험실) 등 이미 변모된 모습이었다. 이 모든 것에 진정으로 근대적인 것이 있는가라는 질문은 하고 싶지 않다. 이런 세계에서 근대 의학이 부상한 것은 분명하지만, 임상의학과 병리학 실험실의 탄생으로 대표되는 의학 혁명은 성공이 아니라 실패였음을 강조할 수밖에 없다. 환자들의 치사율이 줄기는커녕 늘어났고, 새로운 치료법들을 시도해보았으되 효과가 없었다. 이전의 복잡한 약전은 화학적으로 순수한 새로운 약들에 밀려났고 1850년대부터 약을 피하 주사기로 혈류에 바로 주입할 수 있었다. 아편에서 모르핀을, 기나 나무에서 키니네를 추출했지만 사람들은 예전과 마찬가지로 계속해서 죽어갔다. 만일 특정 기관들(병원, 실험실), 환자를 검사하는 특정한 방법(청진기, 온도기), 혹은 인체를 부검을 위한 미래의 준비물로 해석하는 특정한 관행(질병보다 손상 부위, 장기가 아닌 조직)을 근대 의학의 특징으로 생각한다면 이를 근대 의학의 토대로 볼 수도 있을 것이다. 그러나 근대 의학의 주요 특징을 효과적인 치료와 죽음을 연장하는 능력으로 본다면 어느 것도 효과적인 치료법으로 이어지지 않은 이런 기관, 도구, 질병관은 초점을 벗어난 것이다. 대안적 견해에서 근대 의학은 임상의학이 탄생한 지 한참 만에 시작되었으며, 질병의 세균설 및 대조 임상실험과 불가분의 관계라고 간주한다.

왜 역사가들은 세균병인설이나 임상실험보다 임상의학의 탄생에 더 많은 관심을 갖는가? 그들 가운데 다수가 실제로 과학의 진보를 믿지 않았다는 것이 부분적인 답이다. 상대주의자에게 19세기 전반에 탄생한 의학과학의 이야기가 대단히 고무적인 이유는, 이른바 진보라는 것이 의도한 결과보다 의도하지 않은 역효과가 훨씬 더 뚜렷하기 때문이다. 생명을 구하려고 애쓰던 의사들이 사람들을 죽이며 다녔던 것이다. 임상의학 탄생 이야기가 역사가들에게 매력적인 까닭은, 의학사를 다른 종류의 역사들에 단단히 연결시켜주기 때문이다. 즉 특별한 목적을 위해 세운 병원이 동시대에 세워진 학교와 감옥에 비유할 수 있고(푸코의 『감시와 처벌』), 숙련된 기술을 지닌 새로운 의사들을 법조계, 대학, 공학계의 다른 전문가들과 비교할 수 있으며, 실험병리학은 새로운 실험과학의 하나일 뿐이다. 세균병인설을 강조하는 대안의 견해가 가진 문제는 새로운 의학과 기존 의학 사이에 급격한 불연속성을 만들어낼 뿐만 아니라 이러한 혁명적 발전을 시간과 공간 속에 위치시키기가 훨씬 더 어렵다는 점이다.

임상의학의 탄생 이야기에서 모든 것을 병원으로 되돌릴 수 있고 병원에 역사를 부여할 수 있다. 의사들이 왜 더 잘하지 못했냐고 묻는 것은 합당치 않다. 그들은 남들이 만들어 놓은 환경에서 자신들이 할 수 있는 일을 한 것이다. 그러나 세균설은 이와는 사뭇 다르다. 의사들이 왜 몇 세기 동안이나 자신들이 시행한 치료법들이 사실 그렇지도 않은데 효과가 있다고 생각했는지, 자연발생이 틀리다는 것을 입증하기 위해 고안된 최초의 실험들과, 생물은 항상 다른 생물에서 나온다는 그 대안 이론이 최종적으로 승리하기까지 왜 200년이나 넘는 시간이 지연되었는지, 왜 부패의 세균설이 나오고 방부제가 개발되기까지 30년이나 지연되었는지, 왜 방부요법이 나오고 약물 요법이 나오기까지 60년이나 지연되었는가와 같은 질문들은 절대적으로 합당하다. 무엇이 곧바로 효과를 나타냈는가에 초점을 맞춘 모든 의학사는 지연, 저항, 악의, (은유적으로 단어를 사용한다면) 의료 과오에 관한 불편한 질문들을 전면으로 부각시킨다.

10

실험실

앞서 살펴본 동물 실험은 근대 과학의 발전에 핵심이었지만, 어느 시기나 동물 실험을 혐오하는 사람들이 있었고 많은 이들이 실험에 참여하기를 거부했다. 나의 경우, 이 주제를 생각하면 할수록 파스퇴르가 탄저병에 대한 연구를 시작했던 1877년 이전에 실행한 모든 동물 실험에 대해서는 동조하는 마음이 점점 더 옅어졌다. 다음은 사무엘 존슨(Samuel Johnson)이 1758년에 한 말이다.

> 의학 지식이 열등한 교수들 가운데는 온갖 잔인한 행동을 통해서만 삶이 풍요로워지는 가련한 종족이 있다. … 모두가 아는 이런 가증스런 관행들을 무엇으로 옹호하든, 항상 칼과 불과 독으로 지식을 구하는 것은 아니며 얻은 것도 별로 없다는 게 진실이다. … 이미 해본 실험들을 계속해서 해보지만 … 생체해부를 통해서는 단 한 가지의 질병에 대해서도 더 손쉽게 치유할 수 있는 어떤 발견도 이뤄지지 않았음을 나는 안다. 병리학에 대한 지식이 다소 확대되었다고는 하나, 같은 인류의 생명을 대가로 유미관*의 사용을 배우는 의사는 분명 값비싼 비용을 치루고 지식을 사는 셈이다.

하지만 동물 실험이 19세기에 발전한 새로운 과학의 핵심이었던 것은 확실하다. 19세기의 가장 위대한 병리학자인 클로드 베르나르는 일반적으로 생체해부가 아니었다면 "병리학이나 과학적 의학 모두 불가능하다"는 것을 인정했다. 나아가 베르나르는 동물이 받는 고통에 대해서는 전혀 신경 쓰지 않겠다는 결심을 숨기지 않았다.

생리학자는 사교계의 사람이 아니라 자신이 추구하는 과학적 사고에 깊이 빠진 과학자다. 즉 그는 더 이상 동물의 절규를 듣지 않고 흐르는 피를 보지 않으며 자신의 생각만을 보고 자신이 해결하고자 하는 문제를 감추는 유기체들만을 감지할 뿐이다. 이와 마찬가지로, 몹시 마음을 아프게 하는 절규와 흐느낌도 외과의를 멈추게 하지 못하는 것은 그가 자신의 생각과 수술의 목적만을 고려하기 때문이다. 또한 어떤 해부학자도 자신이 끔찍한 도살장에 있다고 느끼지 않는다. 과학적 사고의 영향을 받은 그는, 다른 모든 사람에게는 혐오와 공포의 대상이 될 악취 나는 검푸른 살을 뚫고 지나가는 불안한 사상체(絲狀體)를 즐겁게 지켜본다.

베르나르의 말은 일리가 있다. 수술과 해부를 하려면 일반적인 사람의 반응들을 극복하고 전문가의 초연함을 가져야 한다. 하지만 베르나르의 주장은 일종의 특별한 항변이기도 했다. 1865년에 그가 이 글을 쓸 무렵에는 마취제가 일반적이었다. 외과의들은 더 이상 절규와 흐느낌에 마음을 다잡지 않아도 되었다. 베르나르는 해부하는 동물의 고통에 진짜 무관심했다. 그

---

* 유미림프관 또는 암죽관이라고도 한다. 소장 안벽의 융모 속 또는 둘레에 분포되어 있는 림프관으로 이 관을 통하여 소화된 음식물이 흡수된다. 림프는 혈관과 조직을 연결하며 항체를 수송하고, 장(腸)에서는 지방을 흡수하고 운반한다.

의 연구 가운데 큐라레가 어느 정도 독성분을 가지고 있는가에 관한 것이 있었다. 그는 큐라레가 마비 효과는 있지만 마취 효과는 없다는 사실을 발견하고, 실험을 하는 동안 고통을 전혀 완화시키지 못한다는 것을 알면서도 동물이 움직이지 못하게 할 목적으로 큐라레를 빈번히 사용하였다. 그는 이러한 실험을 생각조차 하기 힘들어하는 사람들이 있다는 사실도 잘 알았다. 1870년 그의 아내는 동물을 잔인하게 다루는 것 때문에 더 이상 결혼생활을 유지할 수 없다며 남편의 곁을 떠났다.

내가 인용하는 베르나르의 유명한 『실험 의학서설』은 새로운 생리학에 반대하는 각기 다른 두 그룹을 향한 것이었다. 한 그룹은 동물 실험을 통해서가 아니라 환자에게 실질적으로 일어난 현상을 연구함으로써 의학이 발전한다고 생각하는, 루이의 통계 방법을 옹호하는 그룹이었다. 베르나르는 이들을 향한 짜증을 좀체 감추지 못했다. "뛰어난 외과의사가 매양 같은 방법으로 결석 수술을 행하고 후에 사망자와 회복자의 수를 통계로 요약하고, 이 통계를 기초로 수술의 치사율이 5명 중 2명이라고 결론 내린다. 그러니까 비율은 말 그대로 아무 것도 아니라는 것이다." 그러나 베르나르는 통계 방법을 잘못 제시했다. 외과의가 치사율이 40퍼센트라고 공표한다는 것은 다른 의사들에게 자신의 방법과 그들의 방법을 비교해보라고 권하는 것이다. 그들의 결과가 더 나쁠 경우에는 다른 방법을 채택해야 하고 나을 경우에는 그들의 방법을 채택해야 하는 것이다. 또 다른 그룹은 생체해부 반대자들이었다. 그는 생체해부 반대자들에게 생체해부에 대한 의견을 제시하며 "생체해부에 대한 모든 논쟁 자체가 무익하고 쓸모없는 것이므로" 시간 낭비라고 주장하기도 했다.

이와 반대로 존슨은 생체해부를 세 가지 면에서 비난했다. 잔인하고, 실험이 불필요하게 반복되며, 생체해부를 통해 얻을 만한 가치 있는 내용이 거의 없다는 그의 비난은 생체해부를 반대하는 많은 영국 남성과 훨씬 더 많은 수의 여성들이 여전히 제기하는 내용과 같았다. 여기서 영국인이라고 말한 것은 생체해부에 대한 반대가 전 세계 어느 곳에서보다 영국에서 한결 더 거셌기 때문이다. 이곳에서는 일부 생체학자조차 자신들의 연구 과정 중 동물들에게 가하는 고통을 날카롭게 인식했다. 1809년 찰스 벨 경이 생체 내의 각종 신경의 기능을 알아보기 위해 토끼들을 대상으로 선구적 실험을 수행했는데, 일부는 감각 전달 기능을, 또 다른 일부는 운동 움직임 통제를 위해 사용했던 것 같다. 가장 자극하기 쉬운 감각은 물론 고통이었지만 벨은 의식이 있는 토끼를 대상으로 연구를 하는 게 마음에 걸려 먼저 토끼들을 기절시켰다. "천부적으로 혹은 종교적으로 내가 이러한 잔인한 행동을—무엇 때문에?—약간의 자만 혹은 자기권력 확대에 불과한 것을 위해서 할 자격이 있는지를 온전히 확신할 수 없었다. 게다가 매일같이 행하는 실험들과 비교할 때 내가 하는 실험들은 무엇인가? 아무것도 아닌 것을 위해서 매일같이 하는 실험들." 그는 이런 결벽성 때문에 잘못된 결론에 도달했다.

1822년, 당대 프랑스 제일의 생리학자인 프랑수아 마장디는 의식이 온전히 살아 있는 토끼를 대상으로 벨의 실험들을 반복했다. 그는 "척수에서 시작된 신경의 후근(배근)이 주로 감각과 관련이 있는 반면 전근(복근)은 주로 동작과 관련이 있다"는 것을 보여주었다. 마장디의 연구 업적 중 가장 중요한 발견이라는 평을 받은 연구였다. 벨의 업적이 될 수도 있었을 테지만 벨은 자신의 인간성을 희생시킨 대가로 유미관 사용법을 배우는 것에 해당되는 행동을 거부했다.

이 시점에서 실제 수술에 대해 생각해봐야 하지 않을까 싶다. 수술은 아주 순조롭게 진행되기도 하고 반드시 큰 고통이 따르지도 않는다. 마장디의 조수로 일하기도 했던 베르나르는 마장디의 신경에 관한 연구를 발전시켰다. 그의 연구 가운데는 얼굴의 주요 신경인 안면신경에 관한 것이 있다.

존 레슈는 「첫 실험에서」에서 이렇게 들려준다.

베르나르는 강력한 분량의 아편 추출액으로 개를 마취시켜 움직이지 못하게 했다. 그는 유양골(骨)돌기* 위와 내부에 위치한 유양돌기정맥에 난 구멍을 통해 두개골 왼쪽에 날이 이중으로 붙은 작은 고리를 집어넣었다. 베르나르는 두개골을 뚫고 들어간 작은 고리를 비스듬하게 해서 측두골 추체(뼈)의 후면을 지나 안으로 향하게 했다. 안면 왼쪽이 위축되는 것이 눈에 띄자 그는 고리가 안면신경에 닿았다는 걸 알았다. 그가 고리를 위로 들어 올린 뒤 측두골 추체를 지나지 않은 상태에서 조심스럽게 고리를 빼자 신경이 잡아당겨지면서 절개되었다. 안면 왼쪽이 즉각적이고 전면적으로 마비되면서 수술이 완료되었음을 알렸다. 개의 상처는 6일 만에 아물었고 아편의 효과가 사라졌다. 베르나르는 안면마비와 별도로 혀의 좌측 전면부의 미각 기능이 상당히 감소되었지만 그 부분의 촉각이나 그에 해당하는 움직임에는 변화가 없었다는 것을 확인할 수 있었다. 33일 후에 개가 희생되었고 해부를 통해 두개골 신경 중 일곱 번째 쌍이, 유일하게 일곱 번째 쌍만이, 절개되었음을 알 수 있었다. 그는 다른 개 두 마리에 대한 실험에서도 동일한 결과를 얻었다.

베르나르의 개에 대한 연구는 인간에게 나타난 안면마비의 일부 사례를 이해하는 데 도움을 주었다. 생체해부한 개의 증상과 유사한 증상을 보인 환자를 부검했을 때 안면신경의 손상을 발견할 수 있었다.

그러나 일부 수술에는 개를 깊게 베고 도려내기 같은 끔찍한 과정이 포함되었다. 따라서 마장디의 척추 신경에 관한 연구는 작고 어린 개들에게

---

* 귓바퀴 뒤쪽에 있는 젖꼭지 모양의 돌기.

만 시행되었다. "그는 매우 날카로운 외과용 메스를 단 한 번 부드럽게 치는 것으로 척수 후면부의 막을 드러낼 수 있었다." 그러나 이와 같은 수술에 따르는 충격과 혈액 손실이 워낙 심해서 그가 발견한 사실을 다른 사람들이 반복하기는 어려웠다. '정상적인' 생리 반응으로 통하는 것을 찾고자 한다면 개가 회복될 시간이 흐른 후에 개의 신경을 처리해야 했던 것이다.

프랑스 생리학자들이 수행한 실험들 가운데는 뭔가 그로테스크한 실험들이 있다. 마장디는 스트리키니네와 청산(靑酸)과 같은 독약의 작용에 관한 연구를 상당히 많이 했다. 베르나르는 이러한 연구를 큐라레와 일산화탄소 연구에까지 확장한다. 문제는 중앙신경체제에 직접 작용하는 것으로 나타난 스크리키니네와 같은 독약이 생체 내에 어떻게 흡수되는가이다. 정맥이나 유미관 혹은 신경을 통해서 작용하는가? 18세기의 뛰어난 외과의인 스코틀랜드의 존 헌터는 흡수에 관한 실험들을 할 때 개의 소장을 일부는 도려내고 나머지는 혈액계 및 유미관에 연결된 상태로 두어 우유가 정맥이나 유미관으로 흡수되는지를 살펴보았다. 그는 유미관으로 흡수된다는 것을 보여줄 수 있다고 생각했던 것이다. 마장디는 후에 헌터의 실험이 잘못되었음을 증명하려 했고 정맥으로 흡수가 된다는 것을 밝혀냈다. 나는 생리학자로부터, 우유의 지방은 유미관으로 흡수되고 단백질과 탄수화물은 정맥으로 흡수되었을 것이므로 두 사람의 견해가 모두 옳다는 얘기를 들었다.

마장디는 헌터의 실험을 발전시켰다. 그는 창자 부분에서 단 하나의 동맥과 정맥을 남겨놓고 나머지를 모두 제거했다. 스트리키니네는 정확히 창자벽의 정맥을 통해 혈액 속으로 흡수되었다. 그런 후에 한 단계 더 나간 실험을 했다. 그는 개의 다리를 절단하여 단 하나의 동맥과 정맥으로만 몸통에 연결되게 했다. 그런 후에 동맥과 정맥 사이를 속이 빈 깃대로 연결시켰다. 이렇게 해서 개와 개의 다리는 완전히 인공적인 연결 통로로 이어졌고 아무도 절단하지 않은 숨겨진 유미관이 있다고 주장할 수 없었다. 절단된

다리의 발에 스트리키니네를 주입하면 개는 독살되었다. 개념상으로 이 실험은 헌터의 실험과 마장디 자신이 이전에 했던 실험들의 논리적인 발전이었음에도, 내게는 다른 실험들이 그저 섬뜩하게 생각된 반면 이 실험은 몹시 그로테스크해 보인다. 양쪽 다 결과는 동일했다. 개는 죽었다(생체학자들이 사용한 기술적 용어로 '희생되었다'). 개를 절단한 실험이 비뚤어지고 잘못된 것은 인위적인 면이 늘었기 때문이라고 나는 생각한다.

1824년, 마장디는 런던을 방문해서 생체 실험과 관련된 공개 강연을 했다. 『런던 의학 신보』가 "격렬한 아우성"이라고 평했고 한 의학 잡지마저 이에 동조했다. 그 잡지는 마장디의 실험들을 "섬뜩하다"고 표현했다. 생체해부를 반대하는 의사 제임스 매콜리가 몇몇 친구들과 1837년에 마장디의 파리 강연에 참석한 후 이렇게 썼다. "온통 메스꺼웠다. 잔인할 뿐만 아니라 의욕을 잃은 학생들은 맥 빠진 분위기가 역력했다. 우리는 불쾌해서 자리를 떠났고 영국의 여론이 그러한 광경들을 묵과하지 않을 것이라는 사실에 감사함을 느꼈다."

1873년 존 버던 샌더슨이 쓴 『생리실험실 안내서』가 출판되면서 마침내 영국에서 생체해부 문제가 터지게 되었다. 책에는 고전적인 생리실험들에 대한 설명과 함께 수많은 사진이 실렸다. 영국에서도 프랑스식의 생리실험을 좀더 확산시키려는 의도였던 게 분명하다. 이전에 수없이 행한 실험들에 대한 방법을 알려주는 책자였으므로, 생체해부학자들의 끊임없는 실험 반복을 지지하는 직접적인 증거가 제시되어 있었다. 게다가 마취는 언급조차 없었다. 버던 샌더슨은 후에 마취 부분을 간과했으며 마취 사용이 일상화되어서 언급할 필요를 느끼지 못했다고 주장했지만 진지하지 못한 방어에 불과했다. 우리는 버던 샌더슨과 역시 영국인인 러더퍼드 모두가 진통제를 전혀 쓰지 않고 큐라레를 사용한 생체 실험을 했다는 것을 안다.

『생리실험실 안내서』로 촉발된 격분은 프랑스의 생리학자인 유진 마냥

이 1874년에 영국의학협회 연례회에서 한 강의로 인해 배가되었다. 앞서 마냥은 개들에게 압생트를 주입시켜 간질 증상을 유도하겠다고 한 적이 있었다. 연례회는 아수라장이 되었고 치안판사들이 호출되었다. 1875년 2월, 넉 달 동안 파리의 베르나르 실험실에서 근무했던 조지 호건이 『모닝 포스트』에 편지를 보내 자신이 본 끔찍한 일들을 설명했고, 그 결과 1875년 왕립위원회가 설립되었다. 위원회에는 주목할 만한 많은 증거가 쏟아졌다. 한 예로, 옥스퍼드 의학부의 흠정(欽定)강좌 담당교수이자 일반의학위원회의 회장인 헨리 애클랜드 경이 지식 자체를 위한 무원칙한 지식 추구의 위험에 대해 증언했다. 하지만 스타 증언자는 영국에서 일하며 버턴 샌더슨의 안내서에 기여한 사람들 중 하나인 이매뉴얼 클라인이었다. 클라인은 자신이 고양이와 개를 생체해부할 때 동물들의 고통을 완화시키기 위해 마취제를 사용한 적이 없다고 증언했다. 그는 고통스러워하는 동물들에게 자신이 물리거나 혹은 긁힐 우려가 있을 때만 마취제를 썼다고 했다. 클라인의 증언 이후 입법이 불가피해졌다. 클라인의 말이 베르나르가 『실험 의학서설』에서 한 말과 별반 다르지 않긴 했지만 말이다.

오랜 협의 끝에 나온 결과가 1876년에 제정된 '동물 학대에 관한 법'으로 세계 최초로 생체해부를 제한하는 입법이다. 동물 학대에 관한 법에 살아 있는 척추동물에 대한 실험을 하려면 누구라도 내무성의 허가서를 받아야 한다고 명시되었다. 허가서를 신청하려면 주요 과학협회나 의학협회 회장과 의학부 교수의 지원을 받아야만 했다. 실험은 등록된 장소에서 해야 했고 조사에 응해야 하며 새로운 지식 획득이 그 목적이어야 한다. 마취제를 사용해야 하고 실험을 한 동물은 이후에 다시 실험을 하지 말아야 한다. 마취제를 사용하지 않고 실험을 하거나 혹은 이미 수행한 실험을 반복해 하거나 혹은 강의의 설명을 위해 생체 실험을 하려는 사람은 특별 허가권을 얻어야 했다. 고양이, 개, 말, 당나귀는 특별 보호를 받는 동물로 분류되었다.

동물 학대에 관한 법은 세밀하게 들어가면 『생리실험실 안내서』와 프랑스 생리학자들에게 향한 비난들에 대한 일련의 논평이었다. 큐라레는 마취제가 아니라고 명시적으로 판결했다. 반복 실험에 장애물이 놓였다. 많은 프랑스 생리학자들이 알포르의 파리 수의대에서 실험을 수행했다. 이곳에서는 도실될 말들을 학생들에 넘겨주어 수술 기술을 연마할 수 있게 했고 베르나르의 실험실에서는 실험이 끝났을 당시 살아 있는 동물들을 학생들에게 넘겨주어 실습을 할 수 있게 했다. 동물 학대 행위에 관한 법은 수술 기술을 익히기 위한 생체 실험을 특별히 금지했다. 영국에서는 동물을 활용한 공개 강의가 특히 불쾌감을 유발했고 역시 이 부분에도 특별한 제한이 가해졌다.

동물 학대 행위에 관한 법은 영국에서 발전한 강력한 생체해부 반대운동이 거둔 초기의 성공이었으며, 이후에도 생체해부의 완전 폐지를 위한 운동이 계속되었다(지금까지 계속되고 있다). 처음부터 이 법이 뜻하는 것은 내무장관이 어떤 식으로 판정을 내리든 그 판정이 의미를 가진다는 것이었다. 처음에 내무장관은 과학계의 지지를 받은 상당수의 지원서를 거부하는 등 독립적으로 행동했다. 그런데 1881년 국제의학대회가 런던에서 열렸고 생리학자들은 이 회합을 자신들의 연구에 가해진 제한에 반대하는 캠페인을 벌이는 기회로 삼았다. 탄저균 간상체의 주기를 발견한 코흐(Koch)도 대회에 참가했다. 그의 경쟁자이자 적이며 자신이 개발한 탄저균 백신이 성공적임을 보여준 파스퇴르도 그곳에 참석했다. 5월 31일, 50마리의 양(그 가운데 반은 이미 백신 접종을 받았다)에 탄저균을 주사했고, 6월 2일 대규모 청중들(런던 『타임스』의 기자 포함)도 백신 예방접종을 하지 않은 양들이 모두 죽거나 죽어가는 반면, 백신 예방접종을 한 양들은 한 마리를 제외하고는 모두 건강한 것을 볼 수 있었다. 처음으로, 동물대상 실험이 인간 질병을 정복하는 길을 열어줄 듯 보였다.

1882년, 영국의 생리학자들이 '연구를 통한 의학진보협회'를 형성했다. 처음에는 이 협회가 아마 여러 반생체해부 협회들에 대응하는 운동조직으로 비쳤을 것이다. 하지만 협회는 얼마 안 가 사뭇 다른 성격을 띠기 시작했다. 내무부 장관은 앞으로 이 의학진보협회가 동물 실험 허가서 신청을 모두 조사한다는 것, 즉 이들의 지원이 없으면 허가를 받지 못한다는 것에 동의했다. 당연히, 이들이 지원하는 실험들은 허가를 받게 된다는 것을 암묵적으로 함축한 내용이었다. 이 협정은 사적으로 맺어졌고 결코 공개적으로 발표되지 않았다. 1882년부터 생리학자들은 사실상 자체 규제를 할 수 있었다. 동물 학대 행위에 관한 법이 생리학자들의 활동에 약간의 제한을 가했고 특정한 주의를 기울이게 했을지 모르지만 동시에 그들은 이제 이 법의 해석을 통제할 수 있는 결정적인 위치에 서게 되었다.

이 사실을 어떻게 생각하느냐는 부분적으로 목적이 수단을 정당화한다는 것을 어떻게 생각하는가에 달려 있다. 영국에서, 반생체해부주의자들과 반백신 예방접종주의자들은 19세기 말과 그 이후까지도 파스퇴르의 연구에 강렬한 반대 운동을 벌였다. 그러나 이번에는 실제로 동물 실험자들이 인간에게 이로움을 주는 진보를 이룰 수 있었다. 새로운 세균학이 전적으로 동물 실험에 의존했다는 것(동물의 죽음과는 전혀 관계가 없는, 제너의 천연두 백신 발견과 달리)에는 의심의 여지가 없다. 파스퇴르의 광견병 연구는 개들은 물론 토끼, 기니피그, 원숭이까지도 광견병에 전염시키는 과정—토끼와 기니피그는 광견병의 악성 변종으로, 원숭이는 약한 변종으로—이 뒤따랐다. 광견병에 면역이 생기게 만든 개들은 정규적으로 파스퇴르의 표현을 빌리면 '희생되었는데'(스크리키네 주사로), 단지 그의 실험실에 새로운 실험동물들이 있을 공간과 동물 우리가 부족해서였다.

파스퇴르의 광견병 연구는 차세대 젊은 연구자들에게 모델을 제시했다.

한 예로 1894년에 예르생(Yersin)이 홍콩에서 선페스트에 대한 연구 결과를 발표했다. 그는 작은 여행용가방에 '실험실'을 들고 다니며 텐트에서 연구를 거듭해 몇 주 만에 선페스트가 인간의 질병임과 동시에 쥐의 질병임을 입증했다. 그는 간상체를 격리해서 배양한 뒤 실험실에서 쥐, 들쥐, 기니피 그에게 균을 주사했고, 동물에서 동물로 한 종에서 다른 종으로 질병을 전염시키는 방법으로 더 강력하거나 더 약한 변종을 만들어내는 법을 알게 되었다. 예르생은 곧 1348년 유럽에 처음 나타났을 당시 인구의 30퍼센트 정도를 사망에 이르게 했던 그 페스트를 예방하는 백신의 단서를 찾아냈다. 동물 실험을 하지 않으면 이 업적들은 불가능했을 것이다.

최초의 효과적인 화학요법 발견들에 대해서도 아주 똑같은 논의가 적용된다. 1910년 에를리히(Ehrlich)가 살바르산—매독에 효과가 있는 최초의 '마법의 탄환' 화학요법—을 발견한 것은 수백 종의 물질을 수천 수백 마리의 전염 동물에게 주사한 결과였다. 살바르산은 에를리히가 동물에게 주사한 606번째의 물질이었다. 출산 직후의 여성들을 죽음으로 몰고 간 정말로 끔찍한 살인마인 산욕열에 효과가 있는 최초의 약인 프론토실 역시 광범위한 동물 실험을 결과로 1935년에 바이에르(Bayer)의 실험실에서 발견되었다. 프론토실은 신체의 산욕열에는 치명적이었지만 실험관에서는 전혀 효과가 없었기 때문에 동물 실험을 통해서 발견되었다. 프론토실은 신체에서 다른 물질들로 분열할 때만 활성화된다는 사실이 나중에 확인 입증되었다.

바이에르의 실험실을 방문한 영국의 과학자들은 죽은 동물의 수에 경악했다. 영국에서 행한 초기의 페니실린 연구는 그보다 훨씬 소규모의 동물 실험을 토대로 이루어졌다는 것이 중요하다. 1940년에 옥스퍼드에서 수행한 주요 실험들에는 처음에 쥐 8마리, 후에 10마리 쥐를 대상으로 했다. 이 경우에 동물 실험이 중요했던 것은 페니실린이 박테리아에 효과가 있음을 보여주기 위해서(이는 실험관에서도 가능했다)가 아니라 전염병을 파괴할 수 있을 만큼 생체에서 오래 생존할 수 있음을 보여주기 위해서였다. 페니실린 생산이 복잡하고 어려웠기 때문에 생산 규모를 확대하여 인간(쥐보다 3,000배가 더 큰)을 치료할 수 있을 만큼의 충분한 양을 생산할지를 결정하기에 앞서서 반드시 필요했던 지식이었다.

동물 실험을 옹호하는 사람은 연구자들이 필요하다면 자신들이 직접 실험 대상이 되기도 했다고 말할지 모른다. 방부제학의 개척자들은 효과를 실험하기 위해 온갖 가스를 흡입했었고 이제 세균학자들이 그들의 뒤를 따랐다. 코흐가 1884년 콜레라 비브리오(쉼표처럼 생겨서 붙은 이름이다)를 발견했다고 하자 막스 폰 페텐코퍼가 코흐의 주장이 틀렸음을 입증하기 위해 플라스크에 가득 든 콜레라 비브리오를 삼켰다. (그는 죽지 않았고 콜레라가 아닌 설사로만 고생을 했으니 코흐의 주장에 의심을 드리운 데는 성공한 셈이다.) 1897년 암로스 라이트는 죽은 장티푸스 간균을 자신과 자신의 연구실 직원 다수에게 주사하여 항체가 생기는지를 확인했다. 그 결과 항체가 생겼다! 그리고 이론적인 면역체계가 실제로 작동하는지를 보기 위해 한 지원자에게 살아 있는 간균을 주사했다. 1928년 알렉산더 플레밍의 연구조수인 스튜어트 크래덕이 페니실린 곰팡이를 직접 먹어 해롭지 않음을 확인시켜 주기도 했다.

생체해부를 논하면서 그 정당성을 묻지 않을 수는 없을 것이다. 동물의 고통에 가장 무감했던 비샤, 마장디, 베르나르의 실험과, 고통을 최소화하기 위해 무척 고심했던 벨의 실험 혹은 실제로 사람들의 생명을 구했던 파스퇴르, 예르생, 에를리히, 도마크(프론토실 발견자)의 실험을 구별하는 선을 우리가 그을 수 있는가? 그럴 수 있다고 생각하고 싶지만 뒤늦게 깨닫게 되는 지식을 알지 못하는 상태에서 누가 이러한 구별을 할 수 있겠는가?

11
존 스노와 콜레라

존 스노(John Snow)의 『콜레라 전염 방식』이 '얄팍한 소책자'의 형태로, 콜
레라가 한창 유행하던 1849년 8월에 출판되었다. 이 책자는 초판보다 네
배나 늘어난 분량에 "아주 새로운 문제"를 담아 1855년 초에 재판되었다.
1849년의 소책자에서는 가설의 개요를 설명했지만 1855년 출간된 책에서
는 가설이 사실임을 보여주었다. 지금 읽어도 여전히 놀랄 만한 대단한 업
적이다. 그러나 스노의 주장은 주요 의학계 인사들에 의해 거부되었다가
한 10년 후쯤 일반적으로 받아들여지게 되었는데, 그릇된 이유들 때문이었
다. 스노에 대한 반응은 그의 동시대인들에 대한 실험이었고 그들이 통과
하지 못한 실험이었다.

　스노는 기나긴 의학의 역사에서 자신의 적을 이해한 최초의 의사였다.
그는 콜레라 예방법을 알아내기 위해 열심히 연구했지만 그 치료법을 발견
하지는 않았다. 그는 병원체를 정확히 설명해냈지만 현미경을 통해 확인하
지는 않았다(최초로 그 일을 한 사람은 1854년의 플리포 파치니였지만 그가 발
견한 사실은 당시에 대체로 무시되었고 스노는 그에 대해 들어보지 못했다).
스노는 실험을 전혀 하지 않았고 따라서 그가 실험 방법의 대지지자이며

런던의 거리가 그의 실험실이라는 게 처음에는 분명해보이지 않았다.

콜레라는 18세기 말까지 유럽에는 알려지지 않은 질병이었다. 1817년에 발생 대륙으로 보이는 아시아 이외의 지역에서 나타나기 시작했고, 1831년에 처음 영국에서 발병해서 2만 3,000명의 사망자를 냈다. 1849년의 두 번째 콜레라 발병으로 5만 3,000명이 사망했다. 1853년에서 1854년에 세 번째 발병으로 2만 3,000명이 죽었다. 네 번째이며 마지막인 1866년에는 1만 4,000명이 죽었다. 19세기 말까지 유럽 전역에서 이와 유사하게 콜레라가 발병했다. 콜레라 원인에 대한 스노의 설명은 영국의 제2차 콜레라 유행 시기에 나왔고 세 번째 발병 시기에 실험을 거쳤다. 네 번째 발병 때에 그의 주장과 유사한 주장을 받아들임으로써 콜레라의 파급력이 제한되었고 미래의 전염을 막을 수 있었다. 콜레라가 유럽의 여러 지역에서 창궐하던 1893년, 영국의 사망자 수는 135명에 그쳤다.

1840년대와 1850년대는 콜레라가 공기를 통해 독처럼 퍼진다는 것이 일반적인 설명이었다. 콜레라도 모든 유행성 질병과 마찬가지로 독기 즉 나쁜 공기로 인해 생긴다고 믿었던 것이다(말라리아는 '나쁜 공기'를 의미한다. 말라리아는 1897년에 모기가 운반하는 기생충에 의해 생긴다는 사실이 밝혀진 이후에도 오래도록 나쁜 공기에 의한 질병으로 여겨졌다). 나쁜 공기의 궁극적 출처는 썩어가는 유기체였고 따라서 최상의 예방법은 하수구나 배수구를 개선하여 악취의 근원지를 제거하는 것이었다. 이에 따라 에드윈 채드윅 등의 19세기 개혁자들은 16세기의 이탈리아 전임자들이 촉구했던 것과 아주 흡사한 개선 방안들을 추천했다. 주요한 차이라면 르네상스의 의사들이 유행성 질환이 특정 상황에서는 사람에서 사람으로 직접 옮겨갈 수 있다고 믿어서 감염자의 격리를 촉구했던 반면, 19세기의 후임자들은 격리 조치는 의미가 없으므로 질병이 도는 가운데도 사람들과 물건이 자유롭게 이동할 수 있게 했다는 것이다. 스노 자신이 언급했듯, 페스트를 막기 위해 채택했던 이전의 경고 조처들을 따랐더라면 잃을 수 있는 "막대한 금전상의 이해"가 있었다.

스노의 출발 가설은 동시대 연구자들과 큰 차이를 보였다. 마취제 사용의 선구자였던 스노(1853년 빅토리아 여왕이 레오폴드 왕자를 분만할 때, 클로로포름 마취제 처방자로 뽑혔다)는 독이 흡입을 통해 혈류에 들어갔을 때 사람과 동물에게 어떤 일이 생기는지에 대한 임상 경험이 상당히 많았다. 그는 자주, 가능한 새로운 마취제를 우선 동물에게 시도해본 후에 결과가 희망적이면 자신에게 실험해보았다. 그러나 콜레라와 유사한 경험은 없었다. 게다가 유독 가스는 노출된 모든 사람에게 영향을 미쳤지만 콜레라는 일부는 감염을 시킨 반면 일부는 그냥 스쳐지나갔다. 독기는 '기체 확산의 법칙'을 따랐다.

물질이 썩으면서 방출하는 가스가 공기 중에 분산될 때 일정한 공간 속의 기체의 양은 근원지로부터 떨어진 거리의 제곱만큼 반비례한다. 따라서 악취가 나는 물질에서 1미터 떨어진 곳에서 있는 사람은 100미터 떨어진 곳에 사는 사람에 비해 1만 배의 많은 양을 마시는 것이다.

그럼에도 독기 이론은 악취의 근원지에서 가까이 사는 사람들이 아무런 탈이 없을 때에도 멀리 떨어진 곳에 사는 사람이 병에 걸리는 경우가 많다는 사실과도 양립한다고 했다.

스노는 콜레라가 장을 공격하여 심한 설사를 유발하는 것을 보고 섭취한 음식이 원인일 가능성이 높으며, 섭취한 물질이 (천연두가 천연두 환자에게서 오듯) 콜레라 환자에게서 어떤 식으로든 직접 나왔을 가능성이 높다고 결론을 내렸다. 스노는 채식가였고 철저한 금주가였기 때문에 이러한 생각을 할 수 있었다. 그는 수돗물에서 인간의 장을 통과하는 물질이 자주 발견

「죽음의 진찰실」이라는 제목이 붙은 조지 존 핀웰의 드로잉은 1866년 콜레라 발병 시기에 한 영국 잡지에 발표된 것으로 콜레라의 전염 방식에 대한 존 스노의 때늦은 승리를 나타낸다.

된다는 사실을 잘 알고 있었기 때문에 증류수를 마셨다. 엄격히 말해서 수돗물은 일반적으로 반쯤 소화된 고기가 극미량 포함되었으므로 채식이 아니었다. 스노는 열일곱 살에 존 프랭크 뉴턴의 『자연으로의 회귀: 채식 섭생을 옹호하며』를 읽은 적이 있었는데, 런던 사람들이 마시는 물에 '부패성 물질'이 가득하다는 내용이 들어 있었다. 또한 마취전문의였던 스노에게는 독가스의 작용에 대한 독기설이 이해되지 않았다. 프랭크 뉴턴을 추종했던 그는 마시는 물 때문에 사람들이 병에 걸린다는 생각으로 기울었다. 그러나 대안 이론을 발전시킬 수 있었던 것은 1848년 마지막 몇 달에 이르러서였다.

스노는 『콜레라의 전염 방식』의 초판에서 콜레라가 돌지 않았던, 요크셔 근처의 무어 망크턴 마을에 사는 노동자 존 반스의 사례를 자세히 설명했다. 반스의 여동생이 리즈에서 콜레라로 사망했고 2주 후에 그녀의 옷 꾸러미가 배달되었다. "옷은 세탁되지 않은 상태였다. 반스가 저녁에 상자를 열었고 다음날 콜레라에 걸렸다." 존 반스에서 시작된 콜레라의 전염 경로를 20명의 개인들(단 한 명은 연결고리를 설명할 수 없었다)을 통해 발견할 수 있었고 그 중 13명이 사망했다. 콜레라가 옷상자에 담겨왔던 게 명백했다.

스노는 콜레라가 사람에서 사람으로 전파되는 것 이외의 다른 경로를 설명해야 했다. 이런 사례들은 콜레라가 원래 부패한 물질에서 비롯되었고, 또한 "콜레라 환자가 주변의 공기 중에 발산한 것을 다른 사람들이 폐로 흡입해서" 생긴다는, 일부에서 지지하는 수정 독기이론과 양립할 수 없었다. 스노의 대안 가설은 콜레라가 배설물을 통해 전파된다는 것이었다. 그가 확인한 첫 번째 전염 방식은 손에서 입으로 향하는 경로였다. 존 반스는 더럽혀진 누이의 옷을 만졌고 손을 씻지 않았으며 콜레라의 병원균을 자신의 장으로 옮겼던 것이다. 그의 질병은 이와 유사한 방법으로 그를 찾아와 돌봐준 사람들에게로 옮아갔다. 콜레라가 24시간에서 48시간의 잠복기가 있다는 것이 쉽게 확인되었다. 스노의 주장은 처음부터 콜레라가 '극미동물'이라는 의미를 함축했다. 다만 그의 주장에 부합하려면 그것이 "유기 입자" 즉 "인체 내에서 번식이 가능한 유기체"여야 한다고 했다. 스노는 일반적으로 세균설을 부정하고 질병의 원인을 독(라틴어로 하면 바이러스)으로 보는 화학이론들을 옹호하는 시기에 병인을 살펴봤던 것이다. 그는 비유기적 과정이라고 주장하는 당대의 발효설과 비교할 수 있는, 콜레라 독이라는 일종의 화학설의 가능성을 완전히 배제하길 원치는 않았지만 그의 전체적인 주장은 세균설을 함축했고 1853년 무렵 그는 질병의 원인이 살아 있는 병원균이라는 견해를 취했다.

스노는 환자나 환자의 물건과 직접적인 접촉이 없어도 가능한 두 번째의 전염 방식을 확인했다. 그는 런던 근처의 호슬리다운에 있는 서로 이웃한 두 개의 똑같은 골목의 집들을 유심히 살폈다. 서리 빌딩스라고 불리는 한쪽 골목에는 콜레라가 덮쳐 11명이 죽었지만 다른 쪽은 거의 영향을 주지 않아 사망자가 1명에 불과했다. 병이 퍼진 골목에서는 하수구에서 넘친 물이 주민들이 사용하는 우물로 되돌아왔다. 환자들의 더러운 옷을 빤 물을 이웃들이 마셨던 셈이다. 콜레라가 오수를 통해 확산된 것이다.

또 다른 사례로 스노는 런던의 근교 개발지 앨비언 테라스에서 심한 폭우로 인해 오수 구덩이의 물이 일렬로 늘어선 열일곱 채의 집으로 공급되는 수로로 흘러넘친 사실을 확인했다. 같은 물을 쓰는 이웃에 사는 한 신사는 그 물을 마시기를 늘 거부했기 때문에 콜레라에 걸리지 않았다. 1849년 스노는 콜레라가 음용수에 들어간다는 가설로만 설명할 수 있는 질병의 온상을 다섯 곳 찾아냈다. 하나는 마시는 물에서 악취가 난다며 불평하는 세입자들의 말을 무시한 집주인에 관한 사항이다. 세입자들이 콜레라에 빈번하게 걸렸지만 주인이 사는 먼 마을의 주민들은 그렇지 않았다. 어느 수요일, 집주인이 물에 아무런 이상이 없다는 것을 보여주기 위해 세입자들이 마시는 물을 한 잔 마셨고 다음 주 토요일 사망했다.

앨비언 테라스 사망자들에 대한 공식적인 원인은 집의 싱크대에서 나는 역한 냄새와 한 집의 지하에 있는 냄새나는 쓰레기와 더불어, 바람이 역 방향으로 불 때 악취를 풍겼던 120미터 떨어진 개거(開渠, 위를 덮지 않고 터놓은 수로)였다. 다시 말해서, 콜레라는 공기로 전염되며 악취가 원인(모든 유행병들의 원인이라고 수 세기 동안 믿어왔듯)이라는 것이 기존의 설명이었다. 따라서 해결책은 위생 청결이었다. 그러나 스노는 런던의 대부분 지역이 알비온 테라스에서 보는 것과 똑같은 종류의 악취에 노출되어 있지만 일부 지역은 사망자가 전혀 없다는 사실을 지적했다.

스노는 콜레라가 공기를 통해 전달되며 부패가 주원인이라는 전통적인 견해를 받아들이지 않았다. 대신 그는 콜레라가 급수를 통해 그리고 직접적인 접촉을 통해 전염되며 콜레라 환자의 배설물에 들어 있다고 주장했다. 이러한 주장은 콜레라가 마치 무작위적으로 발병하는 듯 보이는 이유를 설명할 수 있다는 큰 이점이 있었다. 콜레라가 공기 중이나(헤이거스가 천연두를 유발하는 독이 그렇다고 생각했듯이) 혹은 물에 용해되었다면 모두가 혹은 그 물을 마신 모든 사람들이 어느 정도 똑같은 영향을 받아야 한다. 그러나 만일 콜레라가, 아무리 작다 해도 생물이라면 어떤 물 잔에는 전염체가 들어 있고 똑같이 몹시 불결함에도 불구하고(스노는 급수관에서 비듬과 머리카락을 발견했다) 다른 잔에는 전염체가 들어 있지 않을 수도 있다. "촌충의 알이 하수구를 통해 템스 강으로 흘러가는 것은 의심할 여지가 없지만 그렇다고 그 물을 마시는 사람 모두가 촌충 알을 삼키는 것은 아니다." 이렇듯 세균설은 콜레라의 일견 기이하거나 무작위적인 발병을 설명하는 데 중요했다.

우리가 보기에는 촌충을 인용한 스노의 설명이 명백하고 이론의 여지가 없지만 1840년대에는 기생충의 자연발생 문제가 여전히 논란거리였다. 자연발생설을 반대하는 주요 저술인 스틴스트럽의 『세대교체에 관하여』(1845년)에 간흡충의 생태에 대한 설명이 실렸다. 스노의 동시대인들은 이렇듯, 현미경이 자연발생론을 반박할 길을 열어주었다고 확신한 레벤후크와 스왐메르담을 겨우겨우 따라갈 뿐이었다. 파스퇴르 이전에 세균설을 가장 강력하게 지지한 야코프 헨레의 『정통 병리학 교본』(1840년)에서는 일정치 않아 보이는 질병의 발생을 설명하기 위해 세균에 의한 전염과 유사한 예로 촌충에 의한 감염을 든 바 있다. 스노가 헨레를 직접 언급한 적은 없지만 아마 그의 저서를 읽었을 것이다.

스노는 콜레라가 음용수를 통해 대규모로 전염된다는 자신의 가설을 실험해볼 수 있다는 것을 알았다. 런던의 일부 지역에서는 대부분의 하수구가 흘러 들어가는 템스 강의 물을 공급 받는다. 템스 강은 감조 하천*이므로 강 하구는 물론 상류까지 하수가 운반되었을 것이다. 하수 배출구 위의 수원에서 공급되는 물이라 해도 조수의 가장 높은 지점 위의 수원에서 끌어오는 물이 아니라면 하수로 오염되었을 것이다. 템스 강에서 끌어오는 물을 여과시키거나 혹은 침전지를 거치게 하는 회사들도 있었지만 그렇지 않은 회사도 있었다. 또 어떤 회사는 오염되지 않은 샘물에서 물을 끌어오기도 했다. 따라서 특정 지역의 콜레라 발생을 해당 지역의 식수 공급으로 비교하기는 수월했다. 1832년에 서더크에서 사용하는 물은 여과 장치나 혹은 침전지를 거치지 않고 템스 강에서 바로 들어왔다. 사망률은 1만 명당 110명이었다. 서더크과 마찬가지로 가난한 지역인 쇼어디치는 주로 뉴 강과 리아 강에서 흘러 들어오는 물을 사용했다. 사망률을 1만 명당 10명이었다. 1849년, 정확히 비교 가능한 결과가 나왔다.

---

* 강 어귀 또는 하천의 하류에서 밀물과 썰물의 영향을 받아 강물의 염분, 수위, 속도 따위가 주기적으로 변화하는 하천.

사람에서 사람으로, 가구에서 가구로의 전염에 관한 스노의 면밀한 사례 연구는 서로 다른 수도 회사의 물을 사용하는 고객들의 콜레라 발생에 관해서 했던 그의 비교 연구가 그랬듯 시사하는 바가 컸다. 하지만 그의 결론은 독기 또는 나쁜 공기만 한결같이 강조하는 오랜 전통의 히포크라테스 의학과 정면으로 부딪혔으므로 당시 사람들이 그의 주장을 설득력이 없다고 생각한 것은 별로 놀라운 일이 아니다. 스노에겐 1853년의 콜레라 재발이 자신의 주장을 실험할 완벽한 기회였다. 1853년에서 1854년의 콜레라 발병 기간 동안 스노가 한 가장 중요한 연구는 서로 다른 수도 회사의 물을 사용하는 고객들 사이에서의 콜레라 발병을 비교 분석한 것이다. 물을 공급하는 회사들 가운데 한 곳이 수원을 다른 곳으로 변경했기 때문에 그는 1832년과 1849년의 유형을 비교할 수 있었으며, 자신이 예측했듯 물 상태의 개선이 직접적으로 콜레라 발병의 감소로 이어졌다는 주요한 변화를 보여줄 수 있었다. 그리고 그는 글래스고와 헐에서 수도 회사들이 공급원을 바꾸었을 때 유사한 변화가 생겼다는 것도 보여주었다.

　　일반적으로 런던에서는 각기 다른 회사들이 서로 다른 지역에 물을 공급한다. 그러나 일부 지역에서는 두 개의 기업이 서로 경쟁을 해서 이웃하는 두 집이 서로 다른 회사에서 물을 공급받는다. 스노는 이에 대해 자신의 이론을 검증하는 실험실의 실험과 같은 조건이라고 말했다.

　　물을 공급받는 가구나 사람들 혹은 그들을 둘러싸고 있는 물리적 조건이란 면에서 두 업체가 동일하다. 관찰자 앞에 이미 놓여 있는 이런 상황보다 콜레라 발생과 급수의 관계를 검증해볼 수 있는 완벽한 실험 조건은 없을 것이 분명하다.

　　실험 역시 최대 규모였다. 모든 성, 연령, 직업 그리고 귀족에서 아주 가난한 사람들에 이르기까지 신분과 지위의 고하를 막론한 무려 30만 명의 사람들이 그들의 선택과 관계없이, 그리고 대부분은 그들이 알지 못하는 상태에서 두 그룹으로 나뉘었다. 한 그룹은 런던의 하수가 포함된 물을 공급받았고 다른 그룹은 그런 불결한 물이 전혀 섞이지 않은 물을 마셨다.

스노와 동료 한 명이 콜레라 사망자가 있는 가정들을 가가호호 빠짐없이 방문해서 어떤 회사가 물을 공급했는지 확인했다. 스노는 조사를 위해 개업의 일을 줄였기에 사실상 수입을 포기해야 했다. 1854년 7월 8일에서 8월 4일 사이에 런던의 콜레라 사망자 563명, 혹은 1만 가구당 9명이 사망했다. 서더크 앤 벅스홀 사의 오염된 물을 공급받은 4만 46가정에서 286명 혹은 1만 가구당 71명이 사망했다. 이들 사이에 섞여 있는 똑같은 집들이지만 람베스 사의 깨끗한 물을 공급받은 가구의 경우 사망자는 14명 혹은 1만 명당 5명이었다. 사망자 14명이란 수치는 스노의 주장에 아무런 문제가 되지 않는다. 람베스 사의 고객들 가운데는 서더크 앤 벅스홀 사의 물을 공급받는 친구들의 집을 방문해서 그곳에서 물을 마시거나, 서더크 앤 벅스홀 사의 물로 만든 음료를 술집이나 카페에서 구입해 마실 수 있으며, 혹은 서더크 앤 벅스홀 사의 물을 마시고 병에 걸린 사람들을 방문해 간호한 사람들이 당연히 있다고 생각할 수 있기 때문이다.

　스노는 두 수도 회사의 고객들을 자신의 가설을 검증해보는 무작위 실험으로 활용하여 자신의 주장을 뒷받침할 수 있는 놀라운 결과를 끌어냈다(이후 스노의 조사를 반복해 실시했고 확대해서 수행했지만 그 결과는 훨씬 떨어졌다. 신뢰할 수 있는 것은 스노의 결과였다. 스노는 자신의 연구를 통해 25쪽에 걸쳐 모든 사망자와 주소를 기록해서 발표했고 두 집 이상이 동일한 번지를 쓰는 경우가 잦아서 주소와 찾아간 집이 맞는지를 꼼꼼히 조사해야 했던 것과 수도 요금이 주인의 문제였던 까닭에 사람들이 물을 공급하는 회사의 명칭을 모르는 경우가 많았다는 주요한 두 가지 문제점을 지적했다. 스노는 두 회사가 공급하는 물을 구별하는 화학 실험을 고안하여 이 문제를 피해갈 수 있었다). 스노는 또한 콜레라 사망자 직업 분석이 많은 것을 드러낸다는 사실을 밝혀내기도 했다. 템스 강의 물을 스스럼없이 마시는 선원들과 배에 바닥짐을 싣던 인부들은 1848년에서 1849년의 콜레라 발병 시기에 24명 중 1명꼴로 사망했던 반면, 물을 절대 마시지 않는다는 양조장 인부들은 실제로 사망자가 한 명도 없었다.

당시 사람들은 종종 스노가 맞는지 틀린지는 그렇게 중요하지 않다는 뜻을 내비쳤다. 독기설 신봉자들이나 스노 모두 인간의 배설물이 콜레라의 확산에 일조한다고 믿었으므로 양쪽의 주장을 보며 위생 개선이 답이라고 결론을 내렸기 때문이다. 스노는 위생 개선을 옹호하는 사람들의 활동이 그들의 의도와 정반대의 효과를 낸다고 믿었기 때문에 이러한 반응에 조바심이 났다. 1854년, 그는 급수 조사의 예비 결과를 발표하면서 다음과 같이 적었다.

콜레라 증가에 누구보다 더 일조하는 사람들이 바로 콜레라를 막기 위해 최선의 노력을 다한 사람들이며 다른 사람들의 게으름을 목청 높여 비난한 사람들이다. 1832년에 런던에는 수세식 변기가 거의 없었다. 옥외 변소는 주로, 지금은 거의 존재하지 않는 분뇨수거인들이 치워갔다. 혹은 오물통의 내용물 일부가 서서히 흘러서 한참 뒤에 하수구로 들어갔다. 제거 가능한 질병의 원인들을 없애려는 지속적인 노력을 기울인 결과 오히려, 최근까지도 주민들의 3분의 2가 공급받는 강물에 마을의 배설물이 해마다 더 빠른 속도로 씻겨 들어가는 일이 벌어졌다. 배설물이 오물통이나 하수구에 있을 때는 특정한 질병들을 일으키지는 못하는 작은 양의 불쾌한 가스를 방출하는 데 그쳤음에도 위험하고 질병을 옮기는 더러운 것이라고들

했다. 하지만 배설물이 주민들이 마시는 물로 들어가면 위생 보고서에만 갤런 당 수많은 유기물 알갱이로 표시될 뿐이다.

이렇듯 콜레라 전염에 관한 스노의 설명과 독기론자들의 설명은 근본적으로 달랐다. 스노가 최우선으로 생각하는 것은 깨끗한 음용수였던 반면 그들의 경우는 수세식 변기였다.

스노는 1849년에 수도 공급 회사의 고객들과 발병의 온상지를 연구했듯이, 1854년에는 골든 스퀘어 옆에 있는 브로드 가의 특정한 온상지 한 곳을 면밀히 연구했다. 그곳의 반경 190미터의 원내에서만 8월 31일에서 9월 9일까지 10일 사이에 500명이 콜레라로 사망했다. 다음날 스노는 사례 연구를 위해 수도 공급 회사 고객들에 대한 조사를 중단했다. 그는 즉시 오염된 물의 출처를 찾아보았고 콜레라 발병의 중심부에 있는, 골든 스퀘어 옆 브로드 가의 한 우물을 집중적으로 조사했다. 그 우물의 물이 오염되었다는 직접적인 증거는 없었다. 첫 번째 사례가 여아이며 그 아기의 기저귀를 빤 물이 배수구를 통해 우물로 스며들어갔다는 것을 헨리 화이트헤드가 밝힌 것은 6개월이 지난 후였다). 그가 할 수 있는 것은 처음 3일 사이에 사망했으며 사망자로 등록된(사망자 197명 중 다른 사람들은 아직 사망자 명부에 오르지 않았거나 다른 지역의 병원에서 사망했다) 근방의 주민 83명을 추적하는 일이었다. 그는 이들 가운데 77명이 우물의 물을 마신 게 거의 확실하다는 것을 밝혀냈다. 스노는 콜레라가 발병한 지 1주일 후이자 자신이 도착한 지 4일 후에 그 지역 담당자인 교구위원에게 펌프의 손잡이를 제거해달라고 요청했다. 그러자 콜레라 발병이 줄어들기 시작했고(아마도 물이 더 이상 오염되지 않아서였을 것이다) 24시간 만에 실질적으로 발병이 멈추었다.

스노는 『콜레라의 전염 방식』 제2판에 사망자 지도와 사망자와 브로드 가의 우물 및 그 지역의 다른 우물과의 관계를 발표했다. 이 지도의 또 다른 버전에서는 다른 곳보다도 브로드 가의 우물에 더 가까운 모든 지역을 에 두르는 점선을 그려놓기까지 했다. 보행자는 새와 달리 두 지점 사이의 최단 지름길을 택하지 못하며 거리를 따라 가야 하고 모퉁이에서는 돌아가야 한다는 사실을 참작해서 이 선은 복잡한 길을 따라간다. (이 선은 현재 '보로노이[Voronoi] 다이어그램'이라 불리며 스노의 지도가 최초의 보로노이 다이어그램이다.) 거의 모든 사망자가 점선 내에 들어왔다.

펌프 손잡이 이야기와 이를 예시하는 지도가 이제 유행병학의 전설 속에 들어오게 되었으나 무성의한 이야기 전달로 인해 스노가 이룩한 업적에 근본적인 오해를 불러올 수 있는 소지가 생겼다.

사람들은 브로드 가와 그 근방이 콜레라의 온상임을 보여주는 지도가 결코 스노의 콜레라 전염 방식을 입증하지 못했다고 말한다. 당대의 다른 사람들이 유사한 지도를 만들었는데, 그 지도들은 질병이 공기를 통해 확산될 가능성이 크다는 사실을 확신하고 있었다. 그들은 죽음이 찾아온 그 지역의 중심에 확인되지 않은 독기의 근원지가 있다고 가정했다. 요컨대 스노가 자신의 사례를 입증하는 데 실패했으며 그의 반대자들도 스노만큼의 주장을 할 수 있다는 얘기였다. 이는, 우리가 지금까지 살펴본 다른 증거는 물론 스노가 브로드 가의 유행병 자체와 관련된 중요한 또 다른 증거를 확보했다는 사실을 무시한 채 스노의 모든 자료가 지도에 들어 있다고 생각하는 초보적인 실수를 범하는 것이다.

폴란드 가의 구빈원이 온상의 근원지 근처에 있었다. 그곳의 입소자는 535명이었지만 사망자는 5명에 불과했다. 입소자들은 브로드 가의 공기를 마셨지만 그 우물의 물은 마시지 않았다. 브로드 가의 한 양조장에는 피고용인이 70명이었는데 아무도 죽지 않았다. 모두 물이 아닌 맥주를 마셨고 양조장 내에 자체의 우물이 있기도 했다. 몇 미터 떨어진 곳에 자리한 뇌관(雷管) 공장에서는 200명의 노동자 가운데 18명이 사망했다. 그들은 펌프의

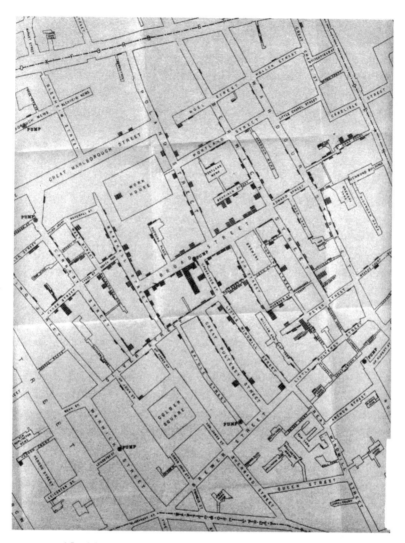

스노의 『콜레라 전염 방식』 재판에 실린 브로드 가의 우물이 있는 지역의 사망자 지도.

물을 공급받았다. 양조장에서 일한 사람과 뇌관 공장에서 일한 사람 모두 같은 공기를 마셨지만 같은 물을 마시지는 않았다. 브라이튼에서 온 한 남성이 콜레라로 사망한 사람의 집에 20분간 있었고 브로드 가의 우물 물로 희석시킨 브랜디 한 잔을 마셨는데 다음날 사망했다. 콜레라가 발병하지 않은 지역인 햄스테드에 살면서 정규적으로 브로드 가 우물물을 한 병씩 공급받아 마신 여성(과거 그 지역에 살았던 그녀는 그 물이 특별히 맛있다고 생각했다) 한 명이 사망했고, 같은 병의 물을 마신 그녀의 조카 역시 사망했다. 스노는 이러한 사례(그의 지도에는 당연히 나타나지 않는)를 "브로드 가의 우물과 콜레라 발병의 관련성을 입증하는 모든 증거들 가운데 가장 결정적일 수 있는 사례"라고 설명한다. 브라이튼의 남성과 햄스테드의 미망인과 이슬링튼에서 온 그녀의 조카가 브로드 가의 공기를 마시지 않았는데도 사망한 것은 그곳의 물을 마셨기 때문이다. 스노의 가설 이외의 어떤 가설도 이들의 죽음을 설명하지 못했다. 스노의 지도는 그의 주장을 완전히 다 드러낸 것이 아니었고 단지 일부의 예시일 뿐이었다.

결정적인 유행병 연구가 있다면 그건 스노의 연구였다. 유행병학 연구에 관한 근대 학자들의 일반적인 반대 이유는 유행병 연구가 임의적이지 않다는 것이지만 두 회사가 서로 경쟁적으로 물을 공급하던 런던 지역을 살펴본 스노의 연구는 임의 선택 연구에 해당된다. 스노의 주장을 반박하기 위해 가가호호 조사를 시작한 헨리 화이트헤드는 결국 스노의 연구로 돌아섰다. 그럼에도 스노의 결론은 받아들여지지 않았다. 도시 하수 위원회가 시행한 조사와 건강총회의 과학적조사위원회가 시행한 두 가지 조사결과 공기에 의한 전염 쪽으로 기울었다. 과학적조사위원회는 런던과 영국의 다른 지역(어느 정도)에서 콜레라로 인한 사망률과 해수면의 근접성 사이에 매우 밀접한 상관관계가 있음을 밝힌 윌리엄 파르(William Farr)의 연구에 특히 깊은 인상을 받았다. 파르는 심지어 해수면이 반으로 줄어들면 사망률이 두 배로 늘어난다는 것, 즉 사망률이 해수면 높이에 반비례한다는 수학공식을 만들기까지 했다. 이러한 공식대로라면 해수면과 같은 높이에 사는 모든 사람들이 죽는 결과가 나오겠지만 파르는 건물들이 사람들을 지면 위로 끌어올린다는 것을 지적하며 해수면 높이에 지은 건물들에 거주하는 사람들은 실제로 해발 4미터 높이에 사는 것(아마 잔다는 의미일 것이다)이라고 주장했다. 그는 "고지대에 사는 사람들은 가장 고상한 감정을 느낀다. … 언덕에서는 자신의 불멸성을 느낀다"며 이러한 수학적 정확성에 터무니없는 얘기를 결부시켰다. 이에 따라 모든 종교가 자신의 신들을 늪지가 아닌 언덕과 결부시킨다고 했다. 파르는 점점 더 많은 영국인들이 해수면에 가까운 도시에 살게 되어 종족이 퇴화되고 인구가 급격히 줄어들 것을 염려했다. 따라서 정부가 강제적으로 더 높은 지대에 집을 짓게 해야 한다고 했다.

과학적조사위원회가 파르에 대한 지지를 선언했을 당시 스노는 이미 실질적으로 파르를 괴멸시킨 것이나 다름없었다. 스노는 다음과 같이 말했다.

닥터 파르는 대지의 높이가 콜레라의 창궐에 직접적인 영향이 있다고 생각하지만 울버햄튼, 다우라이스, 머시르 티드빌, 뉴캐슬 어폰 타인 등 영국에서 가장 지대가 높은 도시들이 여러 차례 콜레라로 혹독한 고통을 겪었다. 반대로 베들레헴 병원, 퀸스 감옥, 홀스망거 레인 감옥을 비롯한 다른 대형 건물들(구내의 깊은 우물에서 퍼올린 물을 사용한다)이 매우 낮은 지대에 위치하며 콜레라에 둘러싸여 있는데도 거의 혹은 전부가 콜레라를 피할 수 있었다. 이런 사실들에 비춰볼 수 있듯 나는 그의 견해에 반한다.

파르가 말하는 콜레라의 공격을 받은 저지대 도시들은 스노의 얘기를 읽은 사람이면 누구나 알겠지만 감조 하천의 물을 사용했다. 해발 높이와 콜레라 발병 간의 어떤 상관관계가 있다고 본 파르의 생각이 틀린 것은 아니지만 그의 잘못은 사람들이 마시는 물이 아니라 공기가 다르다고 추정한 데 있다.

스노의 주장에 반대하는 견해 가운데서 반박하기 어려운 부분이 꼭 하나 있다. 콜레라가 손에서 입으로 확산된다면 여러 차례 콜레라 희생자의 부검을 한 의사들과 그들의 시체를 처리한 장의사들이 어째서 환자의 가족들처럼 빈번하게 병에 걸리지 않는가 하는 점이다. 스노는 이에 대해 의사와 장의사들이 신경 써서 손을 씻었던 게 그 답이라고 했다. 그에게 이 부분은 가장 간단한 예방조처로도 콜레라를 막을 수 있음을 보여주는 증거였다.

스노가 자신의 주장에 대한 확신을 심어줘야 할 사람이 둘 있었다. 한 사람은 통계청 통계부서의 실장이며 질병 연구에 통계를 이용하는 방면에서 공인된 전문가인 그의 반대자 윌리엄 파르였다. 앞서 보았듯이 그는 1850년대에 대안 이론을 제시했지만 1866년에 스노의 세균설로 전환했으며 1866년의 콜레라 유행이 수인성임을 밝히는 데 주도적 역할을 했다. 다른 한 사람은 추밀원(樞密院)의 보건부 소장인 존 사이먼으로 정부의 일을 맡는 담당자였다. 사이먼은 물이 콜레라 확산의 원인이라는 사실을 흔쾌히 받아들였지만 여러 원인 가운데 하나의 요소에 불과하다고 생각했다. 하지만 그 역시 1866년 결정적인 증거는 "민영 수돗물 공급업체들이 런던 남부의 50만 인구에게 행한" '대중적' 실험(즉 "우연한 사건이 우리에게 보여준 실험들")이 아니라 카를 티르슈(Karl Thiersch)의 '과학적' 실험이라고 주장하면서 스노의 견해로 전환했다.

독일에서 연구하던 티르슈는 콜레라 희생자의 신선한 장액을 취했다. 그는 장액이 부패되도록 공기에 노출시킨 뒤 소량을 쥐에게 먹였다. 그 결과 신선한 배설물은 1주일 정도 지난 배설물과 마찬가지로 해가 없지만 3일이나 4일된 배설물은 치명적이라는 사실을 발견했다. 티르슈는 쥐가 성공적으로 콜레라에 감염되었다고 주장했다. 티르슈의 연구는 당대의 가장 위대한 생화학자이며 독이 질병을 유발시킨다는 견해를 가진 유스투스 폰 리비크에 의해 즉시 발표되었다. 사이먼의 견지에서 이 실험의 큰 매력은 상대적으로 신선한 배설물을 다루는 의사와 장의사들이 감염되지 않은 이유를 설명한다는 점이었다. 그러나 사이먼이 티르슈의 실험 결과를 보고 입장을 바꾼 데에는 몇 가지 문제점들이 있다. 첫째로 실험이 일찍이 1854년에 시행되었으며 실제로 스노가 제2판에서 그 실험을 반박했다는 점이다. 스노는 콜레라의 잠복기가 24시간에서 48시간에 불과하므로 티르슈가 정한 3일 혹은 4일 동안 부패할 시간이 없기 때문에 그 실험에 오류가 있다고 확신했다. 둘째로 쥐에게 콜레라 세균을 먹임으로써 콜레라를 감염시킬 수 없다는 것을 지금 우리는 알고 있다. 티르슈가 무엇을 했든 쥐는 콜레라에 감염되지 않았던 것이다.

그럼에도 불구하고 1866년 사이먼은 영국에서 사이먼의 실험들을 반복 수행한 뒤 결정적이라고 발표했다. 왜? 변한 것은 콜레라 전염 관련 증거—그것은 스노가 제2판을 발표했을 때와 똑같았다—가 아니라 질병 독기설의 수용여부였다. 빌레민은 결핵이 한 동물에서 다른 동물로 전염될 수 있음을 보여주었고 샌더슨은 소 페스트에 대해 비슷한 연구를 했다. 파스퇴르의 연구가 널리 논의되기 시작하는 시기이기도 했다. 파르도 이를 알고 있었다. 의사들이 유행병의 독기설에 대한 집착을 버리고 (병원체가 화학 작용에 의한 것이라는 리비크의 견해와 생물체라는 파스퇴르의 견해 중 선택하는 일이 남긴 했지만) 각 질병에는 특정 병원체가 있다는 견해를 받아들이려는 순간이었다. 파르와 사이먼은 유행의 철저한 추종자들일 뿐이었다. 그런데 이번에는 기분 전환이라도 필요했는지 유행하는 견해가 우연히도 옳은 쪽이었다.

12

산욕열

산욕열은 생식기의 세균 감염으로 종종 복막염과 끔찍한 고통을 수반한 죽음으로 이어지기도 한다(오늘날의 우리는 그런 사실을 안다). 18세기와 19세기 분만 여성 1,000명 가운데 대략 6명에서 9명이 산욕열에 걸렸고, 그 중 절반 정도가 사망했다. 간혹 원인을 알 수 없는 이유로 특히 조산원에서 유행병이 발생했으며 발생한 이후에는 감염률이 급격히 증가해서 사망률이 80퍼센트에 달했다. 런던의 종합산부인과 병원에서는 1835년과 1844년 사이에 분만 여성 1,000명당 평균 63명이 사망했다. 물론 가장 흔하게 사용된 치료가 사혈이었지만 어떤 치료도 별 도움이 안 된다는 것을 인식한 의사들도 있었다. 19세기 초 윌리엄 헌터는 이렇게 말했다. "산욕열 환자들을 어떤 방법으로 치료한다 해도 4명 중 최소 3명은 사망할 것이다." 원인과 치료법이 모두 오리무중이었다.

1795년 애버딘의 무명 의사인 알렉산더 고든이 1789년 말과 1792년 봄 사이에 애버딘에서 발생한 산욕열을 설명하는 글을 발표했다. 런던에서 공부한 고든은 산욕열에 대한 저술들을 잘 알고 이전의 견해가 잘못되었다는 판단을 내릴 자신감을 갖고 있었다. 유행병이 창궐하는 과정에서 그는 세

가지 결론에 도달했다. 우선, 그는 산욕열이 전염성이라는 사실을 인식했다. 산욕열이라는 유행병이 다른 모든 유행병과 마찬가지로 공기 중에 떠도는 어떤 독기의 결과라는 기존의 견해를 거부한다는 의미였다. 더 나아가 그는 의사와 산파들이 이 환자에서 저 환자로 병을 옮긴다는 사실을 알아냈다. "앞서 산욕열에 걸린 환자들을 돌본 개업의가 분만을 도와주었거나 방문을 했거나 혹은 그러한 간호사의 보살핌을 받은 여성들만이 산욕열에 걸렸다." 어느 의사, 산파, 간호원이 산욕열을 옮기는지를 연구한 고든은 질병이 창궐하면 누가 그 질환에 걸릴지 예측할 수 있게 되었다.

고든은 본인도 산욕열을 퍼뜨린 사람 중의 한 명임을 깨달았다. 가장 잘 아는 전염병이 공기를 통해 전파되는 천연두였고 유행병은 항상 공기를 통해 전파된다고 추정했기 때문에 그는 감염체가 사람을 둘러싼 대기 중에 있으며 마치 냄새처럼 옷에 달라붙는다고 추정했다. 따라서 환자의 옷과 침대보는 태우거나 "청결을 철저히 해야 했고" 환자를 돌본 사람들은 "깨끗이 몸을 씻고 의복을 제대로 훈증소독한 후에 다시 입어야 했다." 둘째로, 그는 산욕열과 피부(일반적으로 얼굴) 감염인 단독(丹毒)이 밀접한 관계가 있음을 확인했다. 단독은 보통 고통스럽더라도 생명이 위태롭지는 않았지만, 패혈증 혹은 현재는 괴사성 근막염*(혹은 '육식성 질환')이라고 하며 한때는 괴저성 단독이라 불렀던 증세로 발전할 수 있었다. 18세기와 19세기에 단독으로 인한 사망자 수는 산욕열과 거의 비슷했다. 애버딘에서 산욕열과 단독의 유행은 어떤 면에서 연결되어 있었는데, "두 질환이 애버딘에서 동시에 시작되었고 그 후에도 거의 비슷한 속도로 진행되었기 때문이

---

* 괴사성 근막염(壞死性筋膜炎), 피하혈관의 혈전 혹은 조직 괴저 때문에 근막에 생기는 염증으로 환부의 피부가 검은 반점을 보이다가 파괴되면 다량의 괴사 물질을 배출한다.

다. 절정기도 같았으며 멈추는 것도 동시였다." 마지막으로, 그는 초기에 반복적으로 많은 양의 혈액을 빼내는 것이 효과적인 치료법이 될 수 있다고 주장했다. 실제로 그는 유행병이 계속되자 사혈의 양을 늘리는 쪽으로 전환했고 사망률이 떨어지는 것을 보여주었다. 그는 유행병이 대개 그렇다는 사실을 알지 못했다.

고든이 산욕열에 대한 설명을 발표하자 격렬한 비난이 쏟아졌다. 그는 질병을 확산시킨 사람들(자신도 포함)의 이름과 그 개개인으로 인해 사망한 사람들의 수를 발표함으로써 성난 수많은 적들을 만들었다. 그의 적들은 높은 사망률의 원인은 그 질병 때문이 아니라고 주장했다. 그들은 고든이 등장하기 전에는 산욕열에 대해 들어본 적이 없었으며 알 수 없는 이유로 치명적인 질병으로 변하는 경미한 전염의 사례라고 여겼던 것이다. 사망의 원인은 고든의 과도한 사혈의 양이라고 했다. 고든은 개업의 일을 포기해야 했고 얼마 안 가 마흔일곱의 나이로 숨을 거뒀다. 하지만 그의 작은 책자는 의학 저술 분야에서 나름의 위상을 정립했는데 산욕열이 전염성이라고 주장해서도 아니고(그의 동시대인들에게는 터무니없는 주장이었다), 산욕열을 단독과 연결해서도 아니었으며(다른 사람들이 이 둘을 연결했음에도 정작 고든을 인정하지 않았고, 1849년 무렵 플리트우드 처칠은 산욕열과 단독이 "본질적으로 같은 질병"이라고 결론을 내리는 게 합당하다고 생각했다), 다만 많은 논란이 되었던 사혈의 양에 관한 결정적인 증거를 제공한 것처럼 보였기 때문이었다.

1842년 5월, 필라델피아 내과협회의 모임에서 근래 창궐한 단독과 산욕열에 대한 논의가 벌어졌다. 루터라는 한 의사는 1841년과 1842년 사이에 무려 70명의 산욕열 환자를 받았다. 그는 몇 주 동안 진료를 중단하고 철저히 몸을 씻고 머리를 몽땅 밀고 면도를 했으며 옷을 갈아입고 의료도구를 바꾸었다. 하지만 그가 의료 활동을 재개하자 질환이 다시 시작되었고 그는 결국 필라델피아를 떠났다. 보스턴에서도 역시 산욕열에 대한 논의가 있었는데, 한 의사가 산욕열로 사망한 사람의 시체를 검사한 후에 자신은 물론 그가 돌본 산과 환자 몇 명이 사망한 사례가 계기가 되었다. 논의에 참석한 젊은 의사인 올리버 웬델 홈스는 이 문제를 조사하자고 제안했으며 1843년에 알려지지 않은 한 잡지에 논문을 발표한 후 1855년 『은밀한 역병 산욕열』이라는 제목의 소책자로 논문을 다시 발표했다.

웬델 홈스는 고든의 주장을 뒷받침하는, 산욕열이 전염성이라는 모든 증거를 아주 신중하고 철저히 수집했고 산욕열과 단독을 연결시킨 고든의 주장도 확인했다. 그는 다음과 같이 이론화를 피하는 신중함도 보였다. "사실들은 많고 의심의 여지가 없으며 그 중요성이 너무도 명료하다. 하지만 이론이 사실을 따라가는 게 최선이고 사실에 보조를 맞춰야 되려 앞서 가서는 안 되며 자체의 드럼과 트럼펫 소리에 맞춰 행진해야 한다." 그리고 전통적인 독기설을 받아들였다. 그는 이렇게 말했다.

산부인과 병원 내에 종종 독기가, 그것을 제거하기 위해 사용하는 염소처럼 만질 수 있고, 일부는 끝내 근절되지 않을 만큼 바짝 달라붙어 있으며, 어떤 병원들에는 페스트만큼 치명적인(런던의 한 개인 병원에서는 여성 환자들이 너무 많이 죽자 참혹함을 감추기 위해 한 관에 두 명씩 매장할 정도였다) 독기가 자주 발생한다는 것은 논란의 여지 없는 사실이다.

그리고 그는 간단한 일련의 방법들을 추천했다. 산과 의료를 하는 의사는 산욕열로 사망한 환자에 대해 부검을 수행하지 말아야 한다. "산욕열과 밀접한 연관이 있는 환자를 세 명 이상 치료한 내과의는 그 자체를 자신이 전염의 매개체라는 사실의 명백한 증거로 간주해야 한다." 이러한 상황에서 신생아를 분만하는 것은 살인 행위였다. "전문가의 살인"이었던 것이다.

그의 동료 의사들 다수가 홈스의 결론을 받아들이지 못한 것은 당연했다. 제퍼슨 칼리지에서 산부인과 학회장직을 맡은 찰스 메이그스는 그의 주장을 "경험 부족자의 횡설수설"이라고 일축했다. 메이그스에 관한 한 닥터 루스의 불행한 예는 순전히 운이 나쁜 사례였다. 홈스가 동료 의사들에게서 받은 공격은 이뿐만이 아니었다. 그가 의료를 포기하고 시를 쓰고 대중 강연을 하는 쪽으로 방향을 틀기로 결정을 내린 것이 그들 탓은 아니었나 하는 생각이 들 정도다. 다만 그는 일반적인 은퇴 시기에 이를 때까지 하버드에서 생리학에 관한 강의를 계속했다. 그와 의학계 사람들과의 관계가 몹시 불편했다 해도 결코 끊어지지는 않았던 것이다.

홈스는 고든과 마찬가지로 산욕열이 어떤 식으로 의사에서 환자로 옮겨지는가를 알지 못했다. 명백한 것은 그렇다는 사실뿐이었다. 1850년, 제임스 심슨이 감염성 질환 가운데 가장 많이 알려진 천연두와 산욕열 사이의 유사관계를 도출한 새로운 방법을 제시했다.

지금까지 분만 중의 환자들에게 산욕열을 발생시킬 수 있는 감염 물질(materies morbi)이 접종되었는데 아마도 국부적인 접종이었을 것이다. 이러한 감염 물질은 간호사의 손가락을 통해 분만 중에 자궁 내 팽창되고 벗겨진 내막에 접종되었을 가능성이 높다. 따라서 한 환자에서 다른 환자로 질환을 옮기는 데 있어 간호사의 손가락은 말하자면 초기의 백신 접종을 한 사람들이 공식적으로 사용했던 뾰족한 상아 같은 역할을 하는 것이다.

이렇듯 산욕열은, 산욕열이나 단독 혹은 괴저에 걸린 다른 환자들의 병원체가 자궁의 마모된 내막으로 들어와 발생했다. 따라서 천연두가 접종에 의해 퍼지는 것과 같았고 수술 시 감염과 같은 방식으로도 확산되었던 것이다. 심슨이 쓴 논문의 제목은 「산욕열과 수술열 사이의 유사관계에 관한 견해」였다.

심슨의 논문이 1850년에 발표되었을 때 빈 산부인과 병원의 보조의사로 임명된 젊은 헝가리인 젬멜바이스는 산욕열에 대해 다른 견해를 발표했다. 젬멜바이스는 고든, 홈스, 심슨과 달리, 일부의 눈에는 근대 감염이론을 최초로 제안한 영웅으로 보였다.

빈에는 연간 7,000건 정도의 분만을 하는 세계 최대의 산부인과 병원이 있었다. 1784년 개원 한 이 병원에는 1833년에 두 개의 입원 병동이 세워져 하루씩 번갈아 입원을 허용했다. 1839년부터는 두 개의 병동 중 하나는 남자 의대생들의 교육 공간으로 사용되었고 다른 하나는 여성 조산부들의 교육 공간으로 사용했다. 그때를 기점으로 산욕열로 인한 사망률(이전에는 두 병동이 똑같았지만)이 남학생들을 가르치는 제1병동이 여성 조산부들을 가르치는 제2병동보다 훨씬 더 높아졌다. 사실을 확인한 젬멜바이스는 이어 1823년 이후 일반적인 사망률이 증가했다는 사실 또한 확인했다. 이때는 사체 해부를 통해 학생들을 가르치는 게 일상화된 된 시기였다. 젬멜바이스가 볼 때 1823년 이후의 사망률 증가와 1839년 이후 두 병동 사이의 사망률 차이는 단 한가지로밖에 설명할 수 없었다. 빈번하게 사체를 다룬 남학생들이 시체실에서 손에 묻혀온 질병의 원인을 환자들의 자궁에 옮긴 것이었다. 특히 그는 산욕열의 증상과 부검을 실시하는 와중에 입은 부상으로 패혈증에 걸려 사망한 범죄병리학자 콜레츠카 교수가 보인 증상이 눈에 띄게 유사했다는 사실을 확인했다. 콜레츠카가 사망한 것과 같은 증상들을 겪으며 산모들이 죽어가고 있었다. 사체의 물질이 산모들의 혈류로 들어갔던 것이다. 그의 가설은 산욕열 발생의 수많은 난해한 특징들을 설명하는 데도 도움이 되었다. 조산을 하거나 분만 직후 병원에 와 유일하게 의대생들의 손길을 피한 산모들의 경우는 산욕열이 거의 발생하지 않았다.

1847년 5월, 젬멜바이스는 살아 있는 환자를 검사하기 전에 모두 표백분

(석탄산)으로 손을 씻도록 했다. 그러자 즉시 산욕열 발생이 현저하게 줄어들었다. 젬멜바이스는 (환자들이 두 개의 병동에 임의로 나뉘어 있었으므로) 두 병동의 사망률 차이는 두 병동에서 환자들을 치료하는 차이에 기인할 수밖에 없음을 인식했다. 그 차이는 명백히 의대 남학생과 조산을 공부하는 여학생의 차이와 관련이 있었고, 단 하나의 명백한 차이는 의대생들은 부검을 실시했고 산파들은 그렇지 않았다는 사실이었다. 그는 이런 통찰을 통해 빈 산부인과 병원에서 산욕열의 주요 원인을 제거할 수 있었다. 그런데 6개월 후에 다시 산욕열이 발생했다. 젬멜바이스는 다시 원인을 추적해 자궁암을 앓는 한 여성을 찾아냈다. 학생들이 그녀를 검사한 뒤에 옆 침상의 여성들을 검사했던 것이다. 그들 12명 가운데 11명이 산욕열로 사망했다. 살아 있는 환자들이 시체에서 나온 것과 유사한 감염 물질을 만들어낼 수 있는 게 분명했다. 젬멜바이스는 산욕열이 부패가 진행 중인 동물의 유기물질에 의해 유발되는 피의 감염임을 믿었고 의사들에게 임신 이외의 질환을 앓는 환자를 검사한 후에는 반드시 살균제를 사용해 손을 씻도록 촉구했다.

젬멜바이스는 어떤 사례들의 경우(정상 출산 1만 명 중 200명), 태반의 일부가 남아 있어서 여성의 자궁 내에 부패가 일어날 수 있다고 믿었다. 이러한 여성들은 자가 감염을 통해 정도는 심하지 않지만 산발적인 산욕열 증상을 앓았고, 분만 여성의 1퍼센트 미만이 사망했다. 의사들의 급선무는 감염의 외부 원인을 제거해서 사망률을 더 이상 줄일 수 없는 수준까지 끌어내리는 일이었다.

젬멜바이스는 산욕열을 사체의 이물질에 의한 것과 살아 있는 동물의 부패 유기물질에 의한 것, 두 가지로 설명했다. 이 두 가지 이론은 쉽사리 혼돈을 일으킬 만큼 유사했음에도 상대적으로 관심을 끈 원인은 '사체 감염 이론'이었는데 의사나 산파들이 부검을 하지 않은 곳에서도 산욕열의 사례가 자주 발생하면서 이 이론은 아주 노골적인 반대에 부딪혔다. 부패 유기물질에 의한 감염 이론은 왜 모든 출산이 산욕열로 이어지지 않는가에 대한 이해를 어렵게 했다. 모든 의사들이 이런 저런 질병이 있는 환자들을 다루는 게 아니던가? 그 결과 젬멜바이스가 주장하는 게 정확히 무엇인가에 관해 상당한 혼란이 일었고 그는 자신의 업적을 다른 사람들로 하여금 발표하게 함으로써 문제 해결에 도움을 주지도 않았다. 그는 1856년(부다페스트의 한 의학 잡지에 강연의 내용이 실렸다)까지 어떤 글도 직접 발표하지 않았으며, 빈에서 사망률을 줄이고 13년 후인 1860년이 되어서야 비로소 자신의 연구에 대한 일관된 설명을 발표한다. 빈에 그를 지지하는 사람들이 많았지만 빈에서 안전한 직장을 얻지 못했고 1850년에 부다페스트로 돌아왔다. 그는 1857년 뛰어난 연구를 시작했지만 이미 그의 행동이 기이하게 보이기 시작했다. 논문 자체도 엄청난 긴장 속에 놓인 사람의 모습을 떠올린다. 1861년 무렵, 그는 자신의 견해를 받아들이지 않는 사람들을 살인자라고 비난하기에 이르렀다. 1865년 그는 공석(空席) 보고를 하는 한 회의에 참석해서 산파들의 선언이라는 글을 큰 소리로 읽었다. 일주일 후 그는 빈으로 끌려와 정신병원에 수감되었다. 그는 빠져나오려 했지만 붙잡혔고 2주 후 사망했다. 사망 원인은 감염된 손가락—사망증명서에 따르면 부인과 검사를 하는 동안 감염되었다—에서 시작된 패혈증이었다. 젬멜바이스는 자신이 산욕열과 동일하다고 여겼던 패혈증으로 사망했다.

젬멜바이스가 정신질환에 걸린 원인에 대해 추측이 무성했다. 알츠하이머 병이라고도 하고 매독이라고도 했으며 또 편집증적 증상을 보이는 조울증적 정신장애라고도 했다. 중요한 점은 산욕열로 인해 불필요하게 죽어가는 무수히 많은 사람들에 대한 젬멜바이스의 집착을 마음에 새기는 일이다. 그는 강연에서 끊임없이 이 주제로 돌아왔다. "그는 학생들에게 얘기를 할 때 주변의 사람들을 깜짝 놀라게 할 정도로 몹시 흥분할 때가 많았다."

우리는 스노, 고든, 홈스, 젬멜바이스와 같은 사람들을 내리 누르는 엄청난 압력을 심각하게 받아들여야 한다. 그들은 주변에서 발생하는 죽음을 막는 방법을 안다고 믿었다. 스노는 이런 압력에 아주 신중하고 절제 있게 대처했다. 우리는 다음처럼 이따금 신중하게 조직화한 여담(餘談)에서만 그러한 스노의 존재를 느낀다.

서더크 앤 벅스홀 사가 새로운 작업을 완료할 때 램버스 사와 동일한 탐험대를 고용해서 하수가 섞이지 않은 물을 사용할 수 있었다면 말기의 콜레라 발병은 대부분, 템스 강이나 간만이 심한 도랑에서 직접 물을 길어다 먹는 가난한 사람들이나 선적을 하는 사람들에만 국한되었을 것이다.

스노는 4,093명의 죽음이 서더크 앤 벅스홀 사의 탓임을 알 수 있게 해주는 유용한 표를 만들었다. 안타까운 일이지만, 이들 각각의 죽음은 존 스노가 1849년에 충분히 설득력 있는 사례를 제시하여 정부 정책을 변화시키지 못한 탓이기도 하다.

우리는 홈스의 연구에서 그러한 압력을 더욱 분명하게 볼 수 있는데, 그는 "가슴에 갓 태어난 아이를 안은 채 죽어가는 여성을 덮은 침대 커버를 놓고 나와 싸우는 사람은 아무도 없다"고 말하면서 찰스 메이그스의 공격에 대응하길 거부했다. 그럼에도 그는 메이그스 같은 이들이 살인죄를 저질렀다는 것을 분명히 했다. 젬멜바이스의 경우에는 압박감이 그가 견뎌낼 수 있는 이상이었던 게 자명하다. 그는 자신이 맞서 싸우는 것이 진실을 받아들이길 완강히 거부하는 사태라는 것, 즉 "이론이 요하는 대로 치료를 받은 사람들에게 죽음을 안겨주고, 생명을 구하라고 배운 사람들의 손으로 죽음을 불러오게 하는 이론"을 고수하겠다는 단호한 의지라는 것을 알았다. 그는 자신이 돌본 환자들의 사망률과 닥터 룸페가 돌본 환자들의 사망

표3 빈 산부인과 병원의 산욕열, 1784년~1859년.

	출산	사망	비율
병리해부학 이전(1784~1823)	71,395	897	1.25%
병리해부학 이후(1823~1833)	28,429	1,509	5.3%
동일한 두 개 병동: 병동 1(1833~1841)	23,059	1,505	6.56%
동일한 두 개 병동: 병동 2(1833~1841)	13,097	731	5.58%
병동 1, 남학생들, 염소 세척 하지 않음 (1841~1847)	20,042	1,989	9.92%
병동 2, 여학생들, 염소 세척 하지 않음 (1841~1847)	17,791	691	3.38%
병동 1, 남학생들, 염소 세척 이후 (1849~1859)	47,938	1,712	3.57%
병동 2, 여학생들, 염소 세척 이후 (1849~1859)	40,770	1,248	3.06%
75년 총계	262,523	10,282	3.91%

률을 비교했다. "닥터 룸페는 산욕열의 근원을 유행성의 영향으로 설명하며 매일 거의 한 명씩을 시체 안치소로 보낸다. 산욕열의 원인을 부패 물질에 의한 감염으로 설명하는 내가 1848년에 안치소로 보낸 환자는 불과 45명이었다." 그는 자신에게 편지를 보내온 킬의 미하엘리스 교수의 이야기를 들려준다. "지난 여름에 사촌이 산욕열로 죽었습니다. 내가 산욕열로 사망한 환자들을 부검하고서 출산 후의 그녀를 검진했었던 거지요. 그때부터 나는 전염성이라는 것을 확신했습니다." 자신의 사촌을 죽였다는 죄책감을 견딜 수 없었던 "그는 깊은 우울감에 젖었고 급기야 함부르크로 질주하는 기차에 몸을 던졌다. 나는 미하엘리스의 불행한 죽음이 그의 예민한 양심의 기념비라고 본다. 불행히도 나는 독자에게 미하엘리스에게는 넘쳐났던 양심이 부족한 산과 의사들 역시도 보여주게 될 것이다"라고 젬멜바이스는 말한다.

젬멜바이스가 환자의 죽음에 대해 깊은 책임감을 느꼈음을 분명히 알 수 있다. 일반적인 설명에서는 의사로서 그가 한 마지막 행동이 '산파들의 맹세를 큰 소리로 읽은 것이었다'는 사실을 대수롭지 않게 평가한다. 나는 1865년에 부다페스트에서 이루어진 산파 선서의 정확한 내용을 확실하게 알지 못하지만, 18세기에 프라하에서 이루어진 산파 선서에는 산모나 신생아가 산파의 무지로 인해 사망하면 산파가 영원한 저주의 벌을 받는다는 것을 인정하는 내용이 포함되어 있다는 것은 알고 있다. 젬멜바이스가 이런 종류의 글을 읽었다면 의사로서 그가 마지막으로 한 행동은 의사들이 무지와 어리석음으로 환자들을 죽게 만든다는 그의 믿음을 공언하는 일이었을 것이 확실하며, 정신질환의 직접적인 원인은 이러한 상황에 직면하여 아무 것도 할 수 없는 무기력감이었다고 결론지어도 무리가 없을 것이다.

산욕열로 인한 사망자 수를 줄이는 방법을 분명히 알았던 젬멜바이스에게 공감을 느끼지 않기란 어렵다. 하지만 그의 주장에 혼란과 회의의 눈길이 쏟아질 만하다는 사실 역시 인정해야만 한다. 이것 역시 중요하다. 처음에 그가 주장한 사체의 물질에 의한 감염설은 의학생들을 교육하는 병동에서 과도한 사망자가 나오는 현상을 설득력 있게 설명했지만, 산욕열로 인한 모든 죽음 가운데 분명하게 이 원인을 들 수 있는 사례는 일부에 불과했다. 반면에 그가 수정해서 내놓은 설명은 그가 답할 수 없는 여러 문제들을 새롭게 제기했다.

몇몇 비판자들은 만일 젬멜바이스의 말이 옳다면 그는 사실상 외과수술을 받은 환자를 빈번히 죽음으로 몰고 가는 열병과 산욕열이 동일하다고 주장하는 것에 다름 아니라고 반박했다. 젬멜바이스가 그들의 말이 옳다는 것을 사실상 인정했지만(그리고 앞에서 살펴보았듯이 이미 심슨이 이러한 연관성을 제시했었다), 이 시점에서 자신이 주장하는 논리를 끝까지 밀고 나가지 못했다. 살균 처리로 산욕열의 확산을 멈출 수 있다면 살균 처리를 원칙으로 정해 수술열의 확산을 막을 수 있었다. 그가 이런 주장을 했다면 아마도 리스터의 자리를 먼저 차지했을지도 모른다. 하지만 그는 한 번도 그런 주장을 하지 않았다. 마치 산과의 죽음에 대한 책임만을 인식한 듯하다. 산과 의사들이 전혀 예방 조처를 취하지 않는 외과의보다 예방 조처를 좀더 광범위하게 해야 할 의무가 있다는 결론을 내리는 것은 당연했다. 산욕열이 무성한 주요 도시에서 외과가 대규모 산부인과 병원의 산과보다 훨씬 더 지위가 높은 분야였다는 사실은 특히 중요하다. 이러한 병원에 출산을 하러 오는 대부분의 여성들은 미혼이었고 그들이 낳은 신생아들은 고아원으로 보내졌다. 앞으로 살펴보겠지만 외과의들이 방부 원칙을 발견하자 산과의들은 재빨리 이 원칙을 받아들였다. 하지만 젬멜바이스가 동일한 원칙을 옹호했을 때는 본인뿐만 아니라 다른 어느 누구도 젬멜바이스가 발견한 사실에 비추어 의료계의 관행 전체가 변화해야 될 것이라는 생각을 하지 못했다.

덧붙여 젬멜바이스는 산욕열을 기존에 알려진 어떤 다른 질병과도 다르게 설명했다. 영국의 많은 의사들이 산욕열은 질환을 앓는 환자에게서 최근에 출산을 한 건강한 다른 여성에게로 옮을 수 있다고 믿었다. 또한 단독에 감염된 사람들이 산욕열에 걸린 사람들을 감염시킬 수 있다고 추정했다. 따라서 그들은 곧바로 알아차릴 수 있는 전염 모델을 가지고 연구를 한 셈이었다. 그러나 젬멜바이스는 이 모델을 받아들이지 않았다.

내가 내린 결론은 영국의 내과 의사들의 결론과 다르다. 나는 산욕열을 비전염성 질병이라고 생각하는데, 모든 산욕열 환자가 건강한 사람에게 병을 전염시키지는 않으며, 건강한 사람이 산욕열을 앓지 않는 사람에게서 병을 옮을 수도 있기 때문이다. 모든 천연두 환자는 건강한 사람에게 천연두를 옮길 수 있었다. 건강한 사람은 천연두 환자를 통해서만 천연두에 전염되었으며 자궁암을 앓는 사람을 통해 천연두에 걸린 사람은 없었다.

그러나 산욕열은 다르다. 부패 물질이 나오지 않는 산욕열의 경우 건강한
사람에게 전염되지 않는다. … 더욱이 산욕열은, 예컨대 괴저성 단독과 자
궁 암종 등 산욕열 이외의 질병 상태에서 비롯될 수 있다. … 사인에 관계
없이 모든 사체에서 산욕열을 유발하는 물질이 생긴다.

이 논쟁에서는 영국 의사들이 젬멜바이스보다 진실에 한결 가까웠다. 산욕
열은 일반적으로 그룹 A 연쇄상구균에 기인한다. 따라서 단독과 동일한 원
인으로 발병하는 전염성 질병이다. 예컨대, 자궁 암종(제2차 감염이 없는 한)
으로 산욕열이 발병하지는 않는다.

  젬멜바이스 이론의 세 번째 문제는 그가 거듭해서 질병이 공기를 통해
전염될 수도 있다는 것을 인정했다는 점이다. 그는 일찍이 1847년 11월에
무릎이 감염된 환자가 입원했을 때부터 이런 결론에 도달했다. 그는 의사
나 산파가 환자의 무릎에 손을 댄 적이 없는데도 병실의 거의 모든 환자들
이 산욕열로 사망했다고 확신했다. 그의 가설은 "골저(骨疽)된 무릎에서 발
산된 물질이 병실의 공기를 가득 채웠다"는 것이었다. 젬멜바이스는 예상
보다 훨씬 더 나갈 채비가 되어 있었다. 예컨대 그는 막힌 하수구가 산욕열
발병의 원인이라고 받아들였다. 그는 1855년 페스트 대학의 이론 및 실용
산과학의 교수로 임명되었을 때 병실의 탁한 공기, 쓰레기 구덩이의 악취,
시체 안치소에서 나오는 냄새에 불만을 표했다. "습지의 공기"는 질병 유발
로 이어지기 쉽고 과도한 밀집도 마찬가지로 보았다. "건강한 환자 여럿이
자신들의 신생아들과 한 방에 있으면 살 냄새, 젖의 분비물, 오로【惡露, 분
만 후에 배출되는 배설물】 등이 공기를 가득 메우게 된다. 이러한 발산물질
들은 바로 환기시키지 않으면 썩기 시작한다. 부패한 발산물이 환자의 성
기로 침투하면 산욕열이 초래될 수 있다." 병에 걸린 환자는 부패한 발산물
의 근원지가 될 가능성이 한층 더 높다고 했다. "이런 것을 산욕열의 독기

로 이해한다면 나는 반대하지 않는다." 이 시점에서 젬멜바이스의 논쟁은 차별성을 완전히 상실하고 일반적인 독기 이론과의 구별이 모호해진다.

지금까지 젬멜바이스는 의학사에서 독특한 위치를 차지했다. 그는 감염질환의 전염 예방 방법을 발견했으나 동료 의사들에게 무시를 당한 의사라는 대우를 받는다. 진보의 이야기에서는 예외적인 동시에 유익한 실패의 본보기이다. 그러나 이는 젬멜바이스를 실제보다 더 높이 평가하는 것이다. 그는 산욕열을 감염질환으로 제대로 인식하지 못했거나 혹은 세균의 역할을 알지 못했다. 그는 산욕열이 자연적으로 발생(자가 감염)될 수 있다고 믿었고 동료 의사들과 마찬가지로 독기를 통해 전염될 수 있다고 믿었다. 자신의 주장을 뒷받침할 수 있는 강력한 통계와 대단히 효과적인 예방 방법을 알았지만 산욕열을 어떻게 다른 치명적인 감염질환들과 비교할 수 있을지에 대한 설명은 하지 못했다. 콜레라 전염에 대한 스노의 주장이 설득력 있고 실제로 결정적이었다면, 젬멜바이스의 주장은 지루하고 모호하고 당연한 반대를 초래했다. 이 책에는 동시대인들보다 더 멀리 보았던 영웅적인 개인들이 무수히 많이 등장한다. 젬멜바이스도 그 가운데 하나지만 그의 통찰력은 홈스만큼 날카롭지 않았고 업적은 스노에게 훨씬 미치지 못했다.

13

조지프 리스터와 방부 외과수술

근대 의학은 1865년 3월, 글래스고의 외과 교수였던 서른일곱의 조지프 리스터가 자신이 '부패의 세균설'이라고 부른 원칙을 적용해 다리의 복합골절을 치료하려 한 순간 시작되었다. 뼈가 피부를 뚫고 나오는 복합골절은 상처가 감염되는 탓에 리스터 이전에는 거의 언제나 치명적이었다. 유일한 치료책인 절단마저도 아주 위험한 수술이었다. 리스터는 앞서의 많은 사람들처럼 살아 있는 조직의 패혈증과 부패, 특별히 썩어가는 고기 사이에 유사성이 있다고 믿었다. 우선 냄새가 똑같았다. 부패의 경우, 현미경으로 살을 조사해보면 미생물을 볼 수 있다고 알려져 있었다. 인간의 고름에는 그와 동일한 미생물들이 보이지 않았지만 당시의 현미경으로 볼 수 없을 만큼 작아서일 수도 있다는 생각도 타당해 보였다.

기존의 상식으로 부패는 화학적 과정이며 미생물은 부패의 부산물로 자연발생된 것이다. 그러나 부패의 세균설은 보이지 않는 살아 있는 유기체가 실제 부패의 원인이고 이러한 유기체들(혹은 유기체의 생식세포나 세균. '세균'[germ]이라는 단어는 원래 눈에 보이지 않는 이러한 생물의 잠복, 초기, 혹은 포자 단계를 의미한다)이 공중에 떠다니다가 어느 것에나 내려앉을 수 있다고 보았다. 미생물이 적절한 물질을 발견하면 생물체를 먹이 삼아 그 군체가 번성한다. 그러면 공기는 세균들로 채워진다. '배종(胚種)발달설'이라는 이론이다. 이 이론에 대한 명확한 설명은 스팔란차니가 "공중에 흩어져 있다 어디에나 내려앉는 지극히 작은 무수한 알들"을 보여주는 실험을 발표한 1799년 이후로 차차 알려졌다. 영국에서 서기관으로 일하던 젊은 시절 괴저병 상처에서 균의 생식세포를 발견할 수 있다고 확신한 것으로 보아 젊은 리스터는 이 이론을 잘 알고 있었던 게 분명하다(비록 후에 파스퇴르 이전에는 세균 이론을 들어본 적이 없다고 했지만). 그보다 일찍 그는 치즈 벌레가 자연발생으로 생겼다고 주장하는 사람과 논쟁을 벌이는 등 자연발생에 대한 논의에도 익숙했음을 알 수 있다.

리스터는 복합골절이 치명적인 이유는 노출된 상처에 세균이 달라붙기 때문이므로 세균을 죽이고 상처를 덮는 게 해결책이라고 추론했다. 그는 석탄산(얼마 전에 칼라일의 하수 체계에 도입되어 썩는 냄새를 예방하는 효과를 보여준)을 상처에 뿌리고 사용한 도구들을 석탄산으로 세척했으며, 석탄산에 적신 붕대를 사용해 상처를 감싸고 세균이 떨어지는 걸 막기 위해 상처 부위에 임시적으로 금속판을 대었다. 또한 불필요하게 상처를 다시 열어 감염 위험에 노출시키지 않을 수 있는 방법— '고양이 내장'(물론 미리 석탄산을 뿌려두었던)을 인체에 재흡수되는 봉합사로 사용—을 찾아보기도 했다. 후에 그는 석탄산을 공중에 뿌려서 세균이 상처에 닿기 전에 죽게 한 뒤 수술하는 방법을 옹호하며 대안 살균법의 사용을 검토하게 된다. 처음의 방부수술 시도는 실패였지만, 1865년 8월에 마차에 다리가 깔린 열한 살 소년에게 시행한 두 번째 시도는 성공이었다. 곧 그는 자신의 방법으로 생명을 구한 일련의 사례들을 주장할 수 있게 되었고 1867년에 이러한 사례들에 대한 보고서를 발표하기 시작했다. 그가 집도한 절단 수술 환자들의 사망률은 45퍼센트에서 15퍼센트로 떨어졌다.

리스터의 혁신적인 방법은 믿기 어려울 만큼 간단했고 자신이 발견한 것에 대해서 붙인 설명 대부분은 오해의 소지가 있었다. 새로운 의료 관행에 대한 지지를 얻기 위해 자신의 독창성을 축소시켜 얘기했던 것이다. 그러나 1866년 아버지에게 보낸 편지에는 세계 역사에서 가장 뛰어난 10가지 발견에 속할 것을 찾아냈다고 썼는데, 사실 이 편지 역시도 의학 창설에 공헌한 그의 업적에 비하면 과소평가에 불과할 것이다. 20세기 이전의 의료에서 가장 두드러진 진보는 제너의 천연두 백신 발견이다. 하지만 제너가 발견한 것은 우두(사람에게 전염될 수 있는 소의 질환으로 드물게 발병)에 감염된 사람은 절대 천연두에 걸리지 않는다는 사실이었다. 그래서 그는 기존의 천연두 접종 방법을 우두 접종 혹은 그가 부른 표현을 따르면 백신 접종(소를 뜻하는 라틴어 vacca에서 온 말. 후에 파스퇴르가 백신 접종이라는 용어를 다른 형태의 접종을 모두 총괄하는 단어로 사용했다)으로 대체시켰다. 제너는 접종이 어떻게 작용하는지 혹은 왜 우두 접종으로 천연두 감염을 막을 수 있는지에 대해 전혀 알지 못했고 따라서 그의 발견은 그 이상의 진보를 위한 기초를 제공하지 못했다. 제너는 과학자가 아니었고 지금 보면 평범해 보일 만큼 발견에 대한 설명도 너무 단순하다.

19세기에 클로드 베르나르와 같은 뛰어난 생리학자들이 생체 실험에 기초한 의학 지식을 구하려 했고 인체의 생리에 대해 많은 것을 발견했다. 하지만 신진 생리학자들은 자신들이 얻은 많은 신지식에도 불구하고 제공할 새로운 치료법이 없었다. 그들은 뛰어난 과학자들이었지만 잔인하고 무력한 의사들이었다. 리스터에 이르러서야 드디어 과학과 의학이 결합하며 처음으로 의학이 과학적 지식을 적용하여 생명을 구하기 시작한다. 리스터의 혁신적인 방법들이 영국에서 채택되기까지는 시일이 걸렸지만(리스터는 1877년에 런던에서 교수가 되었으나 처음에는 그의 수업을 듣는 학생들이 거의 없었다) 독일의 외과의들은 재빨리 그의 방법들을 받아들였다. 리스터의 방법들을 도입하기 전에는 뮌헨의 수술 후 치사율이 80퍼센트였다. 여기에는 물론 복부 수술(리스터 이전에는 일반적으로 거의 치명적이었던)이 포함되지 않았다. 나아가 그의 이론들은 대륙의 산과의들(젬멜바이스에게서 배우지 못한 것을 리스터에게서는 배운)의 의료 관행을 변모시켰다. 적어도 병원이란 환경에서 산욕열을 정복한 것은 리스터의 소독법이었다. 예를 들어 스위스의 산과의인 요한 비쇼프가 1868년 리스터의 수술 방법을 본 지 10년 만에 바젤 지역의 산욕열이 80퍼센트나 떨어졌다. 주목할 예에 해당하는 영국과 같은 일부 국가의 경우 가정에서 산모들을 진료하던 의사들이 필요한 감염 예방 조치를 받아들이기까지 아주 오랜 시간이 걸렸는데 이들은 그러한 예방 조치들이 불필요한 시간 낭비며 환자들이 그 시간에 대한 대가를 지불할 준비가 되어 있지 않다고 일축했다. 그 결과 산욕열로 인한 사망률은 1935년 프론토실이 도입되기까지 여전히 높은 수치를 나타냈다.

한 세대가 가기 전에 리스터의 소독법에 대한 대안이 나왔다. 1890년 무렵, 찰스 록우드가 방부 혹은 멸균 수술보다는 무균 수술을 옹호했다. 그는 화학 약품보다는 열을 이용해 도구들을 소독했고 방부제보다는 물이나 염수로 환부를 세척했다. 이런 방법은 곧바로 의사들로 하여금 수술 전에 손을 "문질러 씻게 했을" 뿐만 아니라 고무장갑, 오버올, 마스크를 착용하게 하는 관행으로 이어졌다. 리스터는 이와 대조적으로, 해부실에서 입어서 피투성이로 딱딱해진 오래된 파란 프록코트를 입었다. 리스터가 살균 방법을 쓰기 전에도 청결 상태를 개선하려고 노력했다는 사실은 주목할 가치가 있다. 리스터가 청결 방침의 실행 방법을 조금이라도 알았던 건가 의아하지 않을 수 없는 대목이다. 하지만 이후에 불거진 멸균법과 무균법 지지자들 사이의 불협화음이 리스터가 미래의 논의를 위한 용어와 미래의 혁신적 방법을 위한 기준을 마련했다는 사실을 가리게 해서는 안 된다. 수술은 "정교한 세균학적 실험"이라는 록우드의 말은 리스터가 처음 인지한 것을 고쳐 한 말이다.

　지속적으로 발전하는 과학적 이해에 기초한 치료의 지속적 향상으로 정의되는 의학의 근대사는 이렇듯 리스터로부터 시작되며, 그 가운데 제일 앞서 변모한 분야가 의학에서는 가장 이론적이지 못한 외과라는 점은 주목할 만하다. 1876년 코흐의 탄저병 간균 발견, 1882년 결핵 간균 발견, 1884년 콜레라 비브리오 (재)발견 등 1870년대와 1880년대에 세균학 분야에서 놀라운 발견들이 쏟아졌지만, 주류 의학계에 그 효과가 나타나기까지는 시간이 걸렸다. 파스퇴르가 1881년에 탄저병 백신을 발견했으나 탄저병은 사람이 아닌 주로 양과 소의 질환이었다. 1885년, 파스퇴르가 광견병 백신을 개발함으로써 연구의 규모가 크게 확장되었고(파스퇴르 연구소의 설립으로 상징됨) 세균학으로 질병을 막을 수 있다는 확신이 점점 커졌지만 광견병은 인간에게는 아주 드물게 나타나는 질병이었다. 1890년, 코흐가 투베르쿨린 (tuberculin)이라 부른, 결핵을 치유할 수 있는 비밀스런 물질을 찾았다고 주장했지만 사실은 그렇지 못했다. 최초의 효과적인 치료제는 1944년에 발견된 스트렙토마이신이었다. 1892년 하프키네가 마침내 콜레라 백신을 개발했지만 적어도 유럽에서는 콜레라가 거의 제거되었을 때였다. 1897년 암로스 라이트(후에 플레밍[Fleming]이 그의 연구실에서 페니실린을 '발견한다')가 장티푸스 백신을 개발했지만 장티푸스는 주로 열대 지방과 (제1차 세계대전 중) 참호의 질환이었다. 코흐가 탄저병 간균을 발견한 1876년에서 1894년까지 세균설의 승리—정말 승리라고 할 만한—는 외과수술, 군대 의료, 열대 의료에 국한되었다. 그러나 1894년 파스퇴르연구소에서, 온대 지역에 아주 널리 퍼져 있으며 간혹 치명적이기도 한 디프테리아에 대한 세균학적 진단법과 치료를 발견한다.

　치료법은 디프테리아 면역을 획득한 동물에게서 뽑은 혈청을 감염된 지 얼마 안 되고 면역성이 부족한 사람에게 주사하는 것이었다. 따라서 감염

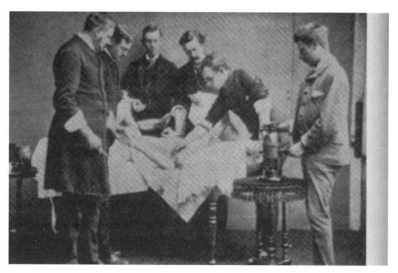

리스터의 원칙에 따라 애버딘에서 행한 외과수술. 양수기가 석탄수를 뿌리고 있고 외과의들은 외출복을 입은 채이다.

정도를 조절해 환자의 면역을 만들어주는 백신과는 아주 달랐다. 디프테리아는 일반 의료 관행에서 치료에 성공을 거둔 최초의 특정 질병이었고 따라서 세균설이 주류 의학에 진입하여 선진국 일반 의사들의 관행과 교육을 변모시키기 시작한 결정적 순간이었다. 리스터가 외과수술에서 혁명적 방법을 시행한 지 거의 30년이 지난 시기였다. 그럼에도 불구하고 새로운 세균학을 통해 만연한 질병들에 대한 치료법이 나오기까지는 많은 시간이 걸렸고 비록 결핵과 같은 살인마에게 패배는 했을지언정 진보는 꾸준히 그리고 누적되어 진행되었다. 장애는 극복되었고 해결책이 발견되었다. 새로운 세균학 지지자들의 확신에 찬 주장은 분명 미성숙했지만 완전히 잘못된 것은 아니었다. 1876년 존 틴달은 유행성 질병이 곧 지구에서 사라질 것이라고 했다. 이것은 좋은 의학 이야기이며 다른 책에서 다뤄질 부분이다.

전통적인 의학사에서 세균설의 승리는 코흐의 탄저병 간균 발견으로 시작해서 라이트의 장티푸스 정복으로 끝난다. 이는 코흐가 세균의 순수 표본 배지로 액체가 아닌 고체 매개물(젤라틴, 한천)을 사용한 것과 세균 배양용 페트리 접시를 발견한 것, 세균을 현미경으로 볼 수 있게 한 염색 방법의 개발, 파스퇴르가 탄저균을 약화시켜 소나 양에게 안전하게 주사할 수 있는 방법을 알아낸 것 같은 기술(technique)의 이야기이다. 여기서 리스터는 세균설 이진 역사 속으로 사라지며 명백히 자청해서 맡은 파스퇴르의 '영국 사도' 역할에 그치고 만다. 그 결과 과학과 의학이 최초로 만나는 중요한 결합이란 특성은 좀처럼 탐구의 대상이 되지 않으며 체계적으로 잘못 인식되고 있다.

의학사를 포함한 과학의 근대적 역사서술에는 단순명료한 발견의 논리가 있다는 개념, 즉 하나의 발견이 거의 자동적으로 다른 발견으로 이어지고 한 연구자가 다른 연구자가 남기고 간 것을 마치 릴레이 경주에서 바통을 넘겨받듯 집어든다는 개념을 파괴하려고 끈질기게 노력해왔다. 과학 연구는 '불변의 논리'를 추구한다는 파스퇴르의 주장이 위기에 처하는 것이다. 대신에 최근의 역사서술들은 모순되는 견해들, 불확실한 결과, 예측 불가능한 발전들은 언제나 있기 마련이라고 주장한다. 리스터가 자신은 수술에 있어 가장 고질적인 문제가 '세균설'을 적용하는 것이라고 말했다. 이 주제에 관한 최근의 한 책에서는 하나의 세균설이 아니라 무수히 많은 '세균설들'이 있었으며 실제로 리스터가 천명한 세균에 관한 견해는 시간이 지나면서 상당히 변화되었다고 말한다. 그리고 이 말은 옳다. 리스터는 자신의 의료 방법을 제대로 실행하려면 세균설의 진실을 받아들여야 한다고 주장했지만, 곧바로 뒤로 물러서서 자신이 말한 바를 사람들이 실제로 행한다면 그들이 무엇을 믿든 상관하지 않는다고 말했다. 1865년의 주목할 유일한 세균학자는 파스퇴르였으므로 리스터가 처음 살균 수술을 도입했을 당시 세균설은 파스퇴르의 세균설일 뿐이었고, 리스터는 늘 "나는 파스퇴르의 철학적 조사들의 영향을 받아 오래 전에 세균설의 신봉자가 되었다"는 독특한 말을 했다. 처음에 리스터의 세균들이 "질병을 유발하는 속성이 발아하는 지역의 환경에 의존하는, 대단히 조형적인 인자(특정의 우연한 실재가 아닌)인 질병의 씨앗 같았다"는 이야기도 있다.

이렇듯 리스터의 세균설은 원시적이고 단순한 것으로 제시된다. 하지만 이런 견해는 1870년대와 1880년대의 일부 세균설에는 해당될지 모르지만 리스터의 세균설에는 해당되지 않는다. 리스터가 '세균 이론'이라고 했던 것(적어도 그의 초기 저술에서)은 특별히 부패의 세균설이었다. 그는 "일정한 발효 물질에서 나타나는 부패의 특성은 그 속에서 자라는 유기체의 성격에 따라 정해진다"는 것을 명확히 했으며, 이는 세균이 특정하고 우발적인 존재라는 것을 뜻하는 표현이다. 심각한 반대에 직면해서 살균 수술에 대한 지원을 얻기 위한 그가 공개적으로 한 말을 개인적으로 한 말과 동일시하는 것은 잘못일 것이다. 리스터가 근대의 세균 이론가가 아니었다는 가정 아래에서 리스터를 이해하려는 (종종 잘못된) 이런 모든 시도들 때문에 책마다 리스터가 첫 번째 저술에서 조심스럽게 전달한 잘못된 인상을 기정사실화해버린다. 즉 리스터의 성공이 전적으로 파스퇴르의 글, 특히 자연발생에 관해 쓴 1861년에서 1862년 사이에 나온 유명한 저술들의 영향이라는 것이다. 리스터는 초기의 모든 논문에서 "파스퇴르의 세균설을 자신에게 영감을 준 이론"이라고 말한다. 파스퇴르의 작업이 의료 관행에 결정적 영향을 미치는 데 불과 3년밖에 걸리지 않았다는 사실을 우리는 이해해야만 한다. 바통이 파스퇴르에서 리스터로 넘겨졌으며 그 이후로는 떨어진 적이 결코 없었다는 거다.

그러나 리스터가 자신의 발견에 대해서 가장 상세히 덧붙인 설명은 기존에 자신이 했던 설명과 일치시키기 어렵다. 그가 자신이 발견한 것의 전제 조건에 내린 평가를 고려해본다면, 우리는 의료의 진보가 과학사가들이 인

샤를 모랭의 작품인 이 판화(1896년경)는 디프테리아 혈청치료법을 발견한 피에르 폴 에밀 루가 이끄는 파스퇴르연구소 연구원들의 모습을 보여준다. 오른쪽에는 혈액에서 혈청을 뽑아내고 있는 말이 있다.

정하려는 것보다 훨씬 더 당혹스럽고 문제가 많다는 사실을 깨닫지 않을 수 없다. 그들은 가장 회의적인 순간에조차 리스터가 자신의 독자들에게 마법을 걸기 위해 마련한 동화에 현혹되었던 것이다.

1867년에 발표된, 살균 방법에 관한 리스터의 최초의 저술에서는 대기가 유기체를 부패시키는 방식에 대해 다음과 같이 말한다.

파스퇴르의 철학적 연구 가운데 가장 중요한 이 주제를 향해 충만한 빛이 쏟아지고 있다. 파스퇴르는 공기가 유기체를 부패시키는 속성을 지닌 근거가 산소나 혹은 기체를 구성하는 다른 요소들이 아니라 대기 중에 떠다니는 미세한 입자, 즉 다양한 형태의 하등 생물이 부패의 원인이라는 것을 대단히 설득력있게 제시했다. 이 미생물들은 현미경에 의해 발견된 이래 부패의 우연한 결과로 여겨졌으나, 이제는 부패의 본질적인 원인으로 밝혀졌다.

그런 후에 그는 "이러한 원칙의 훌륭한 예증"은 골절된 늑골로 폐에 구멍이 뚫린 사례들이라고 말한다. 이런 사례에서는 공기가 폐로 들어오는 데도 감염이 전혀 일어나지 않는 반면, 흉부 바깥에 구멍이 있으면 예외 없이 감염이 생긴다. 리스터가 이렇게 추론한 것은 폐로 들어온 공기 중의 기체들이 기관지를 통과하면서 여과된다고 생각했기 때문이다. 따라서 수술 중에 허파 내의 환경과 같은 무균의 환경을 만들어내야 한다. 어떻게? "1864년 중에 나는 칼라일 시의 하수에 석탄수를 사용해서 얻은 놀라운 효과에 대해 듣고 무척 충격을 받았다." 이렇게 살균 체계가 탄생했다. 우선 파스퇴르에서 시작해 다음에는 구멍이 뚫린 폐에 대한 생각 그리고 석탄수로 이어지는 아주 간단한 이야기다. 바로 역사가들이 들려주는 이야기다.

하지만 이 이야기는 잘못되었다. 1868년, 리스터는 글래스고의 강연에서 앞서 자신이 의존했던 파스퇴르의 유명한 실험들을 상세히 설명했고, 이어서 자신이 행한 같은 맥락의 실험들에 대해서 설명했다. 그리고 이렇게 말한다. "파스퇴르가 설명한 실험 방식은 단순하고 결정적인 특징으로 나를 매료시킨 것 외에도 나 자신과 직접 관계가 있어 좀더 특별한 관심을 불러일으켰는데, '이 사실을 알기 전' 언젠가 나는 공기가 폐로 들어오는데도 감염이 전혀 일어나지 않는 사실, 즉 그 이전에는 전혀 설명하기 어려웠던 놀라운 사실을 이와 같은 원칙에 의거해 생각해본 적이 있었기 때문이다." 그는 폐에 구멍이 뚫린 환자의 부검을 시행했던 13년 전, 다시 말해 1855년경부터 이미 이 문제를 생각하기 시작했다고 말한다.

왜 상처 난 폐를 통해 늑막으로 들어오는 공기는 태어날 때부터 열려 있는 신체 부위를 통해 들어오는 공기와는 전혀 다른 결과를 가져오는지가 내게는 완전한 수수께끼였는데, 부패의 세균설을 들은 뒤에는 비록 대기 중의 기체들이 기관과 기관지를 통해 늑막으로 들어오는 도중에 화학 반응을 일으킨다고는 할 수 없겠지만, 기체들이 공동(空洞)을 지나면서 세균들이 떨어져나간다는 건 확실하다. 기관과 기관지의 역할 가운데 하나가 흡입된 먼지 입자를 붙잡아 폐포로 진입하지 못하게 막는 것이다. 제대로 생각을 해보면, 실제 수술에서 이 사실은 인위적으로 시행할 수 있는 어떤 실험만큼이나 세균의 부패설을 뒷받침하는 훌륭한 증거다.

리스터가 직접 우리에게 자신이 1864년에 석탄산에 관심을 갖게 되었고 1865년에 처음으로 파스퇴르의 글을 읽었다(그의 동료인 토머스 앤더슨의 권유에 의해)고 말해준다. 그렇다면 실제 연대기는 다음과 같다.

　　1855년: 리스터가 구멍이 뚫렸지만 감염은 되지 않은 폐의 문제를 발견한다.
　　1860~64년: 리스터가 부패의 세균설을 듣고 이 문제를 해결하지만 파스퇴르의 글을 읽기 전이었다. 리스터는 1860년 산소 노출이 부패의 원인이라는 사실에 만족해하며 글래스고에 돌아왔고 그래서 당시에 해결책은 없었다.
　　1864년: 석탄수가 적절한 살균제라고 인식한다.
　　1865년 3월: 최초로 멸균 수술을 실시한다. 1865년 어느 시기엔가 파스퇴르를 읽는다.
　　1867년: 그는 자신의 새로운 의료법이 마치 파스퇴르를 읽고서 영감을 얻은 것처럼 제시한다.

그렇다면 리스터가 처음 부패의 세균설을 알게 된 것은 언제일까? 두 가지 가능성이 있다. 하나는, 리스터의 설명에는 앤더슨과 대화를 나누던 중 파스퇴르의 저술들에 관해서 들은 것과 자신이 파스퇴르의 글을 처음 읽은 것을 구별하려는 의도가 담겨 있다. 이 해석에 따르면 리스터의 발견은 파스퇴르의 실험들에 대한 상세한 지식을 필요로 하지 않는다. 다른 하나는 리스터가 세균설을 처음 만난 것은 전혀 다른 통로에서라는 것이다.

리스터보다 세균설을 더 잘 알 수 있는 위치에 있는 사람은 없었다. 그의 아버지 조지프 잭슨 리스터는 색에 의해 달라지는 복합 현미경의 문제를 이론적으로나(오랫동안 해결될 수 없다고 여겼었다) 실질적으로나 모두 해결했고, 리스터가 어렸던 1830년대에 세계에서 가장 정교한 현미경을 만들어 냈다. 리스터가 1853년에 처음 발표한 과학 논문인, 홍채의 구조에 대한 연구가 실린 것도 계간 『현미경학』이었다. 가장 중요한 그의 초기 저술은 1858년에 왕립학회 회보에 발표한 것으로 염증, 혈액 응고, 신경의 전기 자극을 다룬 논문이었으며 생체해부와 현미경 관찰을 토대로 했다. 이 글을 보면 리스터가 라틴어, 프랑스어, 독일어로 된 당대의 저술들을 읽고 있었음이 분명해진다.

1862년에 발표한 파스퇴르의 유명한 일련의 논문들은 자연발생을 증명했다고 말하는 펠릭스 아르키메드 푸셰의 주장을 반박하기 위한 일련의 실험들에 관한 기록이다. 파스퇴르는 공기를 여과시켰고 그 과정에서 미생물들을 발견했다. 그는 설탕을 넣은 효모 용액을 몇 초간 끓이는 방법으로 살균한 뒤에 새빨갛게 달은 백금 관으로 가열시킨, 공기가 든 플라스크 속에 두었지만 부패는 일어나지 않았다. 그는 곧바로 발효를 하려는 경향이 있는 용액을 여러 다른 장소—산꼭대기, 빙하, 파리 천문대, 윌름 거리—의 대기에 노출시킨 뒤에 다시 밀봉했고 서로 다른 대기들에 서로 다른 정도의 감염 인자가 있다는 사실을 보여줄 수 있었다. 그는 살균한 용액과 살균

하지 않은 용액을 모두 목이 길고 가느다란 백조 목 플라스크에 두었다. 살균한 용액은 플라스크들을 외부 공기에 노출시켰음에도 발효되지 않았는데 이는 공기 중의 미생물이 플라스크의 목에 갇혀 몸통에 도달하지 못해서였다. 바로 1865년에 리스터를 달뜨게 했고 그가 1868년 수정해서 반복한 실험—파스퇴르가 아니라 미셸 셰브륄이 고안하고 파스퇴르가 처음 발표한—이었다. 파스퇴르가 사용한 백조 목 플라스크는 리스트가 골절된 늑골이 폐에 구멍을 낸 사례에서 기관과 기관지가 했다고 한 바로 그 기능을 모델로 삼았던 것이다.

파스퇴르가 수행한, 용액과 플라스크 속 공기에 모두 열을 가해 살균시킨 일단의 실험들은 본질적으로 시어도어 슈반이 1837년에 발표한 잘 알려진 일련의 실험들을 반복한 것이었다. 슈반은 용액이 든 용기를 밀폐한 상태에서 가열한 스팔란차니의 실험을 반복하는 과정으로 출발했지만, (이 경우에는) 육즙이 있을 때 열을 가해서 공기의 속성에 어떤 변화가 일어났기 때문에, 예를 들어 생명을 지속시킬 수 있는 산소가 전혀 없었기 때문에 이후에 부패가 일어나지 않았다고 주장할 수 있었다. 따라서 슈반은 대기에는 노출되지만 일단 용액을 가열하면 "거의 수은의 비등점까지"(357°C) 가열된 후에야 공기가 들어갈 수 있는 플라스크들을 고안했다. 이러한 플라스크에서는 산소가 확실히 있다해도 생명이 자라지 못했다. 슈반은 이를 '자연발생설에 대한 결정타'라고 생각했다.

슈반의 실험은 주요한 여러 측면에서 파스퇴르의 실험과 달랐다. 슈반은 먼저 부패를 연구한 후에 발효를 연구한 반면, 파스퇴르는 먼저 발효를 연구한 후에 부패를(1863년에 발표) 연구했다. 당시 두 가지 과정이 서로 비슷한 성격으로 인식되긴 했지만, 리스터는 1867년 파스퇴르의 초기 실험들을 반복하면서 부패에 대한 자신의 연구 결과를 확증하기 위해 설탕과 효모를 소변으로 대체했다. 그러나 슈반은 계속해서 다양한 독들을 미생물에 실험

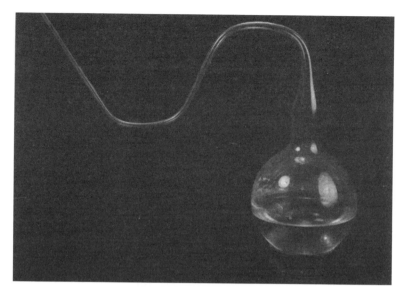
파스퇴르가 자연발생이 틀리다는 것을 입증하는 실험에 사용한 백조 목 플라스크.

하여 자신이 다루는 미생물의 종류를 확인하려 했다. 부패가 보이지 않는 동물과 식물 모두에 기인하는 반면, 발효는 보이지 않는 식물에 의해서만 일어난다는 걸 보여줄 수 있다고 생각했던 것이다. 슈반의 실험이 중요한 이유는 알코올 발효가 촉매가 있을 때는 (일반적인 생각이었던) 화학 과정이 아니라 생물학적 과정이 나타난다는 것을 보여주었기 때문이다. 파스퇴르는 1857년, 젖산의 발효에 관한 중요한 논문에서 이러한 맥락의 주장을 발전시켰다.

슈반의 연구를 살펴보면 그의 작업이 파스퇴르의 연구만큼이나 리스터의 살균 수술과 관련된 "세균 실험"에 가깝다는 것이 확연히 눈에 띈다. 모두 부패를 연구했지만 부패의 과정을 막으려 했던 것은 슈반이었다. 파스퇴르는 알코올에 적신 천으로 싼 고기 조각을 항아리에 담은 뒤 밀폐시키면 부패가 일어난다는 가설을 세웠지만 슈반은 특정한 살균체로 실험을 했다. 슈반의 실험은 배종발달설을 당연한 것으로 여겼기 때문에 전적으로 살균에 관한 것이었다. 반면, 파스퇴르는 빙하로 뒤덮힌 산의 공기나 혹은 백조 목 플라스크에서 실제적으로 무균 환경을 찾을 수 있음을 보여준 것이다. 이런 측면에서 리스터의 연구는 슈반의 실험이라는 맥락에서 바로 내려온 것이다. 우리는 그가 파스퇴르의 글을 읽기 전인 1860년(그가 글래스고에 왔던 해)과 1864년(석탄산의 사용을 고려하기 시작한 해) 사이에 슈반의 연구에 대해 잘 알고 있었으며 슈반의 연구가 부러진 뼈로 인해 폐에 생긴 구멍에 부패가 일어나지 않는 수수께끼에 대한 답이 될 수 있음을 알았을 가능성을 생각해야 한다. 독에 관한 슈반의 연구는 직접적으로 살균 수술의 가능성을 목표로 하지만 그가 부패 방지를 위해 사용한 독은 수술 상처에 사용하면 환자가 위험해질 수밖에 없는 비소였다. 따라서 그 이상의 발전은 세균에는 치명적이지만 인체는 견뎌낼 수 있는 독에 대한 리스터의 지식에 달려 있었다. 그는 1865년 석탄산 사용을 알게 되는 순간 자신이 필요로 하는 모든 것을 알았다. 리스터가 살균 수술을 발전시키는 데는 파스퇴르의 연구를 알 필요가 전혀 없었다.

이는 리스터 본인이 어느 정도 우리에게 들려주는 이야기이다. 파스퇴르의 연구가 근본적으로 중요하다는 개념에 취한 역사가들이 리스터의 말을 듣지 않았을 뿐이다. 1869년, 리스터는 에든버러에서 외과 교수가 되었고 처음에는 발표할 생각이 없었던 내용을 강연했다. 그는 강연에서 이렇게 설명했다.

이 이론(부패의 세균설)의 확립을 향한 위대한 첫 발걸음은 1838년, 카냐르-라투르가 발견한 효모 식물이었다. 다음 해에 슈반이 부패의 원인에 대한 놀랄 만한 조사 결과를 발표하고(과학의 역사에서는 우연이 드물지 않은 것 같다. 그 역시 비슷한 계기로 효모 식물을 발견했다), 공기가 용기로 들어가는 도중에 높은 온도에 노출되기만 하면, 공기를 자주 갈아준 플라스크에 넣은 끓여낸 고기는 부패도 되지 않고 곰팡이도 생기지도 않은 상태로 몇 주 동안 보존될 수 있다는 것을 보여준 실험에 대해 얘기했다. 슈반은 부패가 공기 중의 세균에서 비롯된 유기체의 성장에 의한 것이며, 열이 세균의 활기를 없앰으로써 부패를 막는다고 결론을 내렸다. 다시 말해 그는 부패의 세균설을 제의했던 셈이다. … 하지만 슈반의 관찰 결과는, 내가 볼 때는 충분히 그럴 만한 가치가 있었음에도, 주목받지 못했다.

가능성이 높아보이지만, 만일 리스터가 슈반의 글을 읽고 부패의 세균설을 알지 못했다 해도, 1869년 무렵에는 방부 수술에 필요한 모든 사실을 슈반으로부터 배웠을 것이 틀림없다.

그러나 리스터는 부패의 세균설을 발견한 사람이 마치 파스퇴르 혼자뿐이라는 듯 계속해서 그를 추켜세웠다. 왜 그랬을까? 나는 이 질문에 명백한 답이 있다고 생각한다. 슈반의 연구는 항상 논란이 되었었다. 당대의 주요 화학자였던 폰 리비크가 그의 견해를 받아들이지 않았고 그의 실험을 재현하려는 노력들은 실패했다. 리스터는 1869년 슈반의 연구에 대해 "그의 실험들을 반복하면 실패에 부딪힐지 모른다는 것은 정말로 사실이다"라고 말했다. 한편 파스퇴르의 연구는, 예를 들어 토머스 웰스가 1864년 8월 영국 의학협회의 한 연설에서 논한 것처럼, 새롭고 인기가 있었을 뿐만 아니라 리스터가 강조했듯이 "프랑스 아카데미 위원회의 보고서에 의해" 이미 1862년과 1864년에 인준을 받았다. 파스퇴르는 안전하게 기댈 수 있는 권위자였다. 바스티안(Bastian)이 자연발생을 증명할 수 있다고 또 다시 주장하기까지는 그렇게 보였다.

리스터가 혁신적인 수술 방법을 개발하는 데 파스퇴르의 연구가 큰 역할을 했는지 아닌지가 중요한가? 무척 중요하다. 그렇다면, 리스터는 의학의 진보라는 계주 모델 내에 안전하게 들어갈 수 있다. 파스퇴르, 리스터, 코흐, 라이트까지 바통은 한 사람에서 다른 사람에게로 떨어지지 않고 전달되었던 것이다. 이들 계보에서 리스터의 중요도가 가장 떨어져 보이는 것은 그가 새로운 적용 방법을 찾는 데 파스퇴르의 자연발생 연구를 기반으로 삼았기 때문이다. 그러나 만일 슈반의 연구 역시 똑같이 리스터에게 영감을 주었다면, 큰 간극이 생겨난다. 슈반의 연구는 (리스터의 생각처럼 1839년이 아닌) 1837년에 발표되었고, 리스터가 연구를 발표한 것은 1867년이다. 30년 동안 살균 수술에 요구되는 지적인 원칙들이 널리 알려지고 이에 대해 많은 논의가 이루어졌지만 아무도 가능한 적용 방법을 생각해내지 못했던 것이다. 석탄산이 조각그림 퍼즐의 빠진 조각이었다는 것은 사실이지만 리스터는 적절한 대안의 살균제가 무수히 많다는 것을 발견했고, (파스퇴르가 주장했던 대로) 알코올 역시 완벽한 역할을 해냈을 터였다. 파스퇴르는 자신의 논문에서 방부제가 수없이 많다는 결론을 내린 프링글의 1752년 발표 논문을 언급했다. 일단 찾아보기 시작하면 적절한 살균제를 찾는 데 근본적인 어려움은 없다.

이 책의 표제 역할을 하는 틴달의 인용문을 완성해야 할 때다.

인류에게 헤아릴 수 없이 귀중한 가치에 대한 발견이 실용적인 적용을 위한 마지막 단계를 취하기까지 얼마나 오랫동안 감춰져 있거나 혹은 공개적으로 밝혀진 상태에서 그대로 방치되어 있었는지를 지켜보는 일은 흥미로우면서도 무척 안타깝다. 슈반이 1837년 부패와 미생물 간의 연결 관계를 분명히 확증했지만, 리스터가 죽은 살과 육즙에 관한 슈반의 연구를 상처로 확장하기까지는 30년의 세월이 흘러야 했다.

19세기 의학의 진정한 척도는 파스퇴르가 자연발생설이 틀렸음을 입증해 프랑스아카데미로부터 상을 받은 것과 리스터의 첫 수술 사이에 놓인 3년의 간극이 아니라 슈반의 연구와 리스터의 연구 사이에 놓인 30년의 간극이다. 이러한 간극의 크기는 세균학의 새로운 원칙들을 새로운 의료 관행으로 전환시키는 데 명백하거나 일상적인 것이 전혀 없었다는 중요한 사실을 똑똑히 보여준다. 파스퇴르를 읽은 후 자신의 연구가 나오게 되었다는 지나치게 겸손한 리스터의 말을 곧이곧대로 받아들인다면 그의 업적을 터무니없이 과소평가하게 된다. 리스터가 성취한 도약을 이루기 위해서는 현미경학자이고(공기 속에 모든 보이지 않는 생물들을 보았고) 세균학자이며(모든 수술이 세균 실험이라는 것을 이해하고) 패혈증과의 씨름에 익숙한 외과의여야 했다. 슈반의 연구가 발표된 지 30년 만에, 이렇게 오랜 지연의 부분적인 이유가 되는 세 가지 요건을 모두 충족하는 최초의 인물이 리스터였을지 모른다. 리스터가 병동에 전염이 확산될까 걱정하는 사람들에 둘러싸였다는 것 역시 도움이 되었다. 리스터는 질병이 나쁜 공기가 아니라 공기 중에 떠다니는 세균들에 의해 확산된다고 믿었기 때문에 살균한 붕대로 상처를 감싸기만 해도 환자에서 환자로 감염이 확산되는 것을 막기에 충분하다고 확신했다. 그 결과 공기가 여느 때와 다름없이 더럽고 냄새가 난다는 사실(글래스고 병원은 1849년에 콜레라에 희생된 사람들의 무덤 위, 교회 공동무지 옆에 세워졌다)에도 불구하고 농혈, 괴저, 단독을 자신이 근무하는 병동에서 제거했다고 주장했다. 실제로 리스터는 자신이 근무하는 병동이 대부분의 병동들보다 청소 횟수가 적다는 사실에 자부심을 갖기까지 했다. 세균이 적이라는 것을 알고 나자 냄새와 일상의 먼지는 더 이상 그의 걱정거리가 되지 않았던 것이다.

하지만 적어도 30년 동안 환자들이 불필요하게 죽어갔다는 사실 역시 분명하다. 방부 수술의 주요한 지적 필요조건이 충족된 것은 1837년이었다. 유일하게 레벤후크의 개념들을 뒤늦게 따라가기 시작한 스팔란차니의 연구를 슈반만이 유일하게 뒤늦게 발전시키고 있었다. 의료 진보의 주요 장애물은 지식이 아니라 문화였던 것이다. 최고의 의사와 최고의 과학자들이 현미경의 중요성을 인정하지 못했고 그들은 기존의 질병관도 새로운 화학 이론도 효과적인 치료법을 제공하지 못한다는 것이 분명해지고 나서야(처음부터 명백했을 것이지만) 마음을 바꾸었다.

파스퇴르라는 천재가 기존의 상식으로는 화학적이라고 한 과정들이 사실상 생물학적이라는 개념에 일찍 전념하게 되었고 이러한 맥락에서 한 문제 한 문제씩 해결해나간다. 먼저 술의 발효(1857년~1865년), 다음에 누에의 질병들(1865년~1870년), 그 뒤에 탄저병(1877년~1881년) 그리고 마지막으로 광견병(1880년~1884년). 파스퇴르가 의학에 서서히 다가갔던 이유는 의학의 장애물이 훨씬 더 거대했기 때문이다. 누에 질병들의 경우에는 어떤 누에들이 감염되었는지 확증한 뒤에 감염된 누에들을 죽이기만 하면 되었다. 그러나 인간에게는 유사한 원칙들을 적용할 수 없었다. 또한 파스퇴르는 현명하게도 의사들을 불신했다. 그는 의사들과 일하는 것을 꺼렸으며 그들이 진보에 저항한다는 것을 알았다. 이와 대조적으로 리스터는 새로운 과학을 처음부터 바로 의학에 적용했다(그 역시 수많은 생체 실험을 하긴 했다). 그는 의학과 함께 가기 위해 최선을 다했고 상당한 성공을 거두었다. 레벤후크에게 후계자가 없지 않고 두 번째, 세 번째 세대의 학생들이 있었다고 하자. 그렇다면 18세기 초에 파스퇴르가 나왔을까? 그렇지 않았을 것이다. 화학의 엄청난 발전이 파스퇴르 업적의 전제조건이었기 때문이다. 하지만 18세기 초기에 리스터가 나오면 안 될 이유가 있었는가? 리스터의 주요 글에 레벤후크를 납득시키지 못할 것이 있는가? 레벤후크가 자신의 연구로부터 이어진 자연스런 발전의 결과라고 생각하지 않았을 어떤 것이 있는가? 나는 이 질문들에 대한 답이 부정이어야 한다고 생각한다. 다시 말해 1677년에서 1867년까지 만족할 만한 지적인 의학 역사가 없다는 것이

다. 왜냐하면 실질적인 질문은 '어떠한 발견들이 의학의 발전을 가능하게
했는가?'가 아니라 '어떤 심리적, 문화적 혹은 제도적 요소들이 의학적 발
전의 걸림돌이 되었는가?'이기 때문이다. 나는 이 장의 결론 부분에서 이
질문들에 답할 것이다.

14

알렉산더 플레밍과 페니실린

1928년 9월, 알렉산더 플레밍이 휴가에서 돌아와 실험실을 정리하기 시작했다. 처음에 그는 몇 주 동안 공기에 노출되어 있던 배양 접시를 그냥 버리려 했다. 배양 접시에서는 곰팡이 무리가 젤리 형태의 육즙에 뿌려놓은 포도상구균의 발육을 억제하고 있었다. 플레밍은 접시를 다시 본 뒤 소독제에 막 담그려다가 멈추었다. 그는 앞서 6년 전에 눈물, 침, 점액 등에서 찾을 수 있는 '라이조자임'이라는 물질을 발견한 적이 있었는데 그 물질도 이와 유사한 항균 능력을 보여주었다. 라이조자임이 위험한 질병을 유발하는 박테리아에는 별 효과가 없다고 판명되었지만, 라이조자임을 알고 있던 플레밍은 오염된 접시를 흘낏 보는 것만으로도 중요한 뭔가가 일어나고 있다는 것을 알아차렸다. 그의 배양 접시에서는 알 수 없는 곰팡이가 위험한 감염들을 유발하는 포도상구균을 억제하고 있었던 것이다.

그 곰팡이가 페니실리움(Penicillium) 속에 속하며 위험한 수많은 박테리아에 항균작용을 한다는 것을 확증하는 일은 간단했다. 플레밍은 이 곰팡이가 백혈구에 전혀 해가 되지 않는다는 사실을 쉽게 밝힐 수 있었다. 암로스 라이트가 이끄는 실험실에서는 인체의 면역 능력 활용이 효과적인 치료의 열쇠라는 개념에 오랫동안 매달려왔기 때문에 이는 아주 중요한 사실이었다. 플레밍 자신도 제1차 세계대전 동안 병사들의 상처에 생기는 감염을 연구했고, 기존의 방부제가 박테리아를 죽이는 것보다 더 빠른 속도로 백혈구를 파괴시킬 뿐만 아니라 총상의 고르지 못한 틈새로 스며들지도 못한다고 주장한 적이 있었다. 그는 기존의 방부제가 분명 감염을 촉진시킨다고 생각했다. 플레밍은 또한 그 곰팡이에서 떼어낸 육즙을 몇 마리의 쥐와 토끼에게 주입하는 방법으로 유해하지 않음을 간단히 입증할 수 있었다. 그는 곰팡이를 주스와 섞으면 항균 효과를 바로 잃어버린다는 것도 알아냈다. 따라서 알약으로 먹으면 전혀 소용이 없을 터였다.

플레밍은 페니실린(그는 얼마 후에 '곰팡이 육즙 여과액'을 페니실린으로 불렀다)을 감염된 동물에 주사하고 치료가 되는지를 지켜보았다. 그는 오랫동안 최초의 매독약 살바르산을 연구했는데, 매독은 그가 개원의로 진료할 때 광범위한 임상 경험을 쌓은 질병이었다. 하지만 1929년 4월 무렵 그는 페니실린을 혈류에 주사하는 것에 대한 관심을 완전히 잃어버린 듯했다. 페니실린이 박테리아를 죽이는 데는 네 시간가량이 걸렸지만 실험 결과를 보면 동물의 몸속이나 실험 튜브에서나 두 시간 후면 페니실린이 혈액에서의 활동을 멈추었다. 이런 현상을 보고 그는 병에 걸린 인체에 페니실린을 투여해야 별 소용이 없을 것이라고 생각했던 것 같다.

이렇게 해서 페니실린은 국부 감염에만 국소적으로 적용되었다. 그는 페니실린을 결막염 사례에 적용해서 성과를 보았지만 종창 환자들의 경우에는 결과가 각각 달랐다. 패혈증 환자를 치료하려는 시도는 실패로 끝났다. 페니실린이 미래에 살균제로 사용될 수 있을 가능성은 플레밍이 자신의 처음이자 유일한 주요 출판물인 1929년 논문에서 새로운 발견을 언급했다. 그는 이렇게 썼다. "페니실린에 민감한 미생물에 감염된 부위에 바르거나 혹은 주사를 하면 효과적인 살균제 역할을 할 것으로 생각된다." 하지만

1930년과 1940년 사이에 플레밍은 페니실린을 임상용으로 개발하려는 노력을 전혀 기울이지 않았다. 그는 이 시기 내내, 자신의 주요 논문에 대략적으로 밝힌 한 가지 용도에만 페니실린을 정기적으로 사용했다. 페니실린이 많은 박테리아를 살균하지만, 사람들(플레밍 포함)이 인플루엔자의 주요 원인일 수 있다고 여긴 파이퍼 박테리움이라는 박테리아는 죽이지 않았다. 파이퍼 박테리움은 배양이 무척 어려웠는데, 대개 왕성한 발육으로 파이퍼 박테리움을 억제하는 다른 박테리아들에 오염되었기 때문이었다. 플레밍은 점액의 표본을 취해서 페니실린을 넣은 배양 접시에 펴놓아 파이퍼 박테리움의 순수한 표본을 기를 수 있었다. 파이퍼 박테리움이 페니실린에 면역성이 있었지만, 보통 그 균을 억제했던 박테리아는 페니실린의 영향을 받기 때문이었다.

자신이 일하는 연구소가 백신 생산으로 운영되기 때문에 플레밍은 이를 발견하고 무척 기뻐했다. 사실상 암로스 라이트가 런던의 성 메리 병원의 연구소를 개인적으로 운영한 것이나 다름없었고 그는 그곳에서 얻은 수입으로 두 개의 병동을 운영하며 직원들의 봉급을 충당했다. 이 연구소는 라이트와 플레밍을 포함한 그의 가까운 동료들에게 개인적으로 수익을 가져다주었던 것으로 보인다. 라이트는 기존의 예방 백신인 장티푸스 백신을 개발했지만 그가 1902년 성 메리 병원에서 일을 시작한 이후 1946년 은퇴하기까지 주로 몰두한 일은 감염된 사람들에게 투여해 신체의 면역력을 증강시킬 수 있는 백신의 개발이었다. 광견병에 걸린 개에게 물린 환자에게 주사한 파스퇴르의 광견병 백신이 모델이었다. 라이트와 플레밍(플레밍이 1920년 이후로 줄곧 백신 생산을 책임졌다)은 여드름, 종기, 인플루엔자, 임질, 결핵, 암 백신들을 개발했다. 근대적 견해를 따르면 이 모든 백신은 전혀 효과가 없었다. 수익을 창출하는 그들의 사업 전체가 라이트의 백신을 투여한 사람들이 그렇지 않은 사람들보다 병이 더 호전되는지를 확인하기 위한 적절한 대조 임상실험의 실패에 근거했던 것이다. 자신이 개발한 장티푸스 백신(실제로 효과가 있었다)의 효과를 입증하는 데 사용했던 통계로 인해 논란에 휩싸인 적이 있던 라이트는 새로 개발한 백신들이 적절한 테스트를 받지 않도록 하는 데 주의를 기울였다. 대신 그는 감염에 대한 인체의 저항 상태를 측정하는 그럴 듯한 체계인 옵소닌 지수[백혈구의 식균[食菌] 작용을 돕는 혈청 속의 물질인 옵소닌의 세기]를 고안하고 이 지수를 통해 백신 투여 결과를 측정한다고 주장했다. 플레밍은 사실상 정교한 돌팔이 치료법들을 판매해서 제법 풍족하게 살았다. 그는 페니실린을 이용해 '개선된' 인플루엔자 백신을 생산할 수 있기를 희망했다.

플레밍은 페니실린이 치료제로 사용될 가능성을 엿보았지만 백신 생산에 관심이 깊었던 탓에 가능성이 있을 뿐인 연구에 많은 시간을 허비할 수 없었다. 그는 몇 가지 실망스러운 결과가 나타나자 가능성에 대한 연구를 모두 접었다. 그는 또한 이 새로운 약제의 더욱 순수하고 더욱 강력한 시료를 얻을 수 있는 방법상의 문제에 아주 무관심하기도 했다. 그의 두 제자인 리들리와 크래덕이 끔찍할 정도로 원시적인 환경에서(그들은 복도의 테이블에서 연구를 했으며 수돗물을 쓰려면 위층으로 가야 했다) 놀랄 정도로 유능한 연구를 통해 더욱 순수한 약제를 생산했다. 그들은 진공 상태에서 페니실린으로 만든 육즙의 수분을 증발시키고 페니실린을 알코올에 용해시켜 더욱 정제시켰다. 그들이 첫 번째로 만든 조제약은 몹시 불안정했지만 산을 추가하여 페니실린을 안정시킬 수 있다는 것을 발견했다. 하지만 플레밍은 그들의 연구에 실제로 전혀 관심이 없었던 것 같다. 그는 첫 발표 논문에서 제자들의 발견 결과를 잘못 보고했고 후에 안정된 페니실린을 생산하는 문제는 해결이 어려운 것으로 밝혀졌다고 주장했다. 다른 사람들이 더욱 순수하고 안정된 형태의 페니실린을 생산하는 일을 시작했을 때 그들은 리들리와 크래덕이 발견한 사실들을 모두 다시 발견해야만 했다. 플레밍이 이후의 조사자들에게 제자들의 연구를 전혀 언급해주지 않아서였다. 오염되지 않은 파이퍼균 시료 생산에 아주 적합했으므로 플레밍 자신은 불순물이 섞인 페니실린 육즙을 사용하는 것에 아주 만족해했다.

플레밍이 페니실린을 발견한 지 11년 후인 1939년 9월(정확히 제2차 세계대전 공식 선언 3일 후인 9월 6일), 옥스퍼드의 하워드 플로리가 페니실린 연구 자금을 구하기 시작했다. 그의 동료 연구자인 언스트 체인이 1년가량 플레밍의 원종에서 추출한 페니실린을 배양하고 있었다. 플로리와 체인은 치명적인 감염을 유발하는 박테리아에 대한 항균 능력이 있는 (이미 살바르산과 프론토실로 개발된 화학약품보다는) 생물학적 물질을 찾는 체계적인 연구를 진행 중이었고, 페니실린은 그들이 뽑은 가능성 있는 물질들 가운데 유일한 작용체였다. 1940년 그들은 간단한 실험을 수행할 수 있을 만큼의 페니실린 결정을 정제해, 연쇄상구균에 감염된 쥐 네 마리에 페니실린을 주입했고 감염된 다른 네 마리에는 투여하지 않았다. 결과는 극적이었다. 페니실린을 주입한 쥐들은 건강하게 살아남았고 그렇지 않은 쥐들은 죽고 말았다. 다음날 실험에서도 같은 결과가 나왔다. 옥스퍼드 팀(교수 2명과 연구자 7명)은 첫 실험에서 자신들이 최고로 중요한 발견을 했다고 확신했다. 그들은 독일이 침공해 오더라도 원료를 보관할 수 있도록 플레밍의 페니실린 생식 세포를 코트 안감에 발랐다.

그들은 1940년 8월 동물 실험 결과를 발표했고 1년 후 인간에 대한 최초의 임상실험을 발표했다. 하지만 사용할 수 있는 페니실린의 양은 환자 다섯을 치유할 수 있는 정도에 불과했다. 두 명이 사망하긴 했지만 나머지는 모두 놀랄 만큼 건강을 회복했다. 아마도 가장 주목할 사례는 이전에는 거의 회복 가능성이 없었던, 왼쪽 대퇴골의 골수염에서 비롯된 포도상구균패혈증에 걸린 열네 살 소년을 치료한 사례일 것이다. 1941년 8월, 이러한 임상실험들의 결과가 발표되자 페니실린을 상업화하려는 경쟁이 치열해졌다. 1943년 6월 미국의 페니실린 생산은 한 달에 170명의 환자를 치료할 수 있는 양이었고 1년 후에는 한 달에 4만 명 혹은 연합군의 유럽 공격 전투의 모든 부상병들을 치료할 만큼 충분했다. 그리고 1년 후에는 한 달에 25만 명의 환자를 진료할 수 있을 만큼의 양이 생산되었다. 1945년인 그해에 플레밍은 플로리와 체인과 함께 노벨 의학상을 공동 수상했다. 4년이라는 시간 만에 의학의 혁명이 일어났던 것이다.

처음부터 플레밍과 그의 동료 연구자들은 페니실린이 치료제로 사용될 수 있었던 것은 플레밍의 공이라고 주장하려 했다. 플로리와 체인의 동물 실험이 발표된 후인 1940년 9월, 플레밍이 직접 『영국 의학 잡지』에 실린 글을 통해 자신이 1929년 논문에서 치료제로서의 효용을 예견했음을 지적했다. 최초의 임상실험들이 발표된 후인 1941년 9월에는 암로스 라이트가 『더 타임스』(페니실린에 대한 사설이 실린 적이 있었다)에 페니실린을 발견한 것은 플레밍이라고 주장하는 글을 보냈다. 플레밍은 페니실린을 처음 발견하고 몇 달이 안 되어 페니실린의 임상적 사용에 대한 연구를 포기했었음에도 흔쾌히 언론의 요청에 화답했다. 그는 순식간에 페니실린 발견자로 전 세계에 알려져 유명세를 탄 반면 플로리와 체인은 세상 사람들에게서 잊혀졌다. 플레밍의 공헌을 제대로 파악하기 시작한 것은 로날드 헤어의 『페니실린의 탄생』(1970년)이 출판되면서였다.

지금은 잘 알려져 있는 사실이다. 페니실린의 임상적 가치를 보여준 것은 플레밍이 아닌 플로리와 체인이었고 페니실린을 대량생산하는 문제들을 해결하기 시작한 것도 그들과 동료 연구자들이었다. 그러나 1940년 5월에 수행한 그들의 주요 실험은 플레밍도 할 수 있었을 것이다. 특별히 그 진가를 인정받지 못한 리들리와 크래덕의 연구 결과 덕분에 쥐에게 주입할 수 있는 적절한 양의 페니실린을 얻을 수 있었던 플레밍도 실행하려고만 했다면 할 수 있었을 것이란 뜻이다. 그가 1929년에 이 실험을 했다면 말 그대로 수백만 명의 생명을, 적절한 광역항균스펙트럼의 항생제가 없어서 구하지 못했던 생명을 구할 수 있었을 것이다(동결건조 기술이 옥스퍼드 팀의 연구에 필수적이었으며 1929년에는 사용할 수 없는 기술이었다고 주장하는 저자들도 있다. 하지만 리들리와 크래덕의 연구를 보면 플레밍이 그런 기술이 없어도 실험을 수행할 수 있었음을 알 수 있다). 플레밍이 자신의 오염된 배양 접시에 있는 페니실린의 작용을 인식했다는 평가를 받을 자격이 있다면 지연에 대한 책임도 따른다.

상황은 이렇듯 아주 명료하다. 플레밍이 페니실린을 발견했고, 플로리와 체인이 처음으로 페니실린을 치료제로 사용할 수 있게 했다는 것이다. 그러나 현대 약물 치료의 대표격인 페니실린의 혁명에서 한편에 플레밍의 상대적인 공헌도와 다른 한편의 플로리와 체인의 공헌도라는 문제 때문에 그보다 훨씬 더 복잡하고 어려운 문제에 대해서는 관심을 갖지 못했다. 어떤 의미에서 플레밍이 페니실린을 발견했다고 할 수 있는가?

세균 배양액이 곰팡이로 오염되는 일은 언제나 발생한다. 1871년, 존 버던 샌더슨 경이 '페니실린' 곰팡이 무리가 공기 중에 노출된 육즙에 있는 박테리아의 발육을 억제할 것이라고 보고했다. 1872년, 조지프 리스터는 '페니실린 글라우쿰'이 성장해서 배양액에 든 세균을 살균시킨다는 사실을 확인했다. 그는 이를 임상에 적용할 수 있다는 것을 바로 알아차렸다. 그는 동생에게 보내는 글에서 "적절한 사례가 나오면, '페니실린 글라우쿰을 사용해서 인체의 조직 내에서 유기체들의 성장이 억제되는 지를 관찰해보려 한다"고 썼다. 결과를 발표하지 않았기 때문에 우리는 그가 얼마 동안 어느 정도 이 문제를 연구했는지는 알지 못하지만 1884년 리스터의 환자인 젊은 간호사가 감염된 상처로 고통을 겪었던 사실은 알고 있다. 다양한 화학 살균요법을 썼지만 효과가 없던 끝에 새로운 물질을 사용했다. 그녀는 기적같이 치료된 사실에 몹시 놀라고 감사한 마음에 리스터의 사무원에게 이

물질의 이름을 자신의 스크랩북에 적어달라고 했다. 바로 페니실리움이었다. 왜 리스터는 이러한 성공 사례를 자신만 알고 있었던가? 이에 대한 설명은 단 한 가지뿐이라고 나는 생각한다. 1870년대와 1880년대 내내 그는 살균 수술의 원칙을 인정받으려고 분투했다. 세균설 자체가 여전히 큰 저항을 받는 상태에서 그에게는 새로운 일을 시작할 기운도 자원도 없었던 것이다.

1895년, 나폴리의 빈첸초 티베리오가 페니실리움 곰팡이에서 추출한 정제를 감염된 동물에 주입했지만—1940년에 플로리와 체인이 '처음으로' 시행한 실험—그 결과는 플로리와 체인의 연구 결과와 같은 주목할 만한 게 없었다. 1897년, 젊은 프랑스의 군의관 더체슨이 논문을 통해 이와 유사한 실험들을 설명했다. 실험의 예비 결과는 분명 놀라웠지만 불행히도 그는 더 이상의 실험을 수행하지 못한 채 결핵으로 죽었다. 플레밍은 다행스럽게도 이런 이전의 모든 연구들을 알지 못했다. 만일 알았다면 자신이 새로운 물질을 발견했다는 주장을 그렇게 서둘러하지는 않았을 것이다.

귄 맥팔레인—나는 플레밍에 대한 그의 탁월한 책에서 이 정보를 얻었다—은 그 중요성이 부풀려져 있다고 생각한다. 플레밍이 1929년에 발견한 곰팡이는 페니실리움 노타툼(Penicillium Notatum)의 드문 변종이라고 그는 주장한다. 페니실리움 노타툼의 변종들 대부분을 포함해 페니실리움 속에 속하는 많은 곰팡이들이 전혀 활동을 하지 않는 반면 플레밍이 발견한 곰팡이는 특별히 강력했다. 1940년대 초기에 관한 철저한 연구를 통해 확인한 결과 실험을 거친 수백 개의 곰팡이 가운데 강력한 변종은 겨우 두 종에 불과했다.

플레밍이 찾은 페니실린 노타툼이란 드문 변종은 1870년 이후로 버던 샌더슨, 리스터, 티베리오, 더체슨을 비롯해 많은 사람들이 사용한 어떤 변종보다 더 강력했다. 이들 중에 어느 한 사람이 1928년에 플레밍의 접시에 내려앉은 곰팡이의 방문을 받는 행운이 있었다면 그들 역시 페니실린을 발견했을 것이며 아마도 플레밍보다 더 멀리 나아갔을지 모른다.

맥팔레인은 여기서 가능성에 불과한 내용을 사실로 기술한다. 우리는 버던 샌디슨, 리스터, 티베리오가 정확히 어떤 변종들을 가지고 연구했는지 알지 못한다. 하지만 우리는 그들 중 어느 누구도 페니실리움의 활성 변종을 찾는 데 어려움이 없었고 모든 경우에 페니실리움의 작용은 임상에 활용될 가능성이 있다고 할 만큼 충분히 활동적이었다. 그 외에 다른 사람들도 페니실리움의 항균작용을 관찰했다. 예를 들어 틴달은 비록 자신이 본 현상의 잠재적 중요성을 파악하지 못하긴 했지만 '박테리아와 페니실리움 의 생존을 건 투쟁'을 실험관마다 적어 놓았다. 그렇다면 리스터와 더체슨 모두 독자적으로 페니실린을 발견했고 플레밍보다 더 멀리 나갔으며, 플레밍이 최초로 항생제로서의 페니실리움을 발견한 데는 별로 대단한 것이 없다 말한다 해도 틀린 얘기가 아닐 것이다.

또한 감염성 질병들을 퇴치할 수 있는 생물학적 작용체(현재 우리가 항생제라고 부르는 것)를 찾을 수 있다는 생각, 즉 플로리와 체인의 연구 프로젝트의 배후에 있는 생각은 새로운 것이 아니었다. 리스터는 1872년에 페니실리움의 잠재력을 바로 알아보았다. 아르날도 칸타니는 1885년에 박테리아를 목에 발라 여아 환자의 열을 내렸고 거기에 관련된 원칙들을 기술했다. 따라서 처음에 박테리아 길항작용이라고 부른, 플로리와 체인이 구상한 더 원대한 연구 프로젝트는 독창적이지 않았다. 조르주 파파코스타와 장 가테가 1928년에 출판한 『미생물 군집』의 주요 목적 가운데 하나가 이에 관한 정보를 한 자리에 모으는 것이었다. 여기서 우리는 또 다시 앞에서도 자주 마주쳤던 동일한 현상과 만난다. 진짜 수수께끼는 왜 50년 더 일찍 페니실린이 의료에 사용되지 못했는가 하는 것이다. 플로리와 체인은 효과적인 항생제를 찾으려는 일에 착수한 지 몇 달 만에 성공을 거두었다. 파스퇴르나 혹은 리스터와 같은 인물이 이와 유사한 업적을 이루지 못했을 것이라고 생각할 이유는 없다.

3부 결론

지연된 진보

1879년 미국인 의사 버클러는 "의사들 대부분의 만장일치로 란셋을 상자속에 넣었고 이제 다시는 꺼내지 않을 것"이라고 인정했다. 하지만 그는 「란셋에 대한 항변」이라는 글을 썼다. 1875년 영국인 의사 미첼 클라크는 이렇게 썼다. "우리들 대부분 란셋이 은빛 상자에 한가로이 놓여 있는 시기에 사는 건 분명하다. 아무도 사혈을 하지 않는다. 하지만 나는 친구들이 란셋을 녹슬지 않게 보관하는 모습을 보면서 그것을 다시 쓸 날을 고대하는 게 아닌가 하는 생각을 하지 않을 수 없다." 사혈이 대체로 쓰이지 않게 된 것은 통계 연구를 통해 효과가 없다는 것이 드러나고, 헤모글로빈 집중 저하라는 전혀 이롭지 않은 결과가 생리학의 발달로 밝혀졌기 때문이다. 하지만 의사들은 란셋을 상자에 넣어두어야 하는 사실을 유감스럽게 생각했던 게 확실하다. 란셋은 의사라는 그들의 직업과 신분의 상징이었다. 영국의 주요 의학 잡지명은 여전히 『란셋』이다.

그러나 무엇보다 나쁜 것은 란셋을 포기한 뒤에도 일반 진료에서 이를 대체할 수 있는 새로운 치료법이 도입되지 않았다는 점이다. 간극이 생겼고 무언가 간극을 메울 것이 필요했다. 1892년 무렵, 당대의 저명한 미국인 의사 윌리엄 오슬러는 이렇게 썼다. "이 세기 첫 50년 동안 의사들은 혈액을 너무 많이 뽑았지만 마지막 50년 동안에는 혈액을 너무 뽑지 않았다." 그는 더 나아가 폐렴에 사혈이 효과가 있다며 일찍 사혈을 하면 "생명을 구할 수 있다"고 주장했다. 1903년, 미국인 로버트 레이번은 "우리가 사혈 진료를 완전히 폐기하면서 의학에서 가치 있는 어떤 것을 잃어버린 것은 아닌가?"라고 물었다. 1911년의 『란셋』에는 「사혈의 사용을 예시하는 사례들」이란 제목의 사설이 실렸다. 사례에는 고혈압과 뇌출혈이 포함되었다. 또한 일산화탄소에서 미란성 독가스(mustard gas)에 이르기까지 다양한 중독에 사혈을 추천했다. 제1차 세계대전이 한창이던 1916년 참호에서는 사혈이 가스 공격의 희생자들을 치료하는 공인된 방법이었다. 『사혈의 이론과 진료』를 낸 하인리히 스턴이 1915년에 "사혈은 환상의 새, 봉황처럼 몇 세기간 지속되었고 새로운 활력으로 파멸을 재촉하는 잿더미에서 소생했다"고 선언했다. 그는 사혈로 음주와 동성애를 치료할 수 있다고 생각했다. 장티푸스, 인플루엔자, 황달, 관절염, 습집, 간질의 치료용으로 권하는 이들도 있었다.

이 책의 서문에서 나는 1865년이 유용한 이정표가 된 해이지만 그렇다고 의학이 곧바로 변모한 것은 아니라고 했다. 효과적인 새 치료법들이 1865년 이후에 아주 더딘 걸음으로 발전해갔듯 기존의 치료법들도 아주 천천히 사라져갔다. 1920년대까지도 히포크라테스 치료법들이 사용되었다. 그렇다면 진보는 왜 그렇게 더딘 것일까? 오슬러와 같은 의사들이 근대적인 의학에 반대해서나 혹은 진보를 믿지 않아서가 아니다. 우리는 다른 곳에서 그에 대한 설명을 찾아볼 필요가 있다. 사람들이 보유한 고유 기술을, 특히 그들이 그 기술을 얻기 위해 많은 노력과 비용을 들였을 경우, 자기 자신과 동일시 한다는 것이 부분적인 설명이 될 수 있다. 외과의들이 계속해서 외과의 사이길 원한 탓에 마취제의 가능성을 보지 못했듯 내과의들 역시 계속해서 의사이길 원했던 까닭에 란셋을 상자 속에 집어넣기를 꺼렸던 것이다.

또 한편으로는 새로운 생각을 추구하는 데 따르는 위험으로 설명할 수 있다. 세균설이 자리를 잡기 시작하자 틴달과 같은 사람들은 전염병을 정복할수 있다고 확신했다. 그러나 전염병 퇴치의 모델은 단 하나, 천연두 접종뿐이었다. 그래서 대부분의 노력이 백신 찾기에 투여되었고 그 결과로 탄저병, 광견병, 장티푸스 백신이 나왔다. 마찬가지로 세균설도 혈류에 주사하여 세균을 죽일 수 있는 물질을 찾는 노력으로 이어질 수도 있었을 것이다. 1872년 이후로 어느 시기든 페니실린을 개발할 수 있었을 것이다. 그러나항생제라는 개념 모델이 없었다. 위험은 크고 보상은 불확실했다.

토마스 쿤은 『과학혁명의 구조』에서 이러한 현상을 고찰하는 두 가지 개념을 제공한다. 먼저, 패러다임이란 개념이다. 일단 페니실린으로 항생제의 개념이 명확해지자 항생제 연구가 급속히 진전되었다. 필요한 것은 연구를 진전시키는 방법에 대한 명확한 모델이었다. 다른 하나는 '혁명적인' 과학과 반대되는 '정상' 과학의 개념이다. 히포크라테스에서 1870년대까지 '정상' 치료법이 있었고 효과가 있다는 믿음 때문에 지속되었으며, 효능에 의심이 가기 시작할 때에는 환자들은 여전히 이 치료법에 기대를 걸 수밖에 없었고, 의사들이 더 나은 치료법을 제공할 수 없었기 때문에 계속해서 사용되었다. 루이는 의사가 죽어가는 환자에게 사혈을 하는 것은 그들의 생명을 구할 가망이 있어서가 아니라 가능한 모든 조치를 다 취해봤다는 사실을 가족들에게 확신시켜주기 위해서라고 생각했다. 기존의 치료법이 크게 안정되었던 것은 환자와 의사들이 이를 신뢰하도록 교육받아서였다. 그런 신뢰로 사혈이 20세기까지 지속되었던 것이다.

그만큼 나는 혁신적인 것에 저항하는 심리적·문화적 요소들이 있다는것을 쉽게 알 수 있다고 생각한다. 의사들이 효과적인 치료법들이 있다고 생각하는 한, 그러한 요소들은 의대에서 현미경을 배제시키고 실제 진료에서 감염 이론을 배제시키기에 충분했다. 1690년대에서 1830년대까지 의학에서 진보의 주요 장애물은 지식, 연구 장비, 혹은 의학자들의 지적 자원의 간극이 아니라 혁신을 가로막는 심리적·문화적 요소들이었다.

우리가 더 높은 수준의 논쟁을 소개할 필요가 있는가의 여부는 어려운 문제이다. 여하튼 기존 의학이 큰 위기에 봉착했던 바로 그 시기에 세균설이 등장해 기존 의학을 구했다. 단순히 운이 좋아서였을까? 혹은 의료 기관 자체가 그에 맞추어 일부 합리적으로 바뀌어서일까? 이 질문에 어떤 답을 하느냐는 부분적으로 다음 문제에 따라 다르다. 기관들이 생명이 있다고 보는가? 나는 그렇다고 생각한다. 나는 방법론적 개인주의를 믿지 않기 때문에 개인들이 모든 행동들을 수행했다고 말하는 건 적절치 않다고 생각한다. 비록 개인이 기관의 대표자로 관련될 수밖에 없긴 하지만, 어떤 행동들은 기관들이 수행한다. 위원회는 일정한 선택 사항들을 앞에 놓고 어느 누구도 가장 선호하지 않는 결정을 내릴 수 있는 것이다. 어떤 상황에서는 기관이 기관 내의 어느 누구도 좋게 생각하지 않는 정책들을 수행한다. 예컨대, 외부의 기관이 해당 기관의 자금을 통제하고 그 기관의 어느 누구도 실제로 믿지 않는 특정 기준들에 부합해야 한다고 요구할 경우가 그렇다(당대의 대학에서 낯설지 않은 상황이다). 공산주의에서는 일반적이고, 정부의 기금 지원에 의존하는 기관들에서는 흔한 일이다. 따라서 기관이 결정을 내리거나 혹은 정책을 추구하지만, 그러한 결정이나 정책이 그 기관 내의 어떤 개인의 것이라고 간단히 말할 수 없다. 이렇듯 제도는 자체의 생명을 갖고 있다.

따라서 의학의 진보를 가로 막은 기관 차원의 중대한 제한들이 있었는가라고 묻는 일은 온당하다. 의과대학의 교수진, 병원, 혹은 의사 조직들이 기관의 이익을 보호하기 위해 전통적인 치료법들을 유지하려고 했었나? 제7장의 말미에서 의사들이 현미경 사용에 등을 돌렸다는 말을 했다. 이들은 개인들의 집합으로서의 의사들인가 혹은 독자적 생명을 지닌 기관들의 그룹인가? 우리가 보았던 모든 증거가 제시하는 바로는 기관들이 행동할 필요가 없다. 혹은 기관들이 행동을 취한 곳에서는, 그 행동과 개인의 견해 사이에 유의미한 간극이 없었다.

의사들이 150년 동안 진보를 가로막고 있을 때 자신들이 무슨 일을 하는 건지 알았을까? 앞서 이미 말했지만 나쁜 논쟁이 좋은 논쟁을 몰아낼 때 이를 추진하는 사람들은 책임을 져야 하며 나아가 자신이 결코 의도하지 않은 것에 대한 책임을 져야할 수도 있다. 의사들은 일단 미생물에 관심을 가질 필요가 없다고 판단하자 곧바로 자신들이 잘못된 선택을 했음을 제시하는 증거와 마주치지 않도록 했다. 만일 다른 선택을 했다면 어떤 결과가 일어날지를 결코 알지 못하는 까닭에, 많은 결정들은 스스로를 승인하는 독특한 속성이 있다. 의사들은 자신들이 무슨 일을 하는 건지 전혀 알지 못했지만 그들의 행동이 가져온 결과에 대한 책임은 져야 한다고 말하는 것은 절대적으로 합당하다.

1830년 이후 현미경이 다시 유행했고, 1680년대 이후로 사실상 멈췄던 진보가 다시 시작되었다. 새로운 현미경들은 레벤후크의 것보다 훨씬 사용이 간편했고 과학 도구다운 진중한 느낌을 띠었다. 새로운 현미경들의 사용 시기는 진지한 통계의 시작으로 촉발된 치료법의 위기와 일치한다. 이러한 위기는 다음 몇 십 년 동안 더욱 심화되었다. 1860년대에 리스터의 소독법이 나와 극도로 불확실한 미래에 직면한 병원들을 구출했다. 세균설이 나오지 않았다면 병원의 위기는 결코 해결되지 못했을 것이며 기관으로서의 병원은 존속하지 못했을 것이다.

따라서 성공적인 자기변모의 사례인 듯 보인다. 개인들 혹은 기관들이 의학을 위기에서 구하기 위한 전략을 추구했다고 하면 말이 되는가? 새로운 지식이 기관의 목적에 봉사했는가? 이러한 질문을 던지는 이유는 내가 지금까지 한 이야기가 기능주의*적이라는 꼬리표가 붙을 수도 있기 때문이다. 기능주의자의 주장에 따르면 기관들과 사회 그룹들은 갈등을 조절하고 제거하여 자기 변모를 통해 생존을 가능하게 함으로써 어려운 문제들에 대처한다. 골수 휘그당원이라고 여겨지길 바라는 사람이 거의 없듯이 기능주의자로 여겨지길 바라는 사람도 거의 없다. 그럼에도 진보의 역사가 있어야 하듯, 사회 질서가 자체적으로 어떻게 유지되었는지 그리고 가끔은, 자신들이 무슨 일을 하는지를 제대로 이해하고 그 과정에 참여한 사람들이 없어도 어떻게 질서가 유지되는지를 보여주는 역사도 있어야 한다. 기능주의자의 주장은 합당할 수 있다.

하지만 여기서 전하는 의학 혁명의 이야기는 기능주의를 위한 것이 아니다. 개인과 기관들은 천성적으로 보수적이고 위험을 극도로 싫어한다. 상황이 아주 불리하지 않은 한 미지의 것보다는 알려진 것을, 변화보다는 연속성을 더 좋아한다. 주요한 변화가 일어나려면 1860년대에 병원들이 겪었던 그런 위기가 있어야 한다. 적응은 바로 일어나지 않고 뒤늦게 일어난다. 그때조차 변화는 상위 기관보다는 하위 기관에서, 중심이 아닌 주변에서 쉽게 일어나는 경향을 띤다. 리스터의 소독법은 먼저 글래스고에서 성공을 거둔 후에 에든버러로 이어졌다. 스코틀랜드에서는 바로 확증되었지만 잉글랜드에서는 더뎠다. 19세기초 의학 연구의 중심지였던 프랑스 의사들 사이에서 세균설은 독일이나 영국보다 훨씬 더 늦게 확증되었다. 대개 잃을 것이 가장 많다고 느끼는 기관들이 혁신적인 것에 대한 저항이 가장 집요하다. 이러한 상황에서 기관들이 자기변모를 꾀해서 살아남을 수 있도록 보장해주는 것은 아무 것도 없다.

---

* 사물의 실체나 본질에 관한 인식은 불가능하며, 기능·작용에 관한 인식만이 가능하다고 보는 사상

세균설이 마침내 승리를 거둔 것은 기존의 의사들과 나란히 성장하던 새로운 전문가 직업을 통해서가 아니라 새로운 치료 방법들을 채택하고 (마지못해서였다 할지라도) 기존의 방법들을 버린 의사들을 통해서라는 사실은 주목할 만하다. 이 과정에서 필연적인 것은 전혀 없었다. 1894년에 디프테리아 혈청을 발견하기까지 프랑스 의료계는 일반적으로 새로운 과학에 반대했지만, 재빨리 방향을 전환해 세균실에 부합하도록 의사들의 교육을 바꿨다. 만일 디프테리아 혈청이 발견되지 않았다면 세균설은 프랑스 의학 내에서가 아니라 프랑스 의학에 반해서 계속 발전했을 것이라고 상상하는 일도 충분히 가능하다.

세균설이 1860년대 이후로 계속해서, 누에 생산에든 수술에든 응용될 수 있었던 것은 분명하다. 연구와 실제, 의학으로 보면 이론과 진료 사이의 긍정적인 피드백 고리가 마련되었다. 피드백 고리가 생기면 진보는 불가피해지고 거의 불가항력적이 된다. 그러나 기존의 기관들이 이러한 변화에 맞춰 자기변모를 꾀하는 일은 필연적이지 않다. 기관들이 그렇게 하지 못했다 해도 어찌되었든 혁명은, 비록 기존의 기관들을 파괴하고 의사라는 직업을 치명적으로 약화시켰다 해도, 일어났을 것이다. 여전히 대증요법들이 있듯이 보스턴과 파리, 런던과 베를린에서 여전히 이오니아식 의료법으로 진료를 하는 의사들이 있을 수 있다. 이오니아식 진료를 하는 의사들의 쇠락한 병원들과 나란히 더 새로운 건물들이 우후죽순으로 생겨나 파스퇴르연구소 혹은 리스터연구소라는 이름을 달고 백신과 항생제를 투여했을 것이다. 기존의 의학이 세균설에 맞춰 모습을 바꾸었다. 이미 위기에 처한 상황을 뼈저리게 느꼈기 때문이었다. 그러나 일이 쉽사리 다른 식으로 진행될 수도 있었다.

따라서 의료계 전체가 의료 목적에 봉사하기 위해 세균설을 채택했다 해도 내가 하는 이야기가 기능주의적이라고 생각지는 않는다. 세균설이 성공한 것은 의사들이 세균설을 채택해서이거나 혹은 세균설이 의사들의 목적에 부합해서가 아니라 생명을 연장시키는 능력을 보여주었고 히포크라테스 치료법보다 더 효과적인 의학 기술이었기 때문이다. 세균설을 토대로 한 치료법은 따라서 기존의 의료법이 충족시켰다고 하는 기능을 수행함에 있어서 히포크라테스 치료법보다 더 효과적이었다. 이 책을 시작하면서 한 생각, 즉 기술은 기능을 충족하고 고유한 진보의 기준을 마련한다는 생각을 돌아보게 하는 대목이다. 하지만 그러한 생각에 동의한다고 해서 사회과학의 원칙으로서의 '기능주의'에 헌신하는 것은 아니다. 그보다는 오히려 비교 문화적인 합리성의 표준이 있을 수 있음을 받아들이는 것이다.

　곡식을 재배하고, 음식을 만들고, 죽음을 연장하는 일은 많은 문화에 공통적이다. 수확의 증가, 관개시설의 개선, 보다 더 견고해진 요리기구, 효과가 향상된 약제 등 이 모든 것들이 잠정적으로 비교 문화적인 논리를 지닌다. 그렇다고 비교 문화적 보급이 수월하거나 자동적이라는 말은 아니다. 예컨대 18세기 프랑스인과 영국인들 모두가 풍차를 이용해 곡식을 찧었다. 영국인들은 풍차가 자동으로 바람 부는 쪽으로 돌아가게 함으로써 노동력을 절감하는 부채모양의 꼬리를 발명했다. 하지만 프랑스인들은 이를 사용하지 않았다. 그들의 노동비용이 더 저렴했거나 혹은 바람이 그렇게 변덕스럽지 않았거나 혹은 자본투자가 너무 커 보였을 수 있다. 이유야 어찌되었든, 그들은 분명 부채모양의 꼬리가 무엇에 쓰는 것인지 알고 있었다. 리스터의 동시대 의사들도 세균설이 당혹스럽고 의심스럽긴 했지만 그 방법을 사용하면 사망률을 줄이고 절단수술이 불필요해지리라는 그의 주장은 제대로 이해할 수 있었다. 합리성의 문화 상대주의를 주장하는 것에는 한계가 있다. 바로 세균설의 승리에서 얻어야 할 교훈 가운데 하나다.

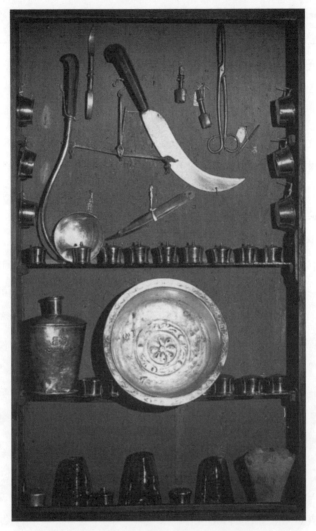

칼과 쟁반, 부항 등 사혈을 하기 위한 도구들, 18세기.

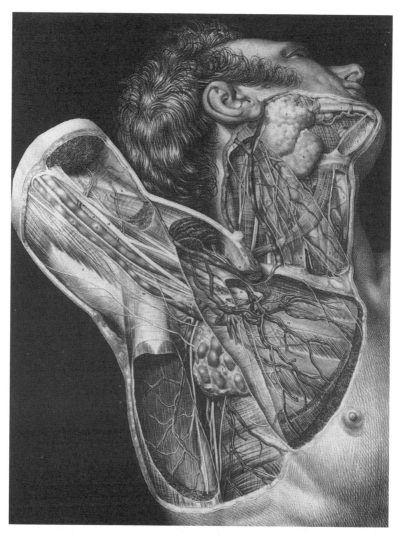

부제리와 야코브의 『해부도 집성』에 실린 삽화, 1831~54년.

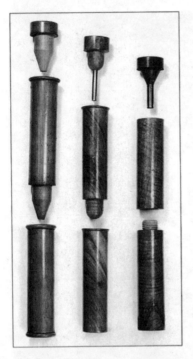

라에네크식 청진기의 초기 모델.
아래) 로렌츠 하이스터의 『외과 학회』(1739년)에 실
린 방광결석 제거수술 방법.

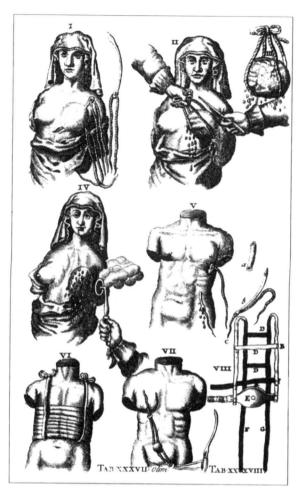

과거에는 유방암이 발병하는 나이까지 살지 못하는 경우가 많았기 때문에
유방암이 지금처럼 흔하지는 않았다. 하지만 그 치명성 때문에 유방절제
술이 일찍부터 행해졌다.

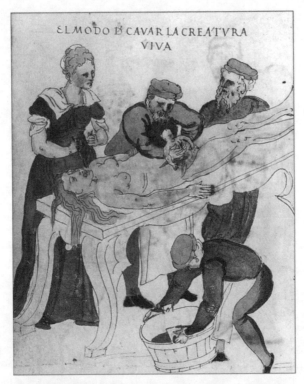

제왕절개술은 고대부터 널리 알려져 있었다. 산모의 생명이 위험하고 태아를 살리기 위한 절박한 시도로 시행된 제왕절개술이지만, 19세기까지 제왕절개술로 산모가 생존했다는 명확한 증거는 없다. 산파와 남자 의사가 제왕절개술을 시행하고 있다. 독일 16세기.

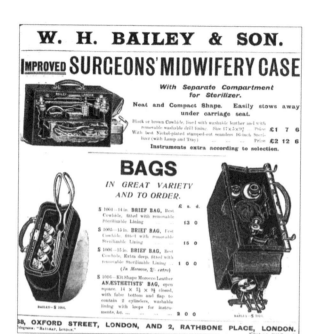

19세기 말까지 적절한 살균에 대한 인식이 희박했기 때문에 의료장비가 세균의 온상이 될 수 있다는 사실을 알지 못했다. 박테리아가 서식할 수 있는 가죽으로 만든 조산용 왕진가방도 그 예다. 사진은 1913년의 왕진가방 광고.

제4부 전염 이후

15

돌과 브래드포드 힐 그리고 폐암

의학에서 진보가 지연된 나의 이야기를 마지막 사례 연구와 함께 끝내고 싶다. 1948년 무렵, 스트렙토마이신이 결핵에 효과가 있다는 것이 밝혀졌을 때 마치 주요한 모든 감염 질환들이 정복되었거나 혹은 곧 정복될 듯이 보였다. 그때 이후로 인체면역결핍바이러스(HIV)가 주요 질환으로 떠올랐고 결핵 같은 다른 질병들이 약물에 대한 저항성을 키워갔다. 병원에서 수술 후 세균 감염으로 인한 사망률은 메티실린 내성 황색 포도상구균(MRSA)의 확산으로 인해 증가하고 있으며, 살균제와 항생제에 의존해온 의사와 간호사들은 손을 씻고 옷을 갈아입는 문제에서 새로운 규율을 배우기란 어렵다고 생각한다. 인플루엔자가 전 세계적으로 확산되는 건 시간문제라는 이야기가 들린다. 그럼에도 선진국의 경우 20세기 후반은 전염병이 퇴치된 이후의 시기로 생각할 수 있다. 전염병으로 인한 사망자 수가 줄어들면서 필연적으로 점점 더 많은 사람들이 암, 심장병, 뇌졸중 등의 비전염성 질환으로 사망했다. 결핵 환자들이 빠르게 병동에서 빠져나가는만큼 폐암 환자들이 병동으로 들어왔다.

　의사들이 결코 새롭지는 않지만 돌연 과거 어느 때보다도 훨씬 중요해진 이러한 질병들로 관심을 돌리면서 거의 1세기 동안 진보의 주요 요소였던, 질병의 세균설이라는 안전장치를 버려야 했다. 이유를 모르는 질병을 어떻게 이해해야 하는가? 최초의 그리고 아마도 가장 위대한 돌파구는 폐암 연구에서 찾았다. 1950년 리처드 돌(Richard Doll)과 오스틴 브래드포드 힐(Austin Bradford Hill)는 흡연이 폐암의 주요 원인이라는 최초의 중요한 연구를 발표했다. 내가 그들의 글에 관심을 갖기 시작한 것은 자신들의 글이 처음 출판되었을 때 아무도 관심을 갖지 않았다는 리처드 돌의 인터뷰 기사를 읽고서였다. 사람들이 그들의 연구 결과를 진지하게 생각하기 시작한 때는 그들이 사뭇 다른 연구 논문을 발표했던 1954년이나 혹은 정부가 흡연이 폐암의 원인이라는 사실을 인정한 1957년이라고 했다. 여기서 나는 이것이 나쁜 의학의 또 다른 예가 틀림없다고 생각했다. 1950년대까지도 의사들로 하여금 통계에 기초한 주장을 진지하게 받아들이게 하기가 여전히 불가능했던 것이다.

그러나 실제 이야기는 돌이 2004년에 말하고자 했던 이야기와는 조금 다르다. 1954년 논문 (그리고 논문에 발표한 연구 프로그램의 완성) 50주년에 나온 돌과의 인터뷰 기사들과 다음 해 돌이 사망했을 때 실린 사망기사는 돌과 브래드포드 힐의 초기 연구가 미친 영향의 진실을 끊임없이 잘못 전달하고 있었다. 단 한 구문으로 그 진실을 요약해야 한다면 "또 하나의 나쁜 의학"이 아니라 "마침내, 좋은 의학"이 될 것이다. 그들의 연구를 살펴보는 일은 이 책의 주요한 이야기 흐름에 적절한 마무리가 될 것이다.

1950년에 쓴 연구 논문의 두 저자 가운데 브래드포드 힐이 수석 연구원이며 더 많이 알려져 있다. 그는 1937년에 이 주제에 관한 최초의 교과서인 『의료 통계의 원칙들』을 발표했다. 그가 의사들을 겁먹게 할 것이라는 생각에 '무작위화'(randomization)라는 단어를 사용하지 않는 신중함을 보였다는 것은 그 당시에도 의사들에게 통계를 가르치기 어려웠다는 징표다. 1948

년에 시행한 스트렙토마이신에 대한 최초의 무작위 임상실험을 고안한 사람이 바로 브래드포드 힐이었다. 당시 스트렙토마이신은 공급이 부족했기 때문에 치료받을 환자를 제비뽑기로 선택하는 것이 윤리적이라는 결정이 내려졌다. 이것이 바로 초기의 이중 맹검(double blind test)으로 의사도 환자도 누가 신약을 받는지 알지 못했다. 스트렙토마이신은 효험이 높은 것으로 밝혀졌다(여기서 '효험이 있다'[effective]는 말은 기술적 용어이다. 약제는 임상실험에서 환자들을 치료하면 효험이 있는 것이고, 실제 상황에서 환자들을 치료하면 '효과적인'[effective] 것이다. 임상실험에 참여한 환자들은 보통 아주 늙거나, 아주 어리거나, 혹은 심하게 아프지도 않으므로 이 둘은 같지 않다). 스트렙토마이신 실험은 그날 이후 모든 약물 실험의 모델이 되었다.

브래드포드 힐과 그의 새로운 동료 연구자인 리처드 돌(이전에 종양의 여러 치료 방법의 효과에 관한 연구를 수행했다)은 다음으로 급속히 증가한 폐암의 원인을 찾아내려는 시도로 눈을 돌렸다. 남성들의 경우 1905년에서 1945년 사이에 20배가 증가할 정도였다. 1950년 폐암으로 인한 사망자 수는 1만 3,000명으로 한동안 줄어든 결핵으로 인한 사망자 수를 처음으로 넘어섰다. 그러나 폐암 증가의 원인은 수수께끼였다. 돌은 도로의 아스팔트가 원인일지 모른다고 생각했다. 담배는 전혀 의심하지 않았다. 영국에서 1908년에 제정한 법은 16세 미만의 청소년들에게 담배 판매를 금지했는데, 담배가 성장을 저해해서 청년들이 군대에 부적합해질지 모를까 우려해서였다. 담배가 성인들의 건강에 나쁘다는 견해가 일반적으로 받아들여진 적이 없었을 뿐 아니라 실제로 많은 사람들이 담배가 건강에 좋다고 주장했다.

왜 폐암 발생률이 증가하는가에 관한 수수께끼를 풀기 위해서 돌과 브래드포드 힐(돌이 책임 연구자였다)은 폐암이 의심되는 환자들에게 나누어줄 상세한 설문지를 만들었다. 런던의 여러 병원에 입원한 709명의 모든 환자들을 인터뷰했는데 그 가운데 649명이 남성이었다. 그들과 짝을 이룬 대조군은 폐암에 걸리지 않았다는 점을 제외하고 가능한 모든 면에서 환자들과 유사했다. 조사한 많은 요소 가운데 한 항목이 당장 눈에 띄었다. 남성 폐암 환자들 가운데 비흡연자가 2명뿐이었고 대조군에서는 27명이었다. 여성 폐암 환자들 가운데는 비흡연자가 19명인 반면에 대조군의 경우는 비흡연자가 32명이었다. 흡연자는 살면서 적어도 1년 동안 하루에 최소한 담배 한 개비를 핀 적이 있는 사람으로 아주 폭넓게 규정했다고 해야 할 것이다. 지금의 우리는 흡연이 무수한 질병을 유발한다는 사실을 알기 때문에 대조군에는 흡연자들이 불균형적일 만큼 적을 것이라는 사실을 알고 있다. 보통 성인 남자의 80퍼센트, 성인 여성의 40퍼센트가 흡연자였고 남자는 하루 평균 15개비를, 여성은 그의 반을 폈다고 보면 적절한 수치일 것이다. 돌과 브래드포드 힐은 흡연과 폐암 사이에 통계적 연관이 없고 따라서 두 그룹의 차이가 우연에 불과하다면, 이런 정도의 차이가 한번 나기 위해서는 100만 번 이상의 임상실험을 해야 할 것이라고 계산했다. 비흡연자가 대조군에서는 59명이고 폐암 환자 군에는 다소 작은 수치인 21명이라는 것은 인과 관계의 증거에 해당했다. 또 다른 증거가 나오면서 담배를 많이 필수록 위험이 커진다는 사실이 밝혀졌다. 그들의 첫 추정치에 따르면 애연가가 폐암으로 사망할 가능성이 비흡연자보다 50배가 높았다.

이들의 첫 연구를 두고 실험에 참가한 모든 환자들이 런던 출신이라 어떤 면에서 결과가 왜곡되었을지도 모른다는 비판이 나왔다. 돌과 브래드포드 힐은 서둘러 브리스틀, 캠브리지, 뉴캐슬, 리즈 출신 환자들을 포함한 더 큰 규모의 조사를 수행했고, 1952년 12월에 그 결과를 발표했다. 이 두 차례의 연구로 연구 프로젝트의 첫 단계가 완료되었다.

돌과 브래드포드 힐의 초기 연구는 임상실험을 옹호한 최초의 통계학자인 피셔(피셔의 전문 분야는 의학이 아닌 농업이었고 임상실험은 약제가 아닌 씨앗으로 이루어졌다)를 포함한 일부의 비판을 받았다. 피셔는 통계적 상관관계가 인과관계로 이어지는 것은 아니라는 사실을 지적했다. 예를 들어, 흰머리가 있는 사람이 기대 수명이 짧은 경향을 보이는데 흰머리가 사망 원인이라서가 아니라 흰머리가 생기는 원인 가운데 하나가 노령이고 노령이 사망의 주요 원인이어서이다. 흰머리와 죽음 간에는 실질적인 상관관계가 있되 인과관계는 없다. 따라서 가령 흡연을 내켜하지 않으면서 동시에 상대적으로 폐암에 면역성을 높여주는 유전적 소인이 있을지 모른다는 것이었다. 하지만 돌과 브래드포드 힐의 최초 두 논문과 관련해서 중요한 사실은 많은 의학 전문가들이 그들의 견해를 받아들였다는 점이다. 일찍이 1951년 중반에 연구 자금을 지원한 의학연구위원회의 사무총장은 "이와 같이 흡연의 해로운 사례가 입증되었으며" 통계 작업을 더 할 필요가 없다는 발표를 하려 했다.

그런데 새로 생긴 국민건강보험 내에 정부 정책에 관한 자문을 담당한 상임 암 자문위원회라는 기구가 돌과 브래드포드 힐의 결론을 받아들이길 주저했고, 어떤 행동을 하는 것은 더더욱 달가워하지 않았다. 그들은 증거를 재평가하기 위해 정부의 보험계리사를 의장으로 하는 독립된 전문위원회를 소집했다. 1953년 11월, 이 위원회에서 돌과 브래드포드 힐을 확실히 지지했다. 그 결과 1952년 12월 2일, 보건부장관 이언 매클리우드가 하원에서 흡연과 폐암 사이에는 '실질적인' 관계('실질적인'이라는 단어가 다소 모호했다. 그는 인과관계가 있다고 말하지 않았다)가 있다고 발표했다. 그는 같은 날 기자회견에서 담배를 피우면서 같은 입장을 되풀이해 말했다. 보건부 장관은 기자회견에서 아슬아슬한 줄타기를 시도했다. 그는 "청소년들에게 지나친 흡연에 수반되는 위험에 대해 경고하는 것은 바람직하지만 보건부에서 흡연에 대해 공개적인 경고를 하는 것은 시기상조"라고 주장했다. 다시 말해, 보건부는 흡연과 폐암의 관계가 입증되었다는 것은 받아들였지만 그에 대해 아무런 대책이 없었다. 이 문제에서 보건부는, 대중에 대한 암 교육이 생명을 구하지는 못하면서 불안만 유발한다고 믿었던 상임 암 자문위원회의 전반적인 정책을 따랐던 것이다.

흡연이 암을 유발한다는 주장이 최종적으로 승리를 거둔 것은 1954년 2월이었다는 사실을 강조할 필요가 있다. 돌 자신이 훗날 자신들의 연구가 진지하게 받아들여진 것은 완전히 새로운 프로젝트의 첫 결과들이 발표된 1954년 2월 이후였고, 그 결과 1954년의 연구를 종종 2월 이후에 발표했던 것으로 생각하거나 혹은 1957년의 발표와 혼동되기도 한다고 주장했기 때문이다. 보건부 장관은 1954년과 1957년 모두 흡연이 폐암과 연관이 있다고 발표했지만 그때마다 기자회견 내내 담배를 피웠던 것 같다. 두 경우 모두 사실일 수도 있고 혹은 그 둘이 혼동되었을 수도 있다.

돌이 후에 한 얘기에 따르면 그와 브래드포드 힐은 아무도 자신들의 초기 연구를 심각하게 받아들이지 않아서 새로운 통계 연구를 생각해냈다고 한다. 하지만 그들의 연구 구상 자체가 이러한 설명이 잘못되었음을 보여준다. 그들의 연구는 정부 임명 기구인 의학연구위원회의 자금 지원을 받았다. 연구의 기초는 1951년 영국의학협회에서 전국의 모든 의사(6만 명)에게 보낸 설문지였다. 즉 모든 의사들을 대표하는 조직의 인가를 받았던 것이다. 마지막으로, 또 다른 정부기관을 대표하는 호적본서장관의 적극적인 참여를 필요로 했다. 즉 그들의 연구를 아주 심각하게 받아들였기 때문에 연구의 두 번째 단계가 가능했던 것이다.

돌과 브래드포드가 접근한 의사들의 약 3분의 2가 설문지에 응답했다. 그런 뒤에 호적본서장관이 사망한 의사들의 사망증명서를 돌과 브래드포드 힐에게 보냈다. 1954년 3월 무렵, 36명의 의사가 폐암으로 죽었는데 비흡연자인 의사가 사망한 예가 없었다. 연구에 참여한 의사들의 12.7퍼센트가 비흡연자였으므로 대략 4명의 비흡연자가 사망했어야 했다. 두 번째 연구에서는 모집단을 추적하여 흡연자들이 비흡연자들보다 더 일찍 죽었다는 것을 밝혀냈다. 1954년 무렵, 돌과 브래드포드 힐은 이미 흡연과 폐암의 연관을 보여주는 11개의 연구(1950년에 한 그들의 독자적인 연구를 시작으로)를 보여줄 수 있었다. 50년 후, 연구가 최종적으로 마무리되었을 때(1954년에 생존했던 의사의 수가 이 시점에서는 급속히 줄어들고 있었다) 돌과 브래드포드 힐은 흡연이 대략 10년 정도 기대수명을 줄인다는 것을 밝혀냈다. 그들은 또한 1956년 무렵, 담배를 끊으면 특히 젊어서 담배를 끊으면 기대수명이 크게 늘어난다는 것도 밝혀낼 수 있었다. 그러므로 1950년에 흡연을 금지했다면 전체 인구(대략 3분의2가 흡연자였다)의 기대 수명이 6년가량—이 시기 이전까지 의학 전체가 성취해낸 것보다 아마도 훨씬 더 클 수치인—늘어났을 것이다. 그러나 영국의 남성 폐암 발병률이 1960년대에 최고에 달했고 금연이 시작되면서 발병률은 줄어들었지만 폐암의 전체 발병 건수는 1950년대보다도 훨씬 더 많아졌다. 2001년에 영국에서 3만 7,500명의 새로운 폐암 환자가 발생했다.

이러한 새로운 연구의 축적으로 영국 정부는 1957년, 담배 업계의 지속적인 로비에도 불구하고 마침내 흡연과 폐암의 '인과관계'를 받아들일 준비를 했다. 미국의 공중위생국장도 같은 시기에 동일한 결론을 내렸다. 영국 정부의 견해는 처음부터 돌과 브래드포드 힐의 연구를 지지했던 의학연구위원회의 보고에 기초했다. 사실, 1957년이 아닌 1952년 가을에 의학연구위원회로부터 흡연과 폐암에 관한 명확한 진술을 받아내기가 훨씬 더 쉬웠을 것이다. 1952년 12월 이후로는 계속해서(부분적으로, 1만 2천 명의 목숨을 앗아간 것으로 생각되는 1952년 12월 5일에서 12일 사이 발생한 런던의 대 스모그 현상의 결과) 폐암의 원인으로 대기오염에 점차 관심이 집중되었기 때문이다. 폐암 발병은 시골보다 도시에서 더 많았다. 돌과 브래드포드 힐이 1952년 12월 13일 발표한 글이 실렸으며, 대 스모그 기간 동안에 작성된 『영국의학저널』 사설에서는 대기오염이 폐암 사망자의 대략 17퍼센트에 책임이 있으며 나머지는 흡연이 원인이라고 추정했다. 하지만 정부를 향해 흡연이 아닌 대기오염에 대처하라고 요구하는 것으로 결론을 맺었다. 스모그가 질병과 사망의 원인이라는 확신은 곧 1956년의 '청정공기법'의 제정으로 이어졌다. 1957년, 처음에 의학연구위원회는 흡연이 폐암의 주원인이지만 폐암의 30퍼센트 정도는 대기오염이 원인일 수 있다는 성명서를 발표하고 싶어 했다. 담배는 아니지만 오염에 대해서는 책임을 져야 했던 정부로서는 확실한 어조로 밝히는 것을 막고 싶어했던 견해였다. 당시에 흡연자들이 다른 사람들이 호흡하는 공기를 오염시킨다는 누구나 알 수 있는 주장을 한 사람은 없었던 것 같다. 간접 흡연이 폐암에 걸릴 확률을 높인다는 것을 밝히는 주요 연구들이 나오기 시작한 것은 1981년에서였다.

의학연구위원회의 보고서가 마침내 수면 위로 떠오르자 『영국의학저널』이 결국 "현대의 모든 홍보 방법들을 동원해서 흡연의 위험성을 대중에게 확실히 각인시킬 것"을 요구하고 나섰다. 그때서야 정부가 마지못해 머뭇머뭇 행동에 나서기 시작했다. 비록 진정한 캠페인은 왕립내과의들이 1962년 흡연이 암을 유발한다는 보고를 한 뒤에야 비로소 시작되었지만 흡연을 반대하는 글들은 찾아볼 수 있었다. 사실상 이 무렵에는 다양한 질병이 흡연과 관련이 있다는 것이 명백해졌다. 미국에서는 1965년에 담배 곽에 경고문을 붙였지만 영국에서 그런 조항이 요구된 것은 사냥개들을 대상으로 한 실험에서 개들에게 담배 연기를 마시게 하여 폐암을 유도할 수 있음을 최종적으로 밝혀낸 1971년이었다. 1970년대 중반, 마침내 영국 정부가 담뱃세를 올려 흡연을 막는 정책을 실시했다. 2000년 영국 남성의 흡연율은 30퍼센트 미만으로 미국의 감소 추세와 비교할 만했다. 절반으로 떨어진 것이 1970년대 말 무렵이었으므로, 경고문을 부착하고 세금을 인상하는 등의 본격적인 캠페인이 시작되기 이전이었던 것이다.

이 부분에 대해서 다양한 반응들이 나올 수 있을 것이다. 담배 규제 혹은 적어도 공공장소에서의 흡연을 규제하지 않아서 사라져간 수없이 많은 생명들, 전 세계적으로 수 억 명에 이르는 생명에 대해 애석해 할 수 있다. 정부가 마침내 문제의 본질을 인정했던 1957년, 그들이 취한 행동이 너무 미미했으며 너무 늦었다고 한탄할 수도 있다. 하지만 돌과 브래드포드 힐이 시행한 독자적인 연구가 부당한 반대, 무시, 혹은 오해에 부딪혔다고 주장하기는 어렵다. 인상적인 것은 상임 암 자문위원회의 작은 반대(일반적으로 대중에게 암 교육을 하는 것에 반대했다)가 아니라 기성 의료계, 영국의학협회, 영국의학저널, 의학연구협회, 정부 보험계리사와 호적본서장관 등 기성 의료계와 밀접한 연관이 있는 사람들이 그들의 연구의 중요성을 인정하고 이를 신속히 진행시키고자 했다는 것이다. 돌과 브래드포드가 1952년, 1954년, 1956년에 자신들의 주장을 강화할 수 있었던 것은 이런 지원 덕이었다.

진짜 수수께끼들은 다른 곳에 있다. 돌은 말년에 자신들의 1950년 연구에 대해 이렇게 말했다. "우리가 [의학연구] 위원회의 사무총장인 해럴드 힘즈워스 경에게 결과를 보여주자 그가 영향력이 대단하겠다는 말을 했다. 우리는 사람들이 당장 금연을 할 거라 생각했다." 그 자신은 몇 달 전에 담배를 끊은 상태였고, 금연에 별 어려움이 없었다. 그런데 언론이 결과를 완전히 무시해버렸다. 돌과 브래드포드 힐의 선구적 연구가 발표되고 2주 후인 10월 14일, 파르가 보낸 편지가 『영국의학저널』에 실렸다. 전문을 인용할 가치가 있는 글이다.

안녕하십니까? 대중 잡지의 독자들이 『영국의학저널』 혹은 다른 어떤 잡지에서 긁어모은 소식들을 토대로 쓴 깜짝 놀랄만한 소식을, 종종 의학 잡지 구독자들이 보기도 전에 꼬박꼬박 접하는 실정입니다. 이런 식으로 다루는 주제가 광범위하다는 점에 비춰볼 때 우리는 돌 박사와 브래드포드 힐 교수의 「흡연과 폐암」(9월 30일, p.739)에 관한 연구 결과—유모차의 디자인, 침대 사용의 위험성 혹은 기타 최근의 기사가 된 내용보다 훨씬 더 보편적인 관심을 끄는 주제—가 왜 여느 때와 달리 신문기사로 나오지 않았는지 궁금하지 않을 수 없습니다. 대중들이 흡연 습관의 '무해함'이라는 미몽에서 깨어나는 것에 분개할지도 몰라 신문의 편집자들이 두려워하는 건가요, 아니면 주요 광고주들의 비위를 상하게 할 수도 있는 위험을 무릅쓸 마음이 없는 걸까요?

돌과 브래드포드 힐의 첫 연구 논문이 발표된 바로 그 호에 그들의 연구를 논한 사설에 "한 미국 잡지의 독자가 흡연과 암에 관한 기사를 읽고 마음이 심란해서 신문을 그만 읽기로 했다고 한다"는 가시 돋친 농담이 들어 있었다. 기자들 대부분이 흡연자였고 흡연을 객관적으로 생각하는 데 관심이 없었다. 독자들 대부분도 같은 입장이었다. 흡연에 반대하는 기사가 담긴 신문이 흡연자에게 팔릴 듯싶지 않았다. 1950년, 역시 기자였던 레녹스 존스턴이 흡연자들이 중독자인 탓에 흡연에 대해 합리적인 판단을 할 수 없을 것이라고 지적했다. 그는 돌과 브래드포드 힐의 논문에 나오는 용어 자체를 반대했다.

나는 흡연이 갖는 훨씬 더 중요한 중독 요소는 완전히 무시한 채 흡연의 습관적 요인을 서른여섯 번이나 언급한 연구자들을 비난한다. … 흡연을 습관이라고 하는 것은 … 무리한 완곡어법이다. 흡연은 마약 중독(아주 정확히 말하면 마약인 니코틴을 처방하는 수단)이고, 마약 중독은 특정한 질병, 특정한 간헐 중독이다. … 흡연은 질병이고 예방 가능하므로 흡연을 막는 일은 우리가 당연히 해야 할 의무이다.

2년 후에 돌과 브래드포드 힐이 두 번째 논문을 발표했을 때 또 다른 기자가 비슷한 요지의 글을 기고했다. 흡연자의 상당 비율이 중독자이므로 사람들이 자발적으로 금연을 하기를 기다려봐야 소용이 없으며 필요한 조치는 흡연 규제라는 내용이었다. 이러한 기사들이 지닌 중요성을 이해했다면 20년 이상의 지연은 피할 수도 있었을 것이다. 의학계가 흡연의 중독 요소에 관심의 초점을 맞추기 시작한 건 1980년대 들어서였다.

1950년에 의사들이 인식하지 못한 중요한 사실이 있다면 그건 돌과 브래드포드 힐의 연구 내용이 아니라 흡연은 습관이 아니라 중독이며 따라서 사람들에게 담배를 피우지 말라고 설득해봐야 뾰족한 수가 없다는 점이었다. 돌은, 다른 모든 사람들과 마찬가지로 이런 사실을 인식하지 못했고 직시하지도 않았다. 대신 그는 1957년까지 아무도 자신들의 연구가 갖는 중요성을 이해하지 못했다는 신화를 지어냈다. 그러나 1950년 무렵 의학은 대단히 진보적으로 나아가고 있었고 앞 다투어 새로운 지식을 받아들였다. 폐암은 대체로 예방 가능한 비전염성 질환 가운데 최초의 사례임이 입증되었고 다른 분야들은 진보가 훨씬 더디게 이루어졌다. 100년이 지난 뒤, 역사가들이 과거를 돌아보며 잃어버린 기회와 불필요하게 지연된 상황들을 찾아낼 수 있을 것이다. 지금 말하기는 너무 이르다. 그러나 이러한 발견의 이야기는 의사들이, 비록 중독을 이해하지 못해 20년이란 시간을 허비한 후에야 정부로 하여금 효과적인 조치를 취하게 하긴 했지만, 그 중요성을 바로 이해했다는 것을 나타낸다. 돌은 50년 후에 과거를 돌아보며 자신의 초기 연구를 아무도 이해하지 못했다고 생각했다. 하지만 그들의 연구를 제대로 잘 이해했다는 게 맞는 얘기다. 다만 어떤 조치를 취해야 할지 몰랐을 뿐이다.

16

죽음을 늦추기

결국, 우리 모두 죽는다. 인생은 사망률 100퍼센트의 조건이다. 의사들이 생명을 구하는 얘기를 하지만 그들이 실제로 하는 일은 죽음을 늦추는 것이다. 이 장은 의학이 늦춘 죽음에 대한 것이다. 죽음 늦추기는 의학의 성공을 가늠하는 주요 실험대이다. 의사들이 고통을 완화시키기도 하고 죽음과 관계없는 상태를 치료하기도 하므로, 성공의 가늠자가 물론 하나만은 아니다. 그러나 삶의 질 향상보다는 죽음의 지연이 측정하기가 훨씬 더 수월하다. 근대 의학은 죽음을 늦추는 일에 있어 생각보다 훨씬 더 성공적이지 못한 것으로 드러났다.

지금까지의 내용은 간단명료하다. 1865년까지의 의학은, 해를 입혔다고 단정할 수는 없지만 거의 아무런 효과가 없었다는 것이다. 의학이 질병의 세균설이 부상하기 전에도 어떤 의미에서 '과학적'이었고 '진보'를 가능하게 했던 것처럼 설명하는 의학통사들은, 설령 거의 어느 누구도 부정하지 않는 것이라 해도, 계속해서 이러한 사실을 외면해야 했다. 1865년 이후 의사들은 질병을 고치는 데 어느 정도 성공을 거두기 시작했다. 의학에서 진정한 진보가 이뤄지기 시작했고, 이는 새로운 시대의 시작을 의미했다. 이런 사실을 인식하면 1865년(방부 외과수술이 시작된 해)이나 1910년(살바르산이 최초의 효과적인 화학 치료제로 도입된 해) 혹은 1942년(최초의 항생제가 도입된 해)까지의 의학이 '나쁜' 의학이었고 그 이후 의학은 아주 짧은 시간에 생명을 구하는 의학 즉 좋은 의학이 되었다는 결론을 어렵지 않게 내릴 수 있을 것이다.

의사들이 1865년과 1942년 사이에 처음으로 유의미한 수의 생명을 연장한 것은 확실하지만 이 시기의 엄청난 기대 수명 증가를 설명하기에는 턱없이 부족한 수다. 어찌되었건 실현되었을 공적을 의학이 가로챈 셈이었다. 기대 수명이 혁명적으로 증가한 까닭에 의사들이 일을 아주 잘한다는 인상을 풍겼지만 사실상 의사들은 생명을 구하는 일에서 놀랄 만큼 더디고 비효율적이었다. 동료 의사들의 의료 관행을 변화시키지 못할 것을 몹시 두려워한 젬멜바이스와 같은 의사가 있으면, 생명을 구할 수 있는 기회를 놓칠 수도 있다는 사실을 망각한 플레밍과 같은 의사도 늘 있었다.

근대 의학의 업적을 큰 틀에서 바라보려면 기대 수명부터 생각해봐야 한다. 중요한 것은 사망 연령, 혹은 다른 관점에서 보면 해마다 사망하는 인구의 비율이다. 해마다 1퍼센트의 인구가 사망하고, 사망자가 각 연령대에 임의적으로 분포되어 있다면 평균 기대 수명은 50세 정도가 된다. 하지만 죽음은 공평하지가 않다. 죽음은 특히 아주 어리거나 아주 나이든 사람들에게 찾아온다. 산업화 이전 시대에는 출생한 아이들의 절반 정도가 5세 이전에 죽었고 유아기와 초기 유년기를 살아남은 인구의 대다수가 50대, 60대, 70대에 사망했다. 그 결과 출생 시의 기대 수명은 좀처럼 40을 넘지 못했다.

근대 초 영국의 연령별 사망자 편차는 연간 2.5퍼센트의 사망률이 기대 수명 40년과 대략 일치할 정도였다(100을 2.5로 나누어 40이 되는 것은 우연의 일치이고, 사망률과 기대수명의 관계는 연령 전체에 분포된 사망자 수로 결정되는 경험적인 것이다). 16세기 말과 17세기 초에 간헐적으로 사망률이 낮아지고 기대수명이 올라간 적이 있긴 했지만 1870년경에 처음으로 사망률이 연간 2.5퍼센트 이하로 유의미하게 떨어졌다(기대수명이 처음으로 40을 넘어섰다).

의학이 죽음을 늦출 수 있다는 주장은 늘 있었지만 1942년 이전에는 의학이 유의미한 수의 죽음을 늦출 능력이 있었다는 증거가 없다. 1900년과 2000년 사이에 서방 국가들의 기대수명은 45세에서 75세로 늘어났고 사망률은 2퍼센트에서 0.5퍼센트로 떨어졌다. 20세기를 지나면서 죽음이 30년 늦춰진 것이다. '건강의 변화' 혹은 '생명의 혁명'이라고 알려진 현상이다. 대부분의 사람들은 이러한 기대 수명의 증가를 의학 발전의 결과로 생각하지만 이미 1942년 무렵까지 기대수명은 20년이나 증가해 있었다. 그 결과 의학이 건강 변화에 공헌한 정도에 대한 열띤 논란이 벌어진다. 현대 의학의 기여로 늘어난 미국인의 기대수명이 5년이라는 추정치가 있다. 그 5년 중에서 2년은 기대수명이 23년 늘어난 20세기 전반부에 실현된 것이며 나머지 3년은 기대수명이 7년 늘어난 후반부에 실현된 것이다. 지난 세기 미국인들의 증가 기대수명에서 의학에 힘입은 것은 20퍼센트에 미치지 못한다는 사실을 뜻하는 결과이다. 네덜란드인들에 관한 한 연구는 1875년에서 1970년까지 기대수명이 4.7퍼센트에서 18.5퍼센트 정도로 증가한 것이 직접적인 의학 개입 덕분이며, 증가의 대부분은 1950년 이후에 이루어졌다는 견해를 제시했다. 이 연구에서는 1950년과 1980년 사이에 의학 개입이 네덜란드 남성들의 기대수명을 2년, 네덜란드 여성들의 기대수명을 6년 향상시켰다고 추정한다. 이 연구에 따르면 의학 개입이 1950년대 이래 기대 수명 증가의 주요인이었고 기대수명 증가의 4분의 3이 1875년과 1950년 사이에 일어났다.

하지만 내 자신의 이력에 비춰보면 믿기 어려운 수치들이다. 방부 혁명이 일어나기 전이라면 아마 나는 여덟 살 때 팔의 복합골절 수술로 죽었을 것이다. 절단 수술을 하고도 살아남을 만큼 운이 좋아야 했으니 말이다. 그리고 내가 만일 현대 외과수술에 접근할 수 없는 곳에서 태어났다면 맹장 파열로 인한 복막염으로 열세 살 때 죽었을 게 틀림없다. 최초의 충수절제 수술(맹장수술)이 시행된 시기는 1880년이었다. 하지만 내 이력이 결코 일반적인 것 같지는 않다. 간단히 말해 우리들 가운데 근대 의학에 생명을 빚지고 있는 사람은 거의 없다는 것이다.

수수께끼를 이해하려면 지난 200년 동안에 일어난 건강의 변화 요소들을 살펴볼 필요가 있다. 근대 의학에 관한 증거가 영국에 특히 많고 근대 의학의 효과와 관련된 많은 논란이 영국의 증거들을 해석하는 것이므로 영국에 초점을 맞추어 논의를 살펴보겠지만 근대의 산업화된 다른 어떤 나라를 보아도 큰 차이는 없을 터다. 영국이 독특한 점은 다른 어느 곳보다 산업화와 도시화가 더 일찍, 더 신속하게 진행되었다는 점뿐이다. 1900년까지 영국 도시의 사망률이 모든 서방 국가들의 시골 지역의 사망률보다 더 높았던 것으로 보아 영국의 인구 증가는 도시화라는 부정적인 영향에도 불구하고 아주 급속히 진행된 셈이다. 1681년과 1831년 사이에 잉글랜드와 웨일스의 인구는 493만에서 1,328만으로 세 배 증가했다.

이러한 영국의 인구 증가가 대체로 기대수명의 증가 때문이고, 즉 성인들이 보통 성적으로 왕성하고 산아제한을 하지 않을 경우 여성의 기대수명이 출산률을 결정한다고 추정한다 해도 별 무리가 없을 것이다. 1690년대의 기대수명은 32세였고 1820년대에는 임금이 저하된 세기였음에도 39세였으며 50년 후에도 거의 같았다(부분적으로, 생명을 단축시킨 도시화의 증가로 설명할 수 있는 사실이다). 그러다가 1960년대에 꾸준히 증가해 70까지 올라갔다. 따라서 우선 주목해야 할 사실은 근대 의학에 일어난 혁명적 변화들의 선두주자인 세균설이 승리를 거둔 1865년 이전에도 기대수명은, 작지만 유의미한 증가를 보였다는 점이다. 토머스 맥케온이 『근대의 인구 증가』(1976년)에서 근대의 기대수명 증가는 의학과 거의 관련이 없다는 전통적인 주장을 했다. 맥케온은 수많은 질병들로 인해 사망한 인구의 비율과 이러한 비율이 시간이 흐르면서 변화된 과정을 보여주는 도표와 그래프들로 제시한다. 이에 따르면 1840년에 호흡기 결핵으로 연간 1만 명 당 40명이 사망했는데 이는 전체 사망자 가운데 13퍼센트에 해당되는 숫자였다. 이 수치는 1945년에 이르러 1만 명 당 5명으로 감소했지만 1947년에 스트렙토마이신이 도입되기까지는 영국에 효과적인 치료제가 없었다. 1921년부터 BCG 백신을 구할 수 있었지만 효과에 대한 의심(현재까지 지속되는)으로 인해 보편적으로 사용되기까지는 시간이 걸렸다. 기관지염, 폐렴, 인플루엔자가 1901년에 1만 명 당 27명의 목숨을 앗아갔다(전체 사망 원인의 꼬박 15퍼센트를 차지했는데, 사망률이 20퍼센트 이상 떨어졌기 때문이다). 이 수치는 최초의 효과적인 치료제인 술파피리딘(항피부염제)이 1938년에 도입될 무렵 이미 절반 아래로 떨어져 있었다. 성홍열로 인해 1865년에 아동 1만 명 중 23명이 목숨을 잃었는데 이 수치는 1890년에 5명으로 떨어졌고 최초의 효과적 치료제인 프론토실이 나온 1935년에는 이미 1명으로 감소한 상태였다.

놀랍게도 근대의 화학요법들과 항생제들은 목숨을 앗아가는 질병들이 이미 주요 사망 원인이 되지 않던 현장에 등장했던 것이다. 실제로 사망률을 나타낸 그래프들을 보면 근대적인 치료법들이 도입되기 이전에 사망률이 빠른 속도로 떨어진다. 유일한 예외라고 할 수 있는 것이 디프테리아로, 항독소가 처음 치료제로 사용된 1895년에 아동 1만 명 당 사망자가 9명에서 1920년에는 3명으로 감소했다. 그러나 미국의 경우 항독소가 도입되기 전에도 이미 유사한 수준으로 감소를 보이는 등 항독소의 역할은 논란의 대상이다. 1850년에 치명적이었던 주요 질병들 가운데 1970년에도 여전히 상당수의 생명을 앗아간 질병은 기관지염, 폐렴, 인플루엔자뿐으로 1만 명

당 5명 혹은 전체 사망률의 11퍼센트가 이들 질병으로 사망했다.

효과적인 치료제라고 할 만한 어떤 것이 나오기 전에 이미 질병들이 연이어 치사 능력의 상당부분을 상실한 것으로 보인다. 한 예로, 성홍열은 스스로 치명적 요소가 감소했던 것 같다. 나머지 다른 경우들은 외부의 환경이 해당 미생물에게 덜 우호적으로 되었거나 혹은 인간의 감염 저항력이 향상되었다. 1850년 미생물에 의한 사망이 전체의 60퍼센트였고 1900년에는 50퍼센트였으며 1970년에는 15퍼센트 아래로 내려갔다. 당시의 사람들은 폐렴이나 결핵보다는 심장병과 암으로 사망했다. 세균은 대체로 박멸되었으나 여기서 새로운 약제들이 한 역할은 작은 일부에 그쳤다.

출산으로 눈을 돌려도 같은 그림이 펼쳐진다. 영국에서 출산 시 산모 사망 수는 1650년에 산모 1만 명당 160명이었던 것이 1850년에는 55명으로 떨어졌고 이 수준은 적어도 1935년에 프론토실이 도입되기 전까지 거의 변함없이 유지된다. 그리고 이후에 수치가 급격히 떨어져서 1980년대는 1만 명 당 1명까지 떨어졌다. 그렇지만 이것이 최선은 아니었다. 리스터가 방부 원칙을 체계화했다면 출산 시 사망률은 급속히 떨어졌을 것이고 실제로 교육을 잘 받은 산파들이 출산을 하게 한 나라에서는 이런 현상이 일어났다. 그러나 영국에서는 바쁜 일반 개업의들이 적절한 방부 조치들을 취하기를 거부하면서 필요 이상으로 훨씬 높은 사망률이 지속되었다. 출산 시 사망자 수를 나타낸 곡선 그래프의 모양은 감염 질환으로 인한 사망자 수의 곡선 그래프와 아주 다르며, 비록 근대 의학의 영향이 유의미하고 즉각적으로 나타난 것은 1935년 이후이긴 하지만 1865년 이전에도 주요한 성과가 있었다. 여기서 항생제 이전의 중요한 진보는 산과용 겸자 사용이었다. 처음에는 체임벌린 가족[산과용 겸자를 개발했지만 가족의 돈벌이를 위해 겸자를 공개하지 않았다]이 은밀히 사용하다가 1730년 이후에 널리 사용되었다.

산과용 핀셋은 별도로 하고, 1860년대 이전에 기대수명을 연장시킬 만한 다른 중요한 의료 개입이 있었던가? 서유럽에서 선페스트가 사라진 것은 생각해봐야 할 사례이다. 선(腺)페스트는 1348년에 처음 유럽에서 발병한 이후 17세기 중반까지 수없이 많은 사람들의 생명을 앗아갔다. 이탈리아에서는 1650년대에 선페스트의 발병이 중단되었고 영국에서는 1660년대에 페스트에서 자유로워졌으며 프랑스는 1720년대에 마르세유에서 마지막으로 소규모 발병이 있었을 뿐이다. 이 무서운 흑사병(1570과 1670년 사이에 런던에서 22만 5,000명의 목숨을 앗아갔다)이 격리 조치로 정복되었다고도 하지만 증명하기가 불가능한 주장이다. 쥐벼룩이 옮기는 페스트는 주로 들쥐의 질병인데 인간에게도 감염된다. 주요 확산 경로가 쥐에서 쥐벼룩, 다시 쥐로 이어지는 것이라면 사람을 격리시키는 방법은 들쥐와 벼룩의 동선에 제한적인 효과밖에 미치지 못했을 것이다. 근대 초기의 의사들은 페스트가 비록 처음에는 혼탁해진 공기로 인해 발생했지만, 인간에서 인간으로 직접 전염될 수 있다는 점에서 아주 예외적인 질병이라고 생각했기 때문에 격리 조치가 효과적일 것(적어도 페스트가 유행할 때는)이라고 믿었다. 그들이 잘못된 이론으로 출발하긴 했어도 어느 시기 동안 개별 도시들의 페스트 발병을 막는 데 성공을 거둔 건 분명하다. 그러나 그들의 조치가 서유럽 전역에서 페스트를 근절시킬 수 있었는지 혹은 (페스트가 유행병이 아니었다면) 정기적인 발병을 막을 수 있었는지 여부는 더욱 의심스럽다. 아마도 질병의 독성이 약화되었거나 혹은 들쥐의 수가 변화했다는 측면에서 본 다른 설명이 더 적절할 것이다. 선페스트는 예외일 수도 있겠지만, 1865년 이전에 주요한 성공을 거둔 것으로 생각해봐야 하는 것은 천연두뿐이다.

미생물을 대상으로 한 최초의 증명 가능한 효과적인 개입은 예방이라는 효과적인 방법을 제공한 백신이었다. 제너가 1796년 천연두에 백신 접종을 도입했다. 그 효과는 놀라웠다. 1800년에 스웨덴에서 천연두로 1만 2,000명이 사망(전체 사망자의 대략 15퍼센트)했는데, 1822년에는 비록 민간 인구의

40퍼센트만이 예방 접종을 받긴 했지만 사망자 수는 11명으로 떨어졌다. 백신 접종으로 인해 1978년 지구 전역에서 천연두가 완전히 종식될 수 있었다. 영국에서는 백신 접종에 앞서 살아 있는 바이러스로 접종을 시행했는데, 이 방법은 1750년대부터 꽤 확산되었다. 그러나 한편으로 접종과 백신의 사용은, 제너의 백신을 체계적으로 사용한 스웨덴과 프로이센 같은 나라들과 비교해 산발적이고 부분적이었다. 1680년대에 런던에서 전체 사망자 가운데 천연두로 인한 비율이 최소 7퍼센트이었던 것이 1850년에 1퍼센트로 감소했다. 7퍼센트가 과소평가된 수치라는 것은 거의 확실하다. 런던에서는 사망원인을 일반인들이 기록하는데, 의사들이 기록하는 그 밖의 다른 곳에서는 천연두로 인한 사망 비율이 전체의 14퍼센트에 해당되었던 것으로 보인다.

즉 1680년과 1850년 사이의 기간에 늘어난 영국인의 기대수명의 반이 접종과 백신으로 가능했다는 것을 뜻한다. 접종으로 늘어난 기대수명이 2년이라는 베르누이의 지나치게 보수적인 추정치를 1950년과 1980년 사이 근대 의학 덕에 늘어난 네덜란드인의 평균 4년의 기대수명과 비교해보자. 1950년과 1980년 사이 기대수명 증가에 헌신한 연구소, 병원, 제약회사, 의사들에 쏟은 광범위한 투자를 감안하면 그 결과가 기껏해야 천연두 정복의 두 배와 같다는 것은 주목할 일이다. 제너가 종두를 발견한 지 50년 후에 존 스노는 이를 "의료에 있어서 지금까지의 가장 위대한 발견"임과 동시에 인류가 "지금까지 받았을 혜택 가운데 가장 큰 것"이라고 했다. 이 말이 지금도 여전히 사실일지 모른다는 것은 충격에 가깝다.

인체에 주사하는 현대의 백신 접종 처방(제너가 하지 못했으며, 전염 인자 확인을 토대로 한)은 1885년 파스퇴르의 광견병 백신 접종으로 시작되었다. 디프테리아는 별도로 하고, 결핵에 대한 백신이 나오기 이전에는(이조차 의심스럽다) 서양에서 많은 인명을 앗아간 질병에 이렇다 할 획기적인 변화가 없었다. 백신 접종이 주요한 영향력을 발휘한 시기는 최초의 항생제가 나오기 이전이 아니라 그 이후였으며 1950년에서 1980년 사이에 해당된다.

그렇다면 영국의 기대수명이 1680년의 32세에서 1942년의 65세로 장기간에 걸쳐 두 배가 된 원인은 무엇인가? 의학이 그 원인은 아니며 따라서 맥케온의 핵심적인 주장이 맞기는 하되 정확한 원인이 무엇인지를 밝혀내기는 훨씬 어렵다는 것이 일반적으로 일치하는 의견이다. 우리는 기대수명의 혁명적 변화라는 현대 의학의 가장 중요한 사건에 대해 적절한 이해 비슷한 것도 하지 못하는 몹시 불만족스러운 상황에 처해 있다. 맥케온은 자신이 대답을 안다고 생각했다. 그는 주요 요인이 질병에 대한 저항력의 향상이며 이를 가능하게 한 것은 영양의 개선뿐이라고 주장했다. 그의 주장은 거듭해서 지속적인 공격을 받았지만 지금까지 우리가 알고 있는 최선의 설명이다.

맥케온이 몇 가지 면에서 오류가 있다는 것은 확실하다. 피임법이 나오기 전까지 출산율이 사망률보다 변화가 덜했다는 그의 주장은 분명 잘못되었다. 1680년에서 1820년 사이에 기대수명이 조금밖에 증가하지 않았지만 이 시기에 영국 인구의 3분의 2가 증가한 것은 출산율 증가에 기인한다는 사실을 우리는 안다. 출산율 증가는 높아진 결혼율의 결과이기도 하고(한번도 결혼하지 않은 여성의 비율이 15퍼센트에서 그 절반으로 내려갔다), 결혼 연령이 더 빨라져서이기도 하며(초혼 평균 연령이 3세가 내려갔다), 혼외 임신이 증가한 때문이기도 하다(1680년에는 신생아의 10분의 1이 사생아였던 반면 1820년에는 25퍼센트로 늘어났다).

결혼 연령의 감소와 결혼률의 증가는 원칙적으로 생활수준의 향상으로 가정을 꾸리기가 더 쉬워진 결과일 수 있지만, 실제로 출산율 증가와 생활수준 향상은 그렇게 맞아떨어지지 않는다. 근대 초기에 출산율이 억제된 것은 미혼자의 고의적인 금욕 때문이며 확실히 18세기와 19세기를 거치면서 금욕은 점차 인기가 없어졌던 것 같다. 요컨대, 사람들이 점차 성적으로 왕성해진 것이다. 왜 이런 현상이 일어났는가에 관한 적절한 연구는 없지만 교회 법정의 감소와 공식적이든 비공식적이든 성적 행위를 규제하는 다른 기제들의 감소를 반영하는 현상이라는 것이 합리적인 설명이다. 1870년 이전의 인구 증가의 역사는 적어도 영국에서는 기대수명의 역사보다는 성적 활동(결혼 내 성관계 포함)의 역사와 더 관련이 있는 것으로 밝혀지고 있다. 늘어난 기대수명 가운데 천연두 접종과 백신 접종으로 설명되는 것은 3분의 1인데, 이는 인구증가의 9분의 1에 해당될 뿐이다. 적어도 영국에서 인구 증가의 주원인은 성적 활동의 증가였다. 이는 맥케온이 자신의 주제가 '근대의 인구 증가'임에도 한번도 생각하지 않았던 가능성이다.

둘째로, 맥케온은 세균이 원인인 질병뿐만 아니라 공기로 운반되는 세균으로 유발된 질병까지 관심을 집중하는 쪽을 선택했다. 1850년과 1970년 사이의 기대수명 증가 가운데 40퍼센트는 결핵, 기관지염, 폐렴, 인플루엔자, 백일해, 홍역, 디프테리아, 천연두 등의 질병으로 인한 사망률의 감소 덕이다. 맥케온이 공기로 운반되는 질병에 초점을 맞춘 결과 전통적으로 기대수명 증가의 주요 요소로 여긴 표준적인 공공보건 조치들이 돌연 무관하게 보였다. 수돗물, 하수구, 수세식 화장실이 결핵 확산과 전혀 무관해진 것이다.

그렇다면 결핵 확산을 막은 것은 무엇이었나? 일단 코흐가 1882년에 결핵 간균을 확인하고 나자 사람들은 해결해야 할 것이 공기로 운반되는 세균임을 알았고, 침 뱉기를 막는 공중보건 캠페인이 감염의 확산에 어떤 영향을 미쳤을 법도 하다. 내가 어렸을 때 영국과 프랑스의 버스에는 침을 뱉지 말라는 표지판이 있었다. 결핵환자들을 요양소에 격리시킨 것 역시 비감염자를 보호하는 데 도움이 되었을 수 있다. 그러나 이러한 주장들은 다음과 같은 간단한 사실에 무너지고 만다. 1946년, 청소년들의 85퍼센트가 결핵에 노출된 적이 있음을 보여주는 항체를 지녔다. 즉 결핵균은 여전히 널리 퍼져 있었다. 변한 것은 결핵에 노출된 인구 비율이 아니라 노출의 결과 죽어가는 인구의 비율이었던 것으로 보인다.

실제로 이런 사실은 일반적인 질병에도 해당된다. 기묘한 친구들(Odd Fellows)이라는 재미난 이름을 가진 친절한 협회에서 시행한 세 가지 조사를 통해 우리는 1847년, 1868년, 1895년의 노동계급의 질병 발생을 평가할 수 있다. 우리가 발견한 것은 질병에 걸린 비율이 전혀 감소하지 않았다는 것이다. 감소한 것은 죽음으로 이어진 질병의 비율이었다. 세균이 여전히 존재했지만 사람들이 세균에 더 잘 견뎌낼 수 있게 되었다는 맥케온의 말이 옳았다.

세 번째로, 맥케온이 공기로 운반되는 질병에만 전념했다는 것은 공중위생의 역사에는 거의 관심을 기울이지 않았다는 의미이다. 1850년에서 1900년 사이에서 수인성 및 식인성 질병으로 인한 사망의 감소는 공기로 운반되는 질병으로 인한 사망의 감소만큼이나 중요하다. 런던은 1828년에 급수를 모래로 여과하는 절차를 도입하기 시작했다. 1860년대에는 하숫물의 화학 처리가 일반적이었다. 이는 리스터가 방부외과수술의 개념을 갖게 된 부분적인 이유이기도 했다. 런던에서 근대적인 하수처리 시설을 건설하기 시작한 때는 1858년이었다. 대체로 영국 전역에서 상하수 개선에 투자한 금액은 19세기 말 20년 동안이 가장 높았다. 영국에서 1831년을 시작으로 1866년에 마지막으로 발생해, 이 시기 동안 대략 11만 3,000명의 목숨을 앗아간 콜레라의 박멸에 공중보건 조치들이 확실히 중요했다. 콜레라의 정복은 의학의 역사에서 언제나 짜릿한 한 장을 장식하지만 이러한 성공을 객관적으로 바라볼 필요가 있다. 콜레라로 인한 사망은 전체 사망자의 0.5퍼센트 남짓에 지나지 않았던 반면 백일해로 인한 사망자는 콜레라가 발생한 시기 동안 1.5퍼센트 혹은 30만이었다.

설사와 이질로 인한 성인 사망자는 공중보건에 투자한 시기에 급격히 떨어졌으나(1890년대에 전체 비율이 40년 전의 4분의 3이었고 청소년들의 비율은 40년 전의 10분의 1이었다) 아동 사망률은 실제로 증가했다. 20세기 초에 5세 미만의 영국 아동의 대략 3퍼센트가 설사와 이질로 죽었지만 여름이 무더우면 사망률이 5퍼센트로 올라갔다. 그러던 것이 1930년대에 이르러 아동의 사망률이 30년 전의 10분의 1로 내려갔다. 그 사이에 중요한 변화가 일어났던 것이다.

19세기 말에 널리 확산된 급수와 하수 처리로 아동들의 수인성 및 식인성 미생물에의 노출이 크게 줄어들지는 않았던 게 분명하다. 성인들은 이전보다 노출이 줄어들었던 것 같다. 노출 위험이 큰 고령자들의 경우도 사망률이 이전의 3분의 1이었다. 그러나 저항력 역시 더 커졌고 그래서 고령자들보다 청소년들이 더 급격한 감소를 보였던 것 같다. 이와 대조적으로 1910년대와 1920년대까지는 아동들의 노출을 감소할 만한 어떤 일도 일어나지 않았다. 다소 기이한 이러한 유형을 어떻게 이해할 수 있는가? 성인들은 수인성 질병에 대한 저항력이 더 커진 동시에 덜 노출되었지만 유아와 소아는 예전과 다름없이 취약했다.

1910년의 연구 결과 수세식 변기를 갖춘 가정에서도 그렇지 않은 가정만큼이나 이질(어린이들에게서 주로 발생)이 흔했다는 사실을 알 수 있었다. 근대의 공중위생이 아주 비효과적이었다는 것이다. 왜? 어린이들은 길거리의 화장실을 사용했고 배설물 사이에서 놀았다. 따라서 어린이들이 성인보다 이질에 걸리기가 훨씬 더 쉬웠으며, 성인들이 세균에 주로 노출되는 것은 틀림없이 자녀들과의 접촉을 통해서였을 것이다. 1890년대 이후로 순회 보건관이 신생아가 태어난 가정들을 정규적으로 방문하는 일이 점차 일반화되었는데(1907년의 출생신고법이 제정된 후 사실상 보편화되었다) 그들은 가정을 방문하면서, 새롭지는 않았지만 노동계급에게 제대로 확산되지 않은 질병의 전파 방법들을 알려주었다.

20세기에 와서야 비로소 "가정을 대상으로 한 미시적 공중위생이 도시를 대상으로 한 거시적 공중위생을 대치하면서 19세기에 이룬 그 어떤 것보다도 더 극적으로 개선이 이루어졌다"는 주장이 꾸준히 제기되어왔다. "가정을 대상으로 한 미시적 공중위생"이란 쓸고 닦는 것뿐만 아니라 기저귀를 사용하고 어린이 변기를 사용하는 법을 가르치고 화장실을 다녀온 후 손을 씻으며 파리를 잡고 음식을 덮어놓는 것까지 의미한다. 변기 사용법을 가르치는 아이의 평균 연령이 지금은 24개월이지만 1839년의 전문가는 놀랍게도 4개월이 되면 기저귀를 뗄 수 있다고 생각했다. 빈번하게 일어나는 우연적인 '사건들'을 보편적으로 받아들인 전략이었다.

위생은 앞서 수 세기 동안 계속해서 향상되었다. 16세기 사람들은 널빤지에 빵을 놓고 먹었고 17세기에는 목판, 18세기에는 백랍 그릇, 19세기에는 도기에 담아 먹었다. 19세기의 대부분 사람들은 매일 세수를 했던 것 같다. 17세기에 두터운 모직 옷이 더 가벼운 새로운 피륙 직물로 대체되었고 18세기와 19세기에는 면으로 대치되었다. 그 결과 옷을 빨기가 한결 더 쉬워졌고 비누 소비가 1800년에 연간 개인 당 1.6킬로그램에서 1861년에는 3.6킬로그램으로 증가했다(분명, 목욕보다 옷을 세탁하는 데 비누를 더 많이 소비했을 것이다). 1801년에 이미 윌리엄 허버든이 청결과 환기 개선의 결과 18세기 동안 설사로 인한 사망자 수가 크게 감소했다는 것을 보여줄 수 있다고 생각했다.

19세기 말, 도시 노동자들을 위한 공중목욕탕이 지어졌다. 1852년, 파리 사람들은 매년 평균 3.7번 공중목욕탕에서 목욕을 했다. 집에서 하는 목욕의 횟수는 셀 길이 없다. 1888년에 설립된 파스퇴르연구소는 가정용 표백제를 제조하는 공장 근처에 세워졌다. 청결문제는 질병의 세균설이 승리하기 오래 전에 이미 분명했다. 20세기 초 무렵, 영국의 새로 지은 집들 대부분에 수도, 수세식 변기, 욕조가 있었지만 영국의 증거에서 분명한 것은 보건위생 개선의 많은 부분이 기대수명에 거의 영향을 미치지 않았다는 점이다. 특히 아동들은 계속해서 전과 동일한 수가 죽어갔다.

허버든이 자신의 통계 수치를 오해했던 것이다. '내장의 뒤틀림'으로 인한 사망이 의사들에 의해 '경련'으로 인한 사망으로 막 재분류되었다. 유아 설사를 정복하기 위해서는 보건위생 개혁자들의 여러 원칙들이 가정생활에 체계적으로 적용되어야 했다. 세균설을 기다릴 필요가 없었던 것이다. 무엇을 해야 했는가는 적어도 에드윈 채드윅의 『영국의 노동인구의 위생상태에 관한 보고서』(1842년)이래 분명했지만, 육아 관행을 변모시키는 데는 거의 100년이 걸렸다.

1930년대 이전에 질병을 감소시키기 위한 의도적인 개입의 사례들을 찾아보면 페스트 환자 격리, 산과용 겸자, 천연두 예방접종, 거시 및 미시 위생 등 몇 가지 중요한 예들이 보인다. 산과용 겸자와 천연두 예방접종은 주로 의사들이 처방했고 격리와 보건위생은 의학 이론들에 광범위하게 기대었다. 그러나 이러한 사례들도 1870년대 이후에 보인 기대수명의 현저한 증가를 설명하지 못한다. 여기서 우리는 영양의 개선이 그 답이라는 이견이 분분한 맥케온의 주장으로 돌아가야 한다.

처음에는 맥케온이 중요한 문제를 잘못 짚은 것처럼 보이기도 한다. 영국은 유럽 국가 중 최초로 흉작으로 인한 높은 사망률의 시기를 벗어났다. 영국은 17세기 초부터 굶주림을 막을 수 있었을 뿐만 아니라, 흉작과 높은 식비로 영양실조에 걸려 상당수의 인구가 질병에 감염되지 않게 할 정도의 충분한 식량은 있었다. 맥케온이 주장하듯 영양실조가 높은 사망률로 이어진다면 흉년에 사망률이 더 높아야 한다. 그러나 흉년에 실제로 사망률이 증가하지 않았기 때문에 맥케온이 틀린 것처럼 보인다.

하지만 어쩌면 그렇지 않을 지도 모른다. 현재 우리가 알고 있기로는

1775년 영국의 성인이 현재보다 10센티미터가 더 작았다. 그 차이가 훨씬 더 적은 미국 백인의 경우를 제외하면 서방의 모든 국가들에서 이와 비슷하거나 혹은 좀더 큰 차이를 보인다. 현대의 데이터를 보면 신장과 기대수명 사이엔 현저한 상관관계가 있다. 노르웨이에서 시행한 연구에 따르면 키가 163센티미터인 중년의 남성이 180센티미터인 같은 연령의 남성보다 16년 이상 더 일찍 사망할 가능성이 있다. 사람의 키는 유전적 요인 이외에 두 가지 요소에 크게 의존한다. 유아기와 아동기의 영양과 성장하면서 질병에 걸렸는지의 여부이다. 로버트 포겔의 주장에 따르면 미국, 영국, 기타 서방 유럽 국가들의 신장을 비교하면 현대의 영국인들의 신장과 1775년의 신장 차이의 60퍼센트가 영양 개선에, 40퍼센트가 질병에의 노출 감소(이는 주로 20세기의 현상이다)에 기인한다. 또한 신장 증가에 반영된 유아기와 아동기의 영양 개선이 1875년 이전에 늘어난 기대수명의 거의 전체를 설명하며 1875년(공중보건 조치들과 근대 의학이 중요한 역할을 하기 시작한 때) 이후에 늘어난 기대수명의 50내지 75퍼센트를 설명한다.

기대수명 증가가 영양 개선에 기인한다는 맥케온의 이론은 따라서 포겔의 주장을 받아들인다면 대체적으로 옳지만 한 가지 간단한 수정이 요구된다. 핵심은 유아기와 아동기의 영양이며 여기서 중요한 것은 소비한 칼로리의 양이 아니라 단백질과 비타민의 소비이다. 육류 소비는 유럽보다 미국이 훨씬 높았다. 1870년의 동일 일자를 기준으로 프랑스의 육류 소비는 미국의 약 40퍼센트였고 그 결과 미국인들이 프랑스인들보다 키가 평균 5센티미터가량 더 컸고 훨씬 더 오래 살았다. 포겔의 주장이 옳다면 영국인들이 흉작 시기에 몇 주 혹은 몇 달 내에 사망할 만큼 영양이 부족한 적이 없다시피 했다는 사실은 쟁점과 관계가 없다. 20세기에 들어서 영국인들 특히 극빈층은 장기적인 기대수명이 단축될 만큼 유아기와 아동기에 일반적으로 영양이 부족했다. 좀더 최근의 연구에서는 태아기의 영양이 유아기의 영양보다 한결 더 중요하다는 의견을 제시한다. 따라서 1870년대에서 1930년대까지의 시기의 기대수명 증가를 가장 잘 설명하는 것은 태아와 아동기의 영양 개선이며, 이는 현재까지 계속해서 기대수명의 증가를 가져온 주요 요인(더 이상 주요 요인이 아닐 수는 있지만)이다.

근대 의학이 기대수명의 증가에 얼마만큼 공헌을 했는가? 그 답은 영양과 위생의 개선에 훨씬 못 미치는 20퍼센트쯤인 것 같다. 1865년 이후로 줄곧, 의사들은 죽음을 늦추는 데 점점 더 큰 역할을 하고 있지만 놀랍게도 우리들 중 근대 의학에 우리의 삶을 빚진 사람은 거의 없다. 기원전 425년부터 1865년까지 자신을 치료하는 의사들이 해를 입히고 있을 때조차도 치료를 해준다고 생각했던 환자들에게 짐짓 안타까움을 표하기는 쉽다. 그러나 우리 역시 남의 말을 쉽게 믿는다. 우리는 생각만큼 근대 의학에 빚지고 있지 않다.

무엇보다, 해를 입히지 마라

이 책은 간단한 세 가지 주장에 관한 것이다. 첫째, 질병을 치료하는 기능으로 의학을 정의한다면 1865년 이전에는 의학이 거의 없었다는 것이다. 사혈, 사하제, 구토제 등으로 상징되는 히포크라테스 이래의 오랜 전통은 거의 전적으로 효과가 없었으며 실제로 위약 효과를 동원한 것을 제외하고는 해를 입힌 게 사실이다.

둘째, 효과적인 의학은 의사들이 수치를 계산하고 치료법을 비교하면서부터 비로소 시작되었다는 것이다. 그들은 생존한 환자의 수와 사망한 환자의 수를 계산한 후에 각 치료법을 비교하여 생존율 개선으로 이어졌는지를 확인해야 했다. 수를 계산하고 치료법을 비교하는 개념은 아주 간단해 보이지만 의사들이 이를 실천하기까지는 오랜 시간이 걸렸다. 그 이유는 부분적으로, 현실에서의 계산과 비교가 정보를 체계적으로 정리해 보여주는 도표와 같은 장치들을 도입함으로써 크게 활성화되는 다소 복잡한 문화적 활동이기 때문이다. 또한 수를 세고 방법들을 비교할 수 있으려면 셈과 비교를 가능하게 하는 질병의 개념이 있어야 하기 때문이기도 하다. 19세기 초 무렵이 되자, 셈과 비교는 불가피해졌고 이어 50년 이내에 기존의 치료법들이 효과가 없음이 확실해지면서 의학은 위기에 봉착했다.

셋째, 근대 의학을 가능하게 한 주요 요인은 세균병인설이라는 것이다. 좀더 구체적으로 말해서 최초의 획기적인 변화는 부패의 세균설과 함께 일어났다. 여기서 풀기 어려운 의문이 생기는데 바로 의학적으로 적용된 세균설이 체계화되기까지 오래 지연된 점이다. 일찍이 1597년에 펠릭스 플라터가 정교한 전염의 세균설을 체계적으로 정리한 바 있다. 1677년에는 레벤후크가 자신의 현미경을 통해 세균을 보았다. 레벤후크 자신을 비롯한 일련의 과학자들이 세균의 자연발생설을 부정했다. 비록 더 일찍은 아니었다 해도 1714년에 이르면 기존의 질병설들이 레벤후크의 발견에 입각해 완전히 탈바꿈했다. 1752년, 프링글이 방부제에 대한 연구를 하고 있었다. 1810년에 일찌감치 기존의 부패 이론들에 심각한 오류가 있다는 것이 명백해졌다. 그럼에도 세균에 인한 최초의 질병(누에의 병)을 확인한 것은 1833년이었고 부패의 세균설이 체계적으로 정리된 것은 1837년이었으며 세균설을 처음 의학에 적용한 것은 1865년이었다. 이러한 지연을 어떻게 설명할 수 있는가? 초기 현미경들이 부적합했다는 것을 큰 이유로 드는 사람들도 있지만 그렇지 않다는 증거가 제시된다. 극복해야 할 개념상의 장애들이 있는 건 사실이지만 이러한 장애들이 주요한 원인이었는지를 확인하기는 어렵다. 실용적인 세균설이 공식화되기까지 오랜 시간이 걸린 것은 현미경학이 아니라 그 외부에서 비롯된다는 사실을 모든 증거들이 제시하고 있다. 주요 장애물은 의사들이 쓰던 기존의 처방에 만족한 데 있다. 즉 진보의 걸림돌은 지식이 아닌 심리적·문화적인 문제였던 것이다.

나는 이러한 주장들을 제시하면서 한 가지 씌어진 규칙과 씌어지지 않은 많은 규칙들을 작정하고 위반했다. 나는 진보에 초점을 맞추었는데 역사가에게는 맞지 않는 태도이다. 이 규칙은 모든 역사가들이 읽은 글 속에 씌어 있다. 씌어지지 않은 규칙은 찾아내기가 어렵지만 다음 두 가지를 들 수 있다. 우선, 역사책은 동질적 특성이 있어서 이 책이 치료에 관한 것이라든지 혹은 질병의 세균설의 기원에 관한 것이라는 말을 쉽게 할 수 있어야 한다. 나는 의도적으로 이런 식의 글쓰기를 하지 않았다.

고백하자면 내가 모델로 삼은 책은 페르낭 브로델(Fernand Braudel)이 책이나 노트를 전혀 접하지 못한 상태에서 포로수용소에서 집필한 뛰어난 저술 『펠리페 2세 시대의 지중해와 지중해세계』(1949년)였다. 이 책은 사실 책 세 권을 하나에 담고 있다. 첫 번째 부분은 무역로, 곡식의 분포, 전송 기술 등 고대 로마에서 18세기까지 전혀 변하지 않은 것들에 관한 연속성을 다룬다. 두 번째는 인플레이션, 해적, 건축양식 등 수 십년에 걸쳐 변화된 것들에 관해 다룬다. 세 번째는 매일매일 변화하는 사건들을 들어 정치적 위기와 군사원정을 다룬다.

페르낭의 책보다는 덜 야심차지만 이 책도 세 권의 책을 하나로 묶은 것이나 다름없다. 나는 제1부에서 히포크라테스에서 20세기 초까지 지속된 치료 전통을 조사했다. 제2부와 제3부의 시작에서는 베살리우스로 시작해서 클로드 베르나르로 끝나는, 의학지식이 발전을 이룬 세계를 설명했다. 그리고 제3부의 나머지에서는 의학지식이 의료 처방과의 긍정적인 피드백 고리를 형성하게 된 세상의 출현을 아주 간략하게 설명했다. 지식의 진보가 치료의 진보로 이어졌고 이는 연구에 더 많은 투자를 하는 결과를 가져왔다. 바로 우리가 지금 사는 세계이다. 마지막 장에서는 의학의 진보로 우리가 얻은 게 얼마 만큼인가를 논의했다.

다음은 내가 위반한 것으로 씌어지지 않은 두 번째 규칙이다. 큰 주제들에 관한 역사책은 보통 '두툼한' 책들이다. 이 책은 그런 의미에서 두툼한 책은 아니지만 논쟁을 일으키는 책이다. 중요한 것은 기본 틀을 제대로 세우는 것이다. 기본 틀이 옳다면, 실제로 일어난 상황에 대해 좀더 자세하고 긴 이야기가 필요한 부분이 어느 곳인지가 명백해진다. 예컨대, 파스퇴르

이전의 감염 이론들(사실상 20년 전에 연구가 중단된 분야), 1830년대의 현미경학의 르네상스, 1830년대에서 1890년대의 기간 사이의 의료의 위기에 대해 더 자세히 알아야 할지 모른다. 페르낭의 『펠리페 2세 시대의 지중해와 지중해세계』는 이런 식으로 연구를 위한 프로그램에 해당되며, 1966년에 내용을 수정하여 출판한 제2판은 1949년에 처음 출간했을 때보다 두 배로 두툼해졌다. 이 책 역시 앞으로 분량이 더 늘어날 잠재성을 갖고 있다.

그렇다면 내가 이 책에서 어떤 주장을 한 것인가? 1962년, 토머스 쿤이 『과학혁명의 구조』를 발표했다. 그는 이 책에서 주요 개념들을 많이 도입했다. 그는 '정상' 과학과 위기의 시기에 나온 과학을 날카롭게 구분했다. 중요한 지적 발전들은 기존의 사고와 실천이 처한 위기라는 맥락 속에서만 이루어진다는 것이 그의 주장이다. 우리가 '정상 의학'이라고 부를 수 있는 것이 히포크라테스에서 1850년대까지 지속되었다는 것이 내 주장이다. 지적 및 실천의 문제들이 해결되었고 혈액순환과 같은 새로운 개념들이 그 속에 통합되었지만 히포크라테스식 의료법이라는 기본적인 가정에는 파라켈수스와 반 헬몬트의 노력에도 불구하고 대체로 의문이 제기되지 않았다.

쿤은 또한 자신이 '패러다임'이라고 부른 것이 과학을 종합하는 역할을 한다고 주장했다. 그는 패러다임이라는 단어를 다양한 의미로 사용했다. 패러다임은 배양 접시에서 박테리아의 순수 시료를 배양하는 것같이 여러 세대에 걸쳐 학생들이 배우는 실험실의 활동이 될 수도 있다. 아니면 파스퇴르의 탄저병 백신 개발과 같은 문제를 해결하는 모범적 방안 즉 다른 질병에 맞추어 적용할 수 있는 모델일 수도 있다. 혹은 지식 공동체에 속하기 위해 알아야 할 지식일 수도 있다. 탄저병과 광견병에 대한 파스퇴르의 연구와 디프테리아에 대한 그의 후임자들의 연구를 알지 못한 채 연구소에서 펴낸 출판물들을 이해하길 바랄 수는 없는 노릇이다. 그런 출판물들이 바로 다른 사람들이 자신들의 연구를 설명할 때 사용하는 공통의 참조물이기

유진 스미스의 「왕진을 가는 닥터 세리아니」. 『라이프』에 발표한 「시골 의사」라는 제목의 사진 에세이에서.

때문이다. 그러므로 관행이나 이론 혹은 사회학적 공동체와 연관해서 패러다임을 설명할 수 있을 것이다. 따라서 쿤은, 가령 외부인이 파스퇴르연구소에 발표할 논문을 제출하는 경우와 같은 발생한 어떤 현상을 보고 과학이 근본적으로 불안정하다고 설명한다. 그의 설명을 들으면 과학을 이해하기 위해서는 과학자들이 실제로 실험실에서 무엇을 하는지, 시간의 경과에 따라 교과서들이 어떠한 변화 양상을 띠는지, 또 지식 공동체를 하나로 결속시키는 권위의 구조가 어떠한지를 자세히 살펴볼 필요가 있다는 결론을 내릴 수도 있을 것이다.

내가 여기서 밝힌 주장은 각각 쿤의 인가를 받았다고 주장할 수 있는 세 가지 선택 안 가운데 하나이다. 내가 주장했듯이 진보의 주요 걸림돌은 실용적이거나(레벤후크의 현미경들은 제대로 작동되었다) 혹은 이론적인(부패의 세균설을 체계화하기는 어렵지 않았다) 측면이 아니라 심리적이고 문화적인 측면이었다. 의사들의 자신의 정체성에 대한 이해, 자신들의 고유 전통에 대한 인식, 기성의 규범과 처방에 권위를 부여하는 습관에 있었던 것이다. 1690년대에 의사들은 현미경과 현미경으로 발생되는 모든 의문을 의학 밖으로 밀어내는 데 성공했고 1830년대까지 그 상태를 유지했다. 그들이 그렇게 한 것은 현미경학을 전통 의학의 위협으로 생각해서였고 그 위협을 아주 잘 처리했기 때문에 전통 의학의 생명을 150년이나 연장시켰다.

의학은 제도와 사회적 관행에 깊숙이 침투했고 심리적인 면에 많은 것을 기댄 활동이다. 다른 형태의 지식에 대해서는 사뭇 다른 유형의 설명이 필요할 것이다. 물리학에서는 진보의 주요 걸림돌이 이론적인 것일 수 있다. 해양학에서는 실용적인 것이 걸림돌일 수 있다. 다른 시기의 의학의 경우에도 역시 다른 형태의 설명이 필요할지 모른다. 예를 들어 암 치료의 발전에 걸림돌이 무엇이었나를 말하기는 아직 이르다. 세균설이 처한 장애물들과는 성격이 사뭇 다른 것으로 밝혀질 수 있기 때문이다.

쿤의 맥락에서 주장을 펼치기로 한 이유는 내가 이해하는 한 의학의 역사는, '포스트 쿤주의'여야 하는데 반해 대체로 '포스트 푸코주의'이어서이다. 한편으로는 진보의 논의에 반대한 역사가들의 영향과 또 다른 한편으로는 상대주의에 헌신한 포스트모더니즘적 지적 전통의 영향 때문에 의학사 연구자들은 의학에서 발생할 수 있는 다른 유형의 진보에 대해 생각할 수 없었고 의사들이 공유하는 핵심적인 패러다임들을 지속시키는 것이 무엇인지를 질문하지 못했다.

나의 주장 방식을 나 자신에게 적용해보자. 내가 방금 쓴 책이 30년이나 40년 전에 씌어지지 않은 이유는 무엇인가? 1962년과 1976년 사이에 기회의 창이 있었을지 모르며 그 시기로 돌아가서 이 책과 유사한 내용을 담은 저술들이 있었는지를 검토해보는 것도 흥미로울 터다. 하지만 그 창은 살짝 열려 있을 뿐이었다. 그 시기에도 여전히 레벤후크의 현미경이 1830년대의 현미경들보다 기능이 떨어졌다고 말하기가 쉬웠다. 그리고 곧 창이 닫혔다. 푸코, 일리히, 맥케온이라는 삼중의 영향 아래서 의학의 진보라는 개념 자체가 순진하고 단순한 것으로 보이게 되었다. 세 명의 저자들 가운데 일리히와 멕케온은 이제 더 이상 예전과 같은 영향력을 미치지 못한다. 푸코만이 주요 걸림돌이다. 이제 진보의 개념을 버터필드와 푸코의 짐짓 생색내는 태도에서 구출할 필요가 있다.

참고문헌

들어가는 글 나쁜 의학 vs. 더 나은 의학

Roy Porter, *The Greatest Benefit to Mankind: A Medical History of Humanity from Antiquity to the Present* (London, 1997); Irvine Loudon, *Western Medicine: An Illustrated History* (Oxford, 1997); Raymond Tallis, 'The Miracle of Scientific Medicine', in his *Hippocratic Oaths: Medicine and its Discontents* (London, 2004), 17-24; Ivan Illich, *Limits to Medicine* (London, 1976).

제1부 히포크라테스 전통

주요 일차문헌: *Hippocratic Writings*, ed. G. E. R. Lloyd (London, 1978); Galen, *Selected Works*, tr. P. N. Singer (Oxford, 1997); Charles Singer, *Galen, On Anatomical Procedures* (Oxford, 1956); Jazques Jounanna, *Hippocrates* (Baltimore, 1999); Shigeshisa Kuriyama, *The Expressiveness of the Body and the Divergence of Greek and Chinese Medicine* (New York, 1999).

중세 의학: Nancy G. Siraisi, *Medieval and Early Renaissance Medicine* (Chicago, 1990); Barbara Duden, *The Woman beneath the Skin: A Doctor's Patients in Eighteenth-Century Germany* (Cambridge mass., 1991); Daniel Moerman, *Meaning, Medicine and the 'Placebo Effect'* (Cambridge, 2002); Harry Collins and Trevor Pinch, *Dr Golem: How to Think about Medicine* (Chicago, 2005).

제2부 지연된 혁명

근대 초기 의학: Roger French, *Medicine before Science: The Business of Medicine from the Middle Ages to the Enlightenment* (Cambridge, 2003).

르네상스 해부학: Bernard Schultz, *Art and Anatomy in Renaissance Italy* (Ann Arbor 1985); Andrew Cunningham, *The Anatomical Renaissance* (Aldershot, 1997); Andrea

Carlino, *Books of the Body* (Chicago, 1999); R. K. French, *Dissection and Vivisection on the European Renaissance* (Aldershot, 1999).

생체해부: Anita Guerini, 'The Ethics of animal Experimentation in Seventeenth-Century England', *Journal of the History of Ideas, 50* (1989), 391-407; C. D. O'Malley, Andreas Vesalius of Brussels, 1514-1564 (Berkeley, Calif., 1964); Katharine Park, 'The Criminal and the Saintly Body: Autopsy and Dissection in Renaissance Italy', *Renaissance Quarterly*, 47 (1994), 1-33.

하비: *The Circulation of the Blood and Other Writings* (London, 1963); Andrew Gregory, *Harvey's Heart* (Cambridge, 2001); C. R. S. Harris, *The Heart and the Vascular System in Ancient Greek Medicine* (Oxford, 1973).

전염 이론: Carlo M. Cipolla, *Miasmas and Disease: Public Health and the Environment in the Pre-Industrial Age* (New Haven, 1992); Vivian Nutton, 'The Seeds of Disease: An Explanation of Contagion and Infection from the Greeks to the Renaissance', *Medical History*, 27 (1983), 1-34; Vivian Nutton, "The Recetion of Fracastoro's Theory of Contagion: The Seed that Fell among Thorns?', *Osiris*, 6 (1990), 196-234; Vivian Nutton and Lise Wilkinson, 'Rinderpest and mainstream Infectious Disease Concepts in the Eighteenth Century', *Medical History*, 28 (1984), 129-50; M. E. De Lacy and A. J. Cain, 'A Linnean Thesis Concerning *Contagium Vivum*: The "Exanthemata viva" of John Nyander and its place in contemporary Thought', *Medical History*, 39 (1995), 159-85.

현미경: Brian J. Ford, *The Leeuwenhoek Legacy* (Bristol, 1991); Catherine Wilson, *The Invisible World: Early Modern Philosophy and the Invention of the Microscope* (Princeton, 1995); Edward G. Ruestow, *The Microscope in the Dutch Republic* (Cambridge, 1996).

Andrew Wear, *Knowledge and Practice in English Medicine, 1550-1680* (Cambridge, 2000); Gianna Pomata, *Contracting a Cure: Patients, Healers and the Law in Early Modern Bologna* (Baltimore, 1998).

제3부 근대 의학

James Le Fanu, *The Rise and Fall of Modern Medicine* (London, 1999); W. F. Bynum, *Science and the Practice of Medicine in the Nineteenth Century* (Cambridge, 1994).

생리학과 생체해부: Claude Bernard, *An Introduction to the Study of Exerimental Medicine*, tr. Henry Copley Greene (New York, 1957); Michel Foucault, *The Birth of the Clinic* (London, 1973); John E. Lesch, *Science and Medicine in France: The Emergence of Experimental Physiology, 1790-1855* (Cambridge, Mass. 1984); Richard D. French, *Anti-vivisection and Medical Science in Victorian Society* (Princeton, 1975); Stewart Richards, 'Anaesthetics, Ethics and Aesthetics: Vivisection in the Late Nineteenth-Century British Laboratory', in Andrew Cunningham and Perry Williams (eds.), *The Laboratory Revolution in Medicine* (Cambridge, 1992), 142-69.

산아 제한과 통계: Stephen R. Bown, *Scuvy* (Chichester, 2003); P. C. A. Louis, *Researches on the Effects of Bloodletting in Some Inflammatory Diseases* (Birmingham, Ala., 1986); Andrea A. Rusnock, *Vital Accounts: Quantifying Health and Population in Eighteenth Century England and France* (Cambridge, 2002);

사혈: Chantal Beauchamp, *Le Sang et l' imaginaire médical: Histoire de la Saignée aux XVIIIe et XIXe siècles* (Paris, 2000); Guenter B. Risse, 'The Renaissance of Bloodletting: A Chapter in Modern Therapeutics', *Journal of the History of Medicine*, 34 (1979), 3-22.

헤이거스: Christopher Booth, *John Haygarth FRS* (Philadelphia, 2005).

자연발생설: John Farley, *The Spontaneous Generation Controversy from Descartes to Oparin* (Baltimore, 1974).

Shirley A. Roe, 'John Turberville Needham and the Generation of Living Organisms', *Isis*, 74 (1983), 159-84.

세균 이론: John Waller, *The Discovery of the Germ* (Cambridge, 2002); Margaret Pelling, Cholera, Fever and English Medicine, 1825-1865 (Oxford, 1978); Michael Worboys, *Spreadding Germs: Disease Theories and Medical Practice in Britain, 1865-1900* (Cambridge, 2000).

스노: Peter Vinten-Johansen, Howard Brody, Nigel Paneth, Stephen Rachman, Michael Rip, Cholera, *Chloroform and the Science of Medicine: A Life of John Snow* (Oxford, 2003); Howard Brody, Michael Rip, Peter Vinten-Johansen, Nigel Paneth, Stephen Rachman, 'Map-Making and Myth-Making in Broad Street: The London Cholera Epidemic, 1854', *Lancet*, 356 (2000). 64-8.

산욕열: Irvine Loudon, *The Tragedy of Childbed Fever* (Oxford, 2000); Oliver Wendell Holmes, *Medical Essays* (Boston, 1911); Ignaz Semmelweis, *The Etiology, Concept, and Prophylaxis of Childbed Fever*, tr. K. Codell Carter (Madison, 1983).

파스퇴르: Gerald L. Geison, *The Private Science of Louis Pasteur* (Princeton, 1995);

Bruno Latour, *The pateurization of France* (Cambridge, Mass., 1988).

리스터: Richard B. *Fisher, Joseph Lister, 1827-1912* (London, 1977).

플레밍: Gwyn MacFarlane, *Alexander Fleming: The Man and the Myth* (Cambridge, Mass., 1984); Wai Chen, 'The Laboratory as Business: Sir Almroth Wright's Cunningham and Perry Williams (eds.), *The Laboratory Revolution in Medicine* (Cambridge, 1992), 245-92.

방법론과 이론적 측면: Stanley J. Tambiah, *Magic, Science Religion and the Scope of Rationality* (Cambridge, 1990).

제4부 전염 이후

폐암: *Unfiltered: Conflicts Over Tobacco Policy and Public Health*, ed. Erich A. Feldman and Ronald Bayer (Cambridge, Mass., 2004); Charles Webster, 'Tobacco Smoking Addiction: A Challenge to the National Health Service', *British Journal of Addiction,* 79 (1984), 8-16.

Thomas McKeown, *The Modern Rise of Population* (London, 1976); C. Riley, *Rising Life Expectancy: A Global History* (Cambridge, 2001). Georges Vigrarello, *Concepts of Cleanliness: Changing Attitudes in France since the Middle Ages* (Cambridge, 1988); Simon Szreter, 'The Importance of Social Intervention in Britain's Morality Decline c. 1850-1914: A Re-interpretation of the Fole of Public Health', *Social history of Medicine,* 1 (1988), 1-37; Sumit Guha, 'The Importance of Social Intervention in England's Morality Decline: The Evidence Reviewed', *Social History of Medicine,* 7 (1994), 89-113; Robert W. Fogel, 'The Conquest of High Moraltiy and Hungonnet, David Landes, and Henry Rosovsky (eds.), *Favorites of Fortune* (Cambridge, Mass., 1991), 33-71; J. P. Bunker, 'Medicine Matters After All', *Journal of the Royal College of Physicians of London,* 29 (1995), 105-12, and Johan P. Mackenbach, 'The Contribution of Medical Care to Mortality Decline: McKeown Revisited', *Journal of Clinical Epidemiology,* 49 (1996), 1207-13.

찾아보기